“十四五”精品课程规划教材——建筑类

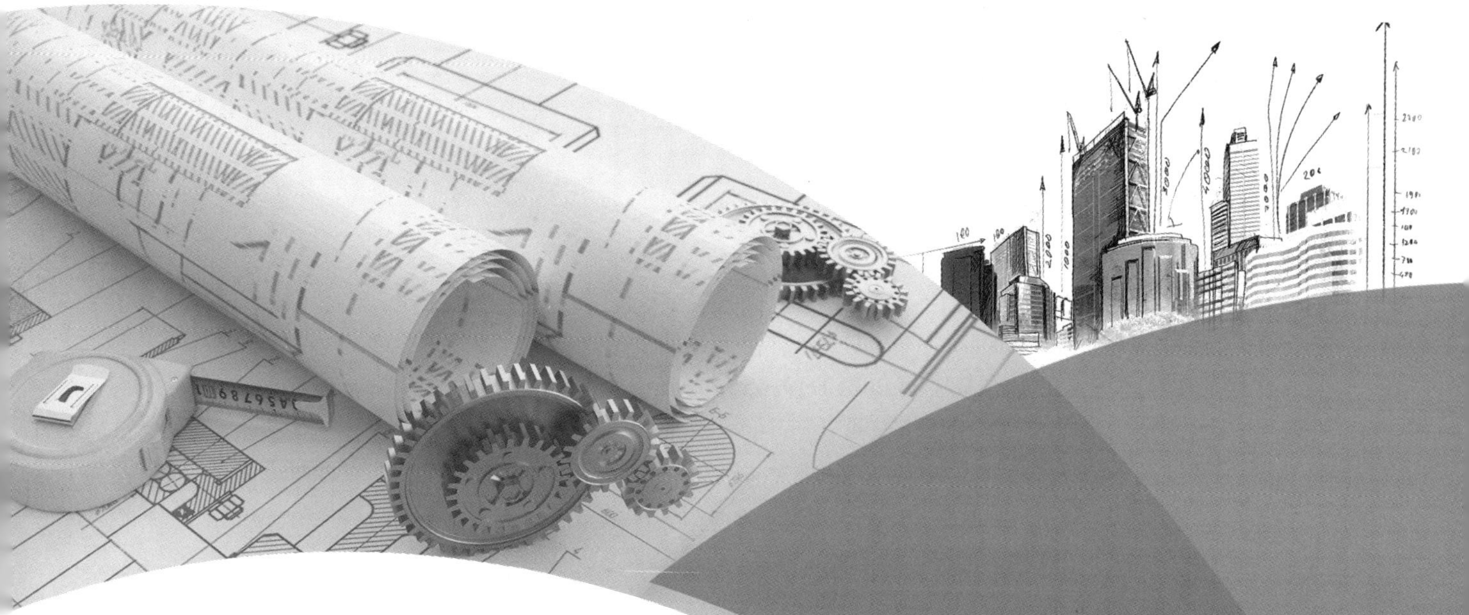

建筑CAD

主编　张彦辉　纪伟杰　于海龙

天津大学出版社
TIANJIN UNIVERSITY PRESS

图书在版编目（CIP）数据

建筑CAD / 张彦辉，纪伟杰，于海龙主编. -- 天津：天津大学出版社，2025. 6. --（“十四五”精品课程规划教材）. -- ISBN 978-7-5618-8032-6

Ⅰ. TU201.4

中国国家版本馆CIP数据核字第2025TH0165号

建筑CAD

JIANZHU CAD

出版发行	天津大学出版社
地　　址	天津市卫津路92号天津大学内（邮编：300072）
电　　话	发行部：022-27403647　邮购部：022-27402742
网　　址	www.tjupress.com.cn
印　　刷	河北鑫彩博图印刷有限公司
经　　销	全国各地新华书店
尺　　寸	889mm × 1194mm　　1/16
印　　张	14
字　　数	355千字
版　　次	2025年6月第1版
印　　次	2025年6月第1次
定　　价	46.00元

编委会成员

主　编　张彦辉　纪伟杰　于海龙

副主编　丁丽娟　田淑梅　李顺涛

张建明　张　博

前　言

党的二十大明确指出："深化教育领域综合改革，加强教材建设和管理，完善学校管理和教育评价体系，健全学校家庭社会育人机制。"和"培养造就大批德才兼备的高素质人才，是国家和民族长远发展大计。"因此，我们需要深入贯彻党的二十大精神，努力培养学生的劳动意识、爱岗敬业的职业精神和精益求精的大国工匠精神，支撑新质生产力发展，实现设计与施工的深度融合，创造更美好的居住和工作环境。

AutoCAD 在全球广泛使用，应用于土木建筑、装饰装潢、工程制图、城市规划、园林设计等诸多领域。AutoCAD 可以辅助项目从设计到竣工全生命周期。"建筑 CAD"是建筑工程技术、工程造价专业的基础课。因此，熟练使用 AutoCAD 绘图软件是对高等院校学生和建筑业从业人员的基本技能要求。

本书依托 AutoCAD 2024 软件，以某学校宿舍楼建筑和结构施工图为案例以简单到复杂的多个实际工程图纸为载体重构项目化课程内容。本书分为 AutoCAD 基础知识、建筑平面图的绘制、建筑立面图的绘制、建筑剖面图的绘制、建筑详图的绘制、结构详图的绘制、中望 CAD 共 7 个项目。每个项目都设置了综合实训，以便学生更有针对性地学习绘图命令，同时书中通过二维码的形式链接了视频操作学习资源，锻炼学生的自学能力，拓展学习时间和空间。

本书采取"项目导向、任务驱动"教学模式，深化"岗课赛证"融通，对接施工员岗位职责，融合"1+X"建筑工程识图职业技能等级考试要求，融入建筑工程识图技能竞赛考试内容。以任务驱动让学生明确学习目的，以问题引导方式引发学生思考，提高学生理论联系实际的能力，最终达到"以岗定教、以赛促学、以证提能、规范引领"的目的，为建筑行业培养"德技并修"的复合型人才，推动新工科教育改革和学生竞赛的高质量发展。

本书项目 1、项目 2、项目 4 由湖北三峡职业技术学院张彦辉老师编写；项目 5、项目 7、附录 A 和附录 B 由山东铝业职业学院纪伟杰老师编写；项目 3、项目 6 及附录 C 由湖北三峡职业技术学院于海龙老师编写。湖北三峡职业技术学院丁丽娟、田淑梅、李顺涛老师为本书提供图片及编写资料等素材。本书视频资源由鄂州职业大学张建明老师、黑龙江建筑职业技术学院张博老师制作。张彦辉老师负责全书的统稿。

本书在编写过程中，参考和引用了国内外大量与 AutoCAD 软件相关的资料，吸取了很多宝贵经验，在此谨向原书作者表示衷心的感谢。由于编写水平有限，书中的不妥之处敬请广大读者批评指正。

目录

项目 1　AutoCAD 基础知识

XIANGMU 1 AUTOCAD JICHU ZHISHI

【项目目标】

1. 素质目标

①建立规范化操作的认知。

②培养学生良好的学习和软件操作习惯。

③培养学生严谨细致的工作态度。

2. 知识目标

①正确理解“Design”理念，初步了解 CAD 软件基本情况。

②熟悉 CAD 操作界面。

③熟悉 CAD 命令使用规则及其他状态行命令的相关知识。

④掌握状态行命令中的对象捕捉、正交等原理及其软件设定。

⑤掌握图形界限原理和方法。

3. 能力目标

①能够正确使用常见输入、输出设备并进行人机互动。

②能够正确使用图形界限、视图显示、常用状态行命令。

③能够在练习过程中学会合理分配右手、左手的操作。

【项目导入】

1. 项目概况

某校宿舍楼为一栋 4 层框架结构建筑，房屋层高 3.3 m，主体总高度 13.65 m，每层建筑面积 268 m^2，总建筑面积 1 072 m^2，占地面积 310 m^2。每层有 5 间宿舍，每间宿舍开间 3.3 m，进深 6.0 m，建筑面积 22.7 m^2，宿舍楼道两端分别设置楼梯及公共卫生间和盥洗室。

2. 操作内容

某校宿舍楼一层平面图如图 1-1 所示，按照下列要求设置并保存一层平面图。

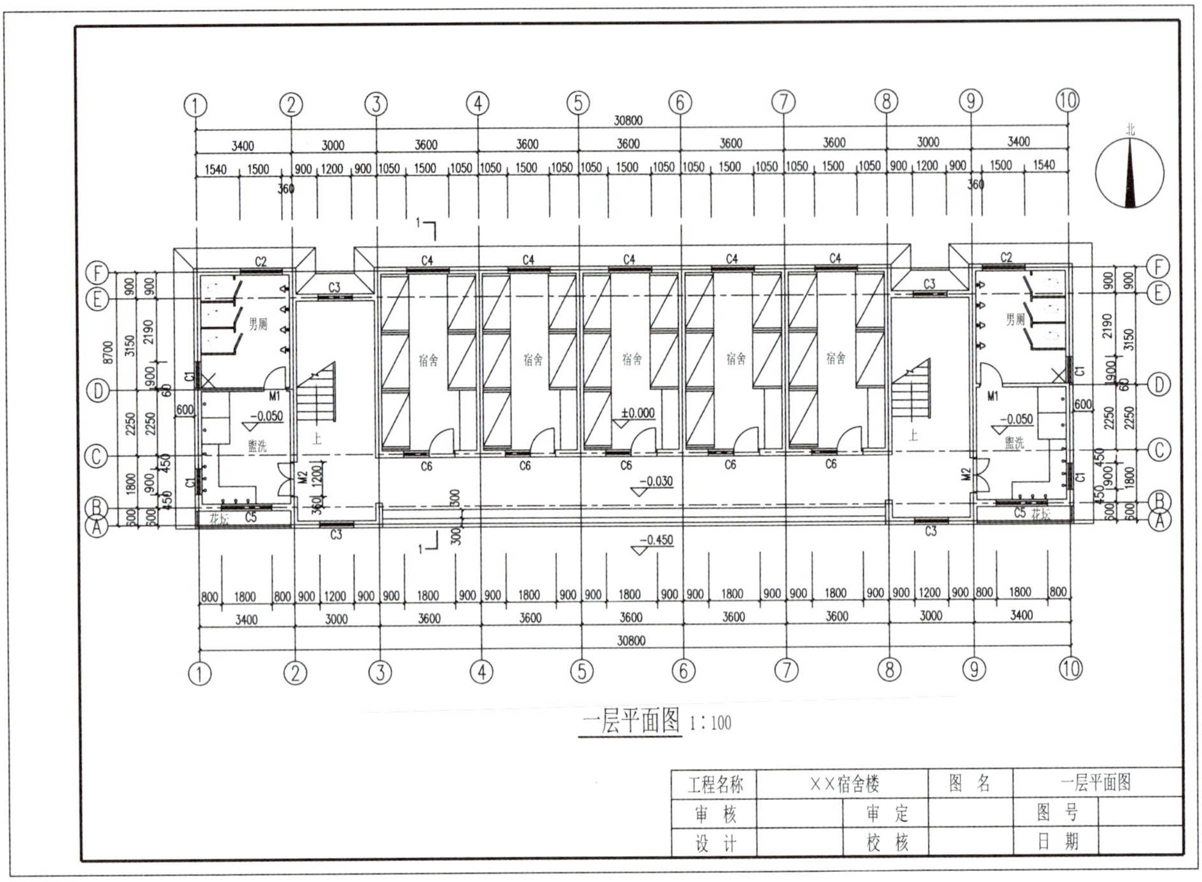

图 1-1　某校宿舍楼一层平面图

3. 操作要求

①新建一个文件，确定文件类型为“图形样板（*.dwt）”，并选择图形样板文件，选择默认打开模式，创建新文件。

②在菜单栏中执行“文件（F）”→“打开（O）”命令，打开“某校宿舍楼一层平面图”文件。

③在“对象捕捉”选项卡中将端点、中点、垂足设置成捕捉点。

④将文件另存到 D 盘，并命名为“某校宿舍楼一层平面图”。

⑤在命令行中输入“CLOSE”关闭文件。

【项目分析】

1.CAD 作用

20 世纪 60 年代，美国麻省理工学院提出了交互式图形学的研究计划，CAD 得以诞生。由于当时的硬件设施相当昂贵，最开始只有通用汽车公司和波音航空公司使用这种自行开发的交互式绘图系统，受限于当时的计算机软硬件水平，系统功能还不够强大。这一时期，CAD 是“Computer Aided Drafting”的缩写，Drafting 一词形象地反映出当时的 CAD 更多地用于基础性绘图和手绘图纸的 CAD 翻绘。因此，该阶段的 CAD 称为计算机辅助绘图。

随着计算机技术的发展和计算机软硬件的持续开发和升级，CAD 软件的功能越来越强大，有了更高的性能和更低的价格，逐渐进入民用领域。其主要应用也已经不仅仅是绘图和图形显示，而是涉足设计这一更智能的领域，可以帮助设计人员担负计算、信息存储和计算机制图等工作；可以使设计人员更直观、更高效地完成方案的计算、比对和最优方案选择；可以更快速、更精准地完成设计方案的数据加工和图形修改。现在，CAD 是“Computer Aided Design”的缩写，即计算机辅助设计，是工程技术人员以计算机及其图形设备为工具，对产品和工程进行设计、绘图、造型、分析和编写技术文档等设计活动的总称。

2. 问题引导

① CAD 基本功能有哪些?

②如何启动和关闭 CAD ?

③如何自定义 CAD 工作空间?

④ CAD 常用工具栏有哪些?

⑤如何打开指定文件?

⑥如何设置对象捕捉?

任务 1.1 CAD 概述

1.1.1 任务目标

学习要求：通过本任务的学习，学生应理解 CAD 的设计理念，熟悉 CAD 的基本功能。

学习重点：CAD 软件的基本功能。

学习难点：正确理解 CAD 的设计理念。

1.1.2 任务指导

1.CAD 的基本功能

（1）绘制和编辑二维图形

CAD 可以创建基本图形对象，并对图形对象进行编辑。在绘制和编辑过程中可以方便地使用正交、对象捕捉、极轴追踪等绘图辅助工具，提升效率和精确度，实现精准设计。

（2）创建和编辑三维模型

CAD 可以创建和编辑三维模型，使用视图、视口、相机、动态观察等对三维模型进行全方面观察，并能对三维模型进行视觉样式设置、着色、渲染等操作，使其显示出三维视觉效果。

（3）尺寸标注

CAD 可以按需求设置标注样式，创建符合标注样式设定的多种类型的尺寸标注，将图形尺寸和图形关系标注在图上。

（4）文字注写和表格使用

CAD 可以在图形中进行文字注写，其中文字可以写在图中指定的任意位置，也可以沿设定的方向书写。CAD 可以通过文字样式或特性修改文字的字体、倾斜角度、宽度因子等属性，可以插入表格并进行表格编辑。

（5）图层管理

CAD 可以使用图层对图中不同的要素进行归类，按图层设置不同的颜色、线型、线宽和图层状态，完成图形要素的分层化管理。

（6）项目协同管理

CAD 可以使用图块工具、设计中心等完成不同图形文件之间的数据传递和共享，也可以制作样板文件，避免每次新建项目时通用设置的重复操作，还可以使用外部参照，实现分类型、分专业多人协同设计完成项目。

（7）图形信息的输入输出

CAD 可以使用输入功能从其他软件导入图形数据，也可以用输出功能导出或打印出包含图形信息的不同文件格式，实现 DWG 文件与其他软件的数据共享、互通和交换。用户既可以将图形发布至网络，也可以通过网络访问 CAD 资源。

2.CAD 的主要用途

CAD 软件常见的使用方式有两种：一是直接使用 CAD 基础平台软件，常用于简单的建模和基础性建模；二是使用基于 CAD 基础平台的专业软件，在专业性领域中使用较多。

（1）工程制图

在工程制图方面，CAD 可用于建筑工程、装饰设计、工程施工、测绘勘察等工程领域。在建筑设计领域中比较多见的是基于 CAD 基础平台的天正建筑 CAD、中望 CAD 和浩辰 CAD。传统的工程施工涉及很多非定型化的节点和细部绘制，因 CAD 基础平台的使用相对容易，一般情况下使用 CAD 基础平台软件即可满足工作要求。随着装配式等新型建筑的推广，建筑信息化模型大行其道，产生了一批专业建模软件，但 CAD 仍是从业人员必须掌握的基础性制图软件。

（2）工业制图

在工业制图方面，CAD 可用于机械配件、精密零件、模具、设备制图、设计等工业领域。工业制图的标准与工程制图的标准不完全相同，因此，发展出与工业标准相对应的一系列专业性软件，有些软件甚至集成了设计、制造、分析等多重功能，如 MASTERCAM、UG（Unigraphics NX）。在工业生产中，通常将计算机用于生产制造的控制和管理的过程称为 CAM（Computer Aided Manufacturing，计算机辅助制造）。

1.1.3　任务训练

根据本任务所学内容，完成下列问题思考。

① CAD 可以在图形中进行文字注写，文字可以写在图中指定的任意位置，也可以沿设定的方向书写。CAD 可以通过 ____________ 或 ____________ 修改文字的字体、倾斜角度、宽度因子等属性，可以插入表格并进行表格编辑。

②图层管理功能可以使用图层对图中不同的要素进行归类，按图层设置不同的 ____________ 、____________ 、____________ 和 ____________ ，完成图形要素的分层化管理。

③图形信息的输入输出，可以使用输入功能从 ____________ 图形数据，也可以用输出功能导出或打印出包含 ____________ 的不同文件格式，实现 DWG 文件与其他软件的数据共享、互通和交换。用户既可以将图形发布至网络，也可以通过网络访问 CAD 资源。

任务 1.2 CAD 程序管理和界面管理

1.2.1 任务目标

学习要求：通过本任务的学习，学生应了解 CAD 的工作空间，熟悉 CAD 的程序管理方法和软件界面，掌握 CAD 命令的使用方法。

学习重点：CAD 的界面管理。

学习难点：正确认识工作空间。

1.2.2 任务指导

1.CAD 程序管理

（1）启动 CAD 程序

启动 CAD 程序的方法主要有以下两种。

①桌面快捷方式启动。安装 CAD 软件时，默认在计算机的桌面生成程序启动快捷方式图标（图 1-2），双击该图标即可启动程序。启动 CAD 程序时，系统出现 AutoCAD 软件界面，并弹出“开始”界面（图 1-3）。在“开始”界面可以执行打开、新建两种操作，同时界面中罗列出了该软件最近使用的项目。

图 1-2 CAD 程序启动

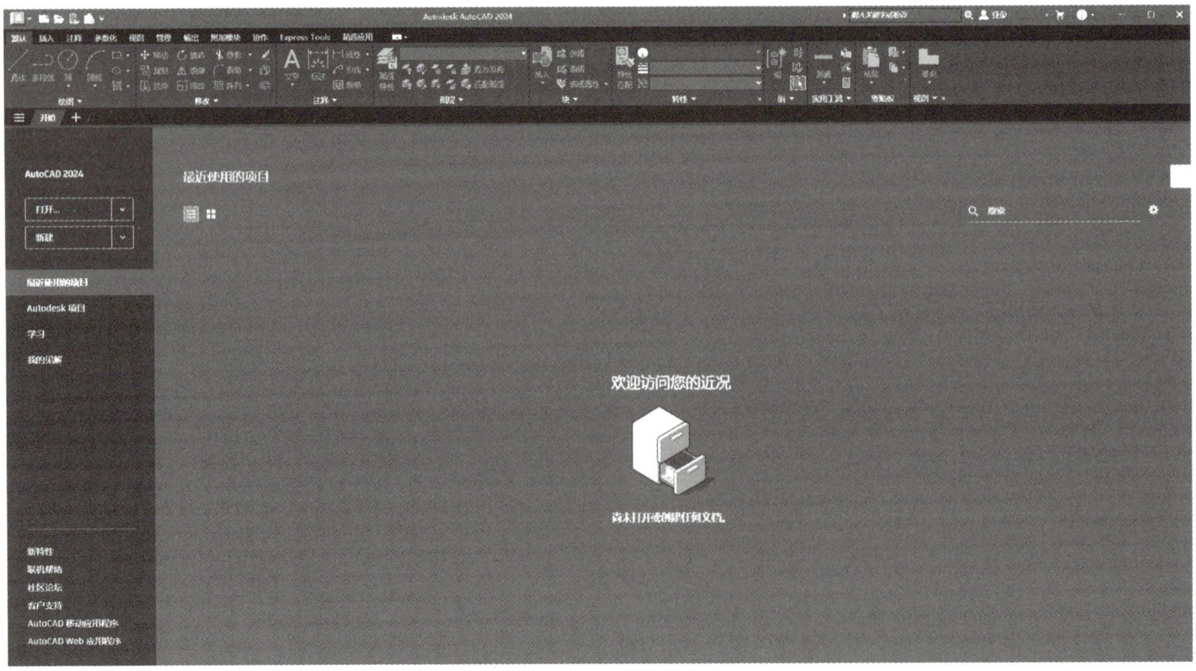

图 1-3 “开始”界面

②“开始”菜单启动。计算机的“开始”菜单通常位于显示器屏幕的左下角，在“开始”菜单中找到“所有应用”，在其程序列表中找到 AutoCAD 软件目录，可以看到代表程序启动的菜单行（图 1–4），单击该行即可启动程序。

图 1–4　计算机开始菜单启动示意

（2）最小化 / 恢复窗口大小程序

最小化 / 恢复窗口大小程序按钮位于 CAD 软件界面的右上角位置（图 1–5）。

①最小化按钮。最小化按钮将程序窗口隐藏到显示器屏幕的任务栏中。

②恢复窗口大小按钮。恢复窗口大小使程序窗口在最大化和浮动两种状态中切换。处于最大化状态时，程序窗口的大小不能调整；处于浮动状态时，可以将鼠标指针移动到窗口边角处用鼠标左键拖放来调整窗口大小，也可以将鼠标指针移动到程序窗口标题栏处调整窗口位置。

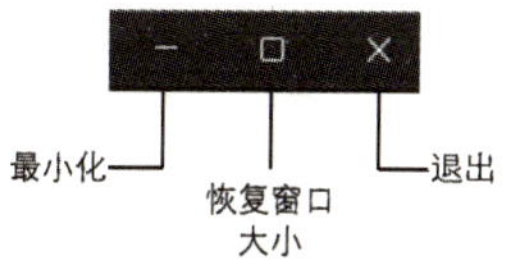

图 1–5　最小化 / 恢复窗口大小程序和退出程序按钮

（3）退出程序

退出 CAD 软件程序的方法主要有以下 4 种。

①标题栏按钮：退出程序按钮位于 CAD 软件界面的右上角位置（图 1–5）。

②菜单栏：在菜单栏中执行“文件（F）”→“退出（X）”命令。

③命令行：在命令行中输入“EXIT”或“QUIT”。

④组合键：按组合键 Ctrl+Q。

»【小贴士】

组合键 Ctrl+Q 是指按住 Ctrl 键的同时按住键盘上的 Q 键。

如果自上次保存图形后没有进行过修改，则执行后直接退出程序。如果存在已修改未保存的图形，退出前系统将提示用户是否要保存修改（图 1–6），单击“是（Y）”按钮保存改动到相应文件，单击“否（N）”按钮放弃改动，单击“取消”按钮放弃退出程序的操作。

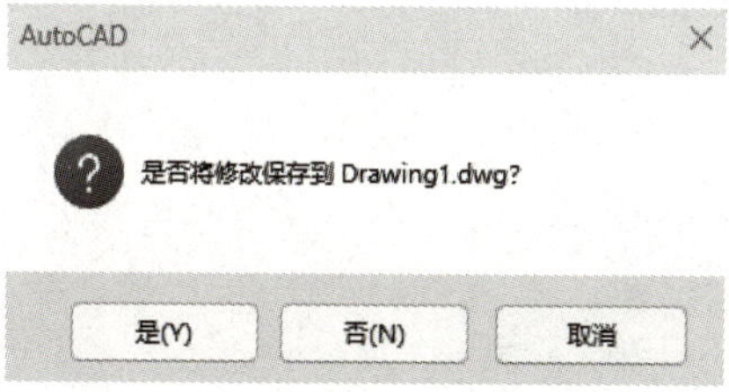

图 1–6　是否要保存修改提示

2. 工作空间和用户界面

工作空间是由分组组织的菜单栏、工具栏、选项板和功能区控制面板等组成的集合。使用某一工作空间时，只会显示该工作空间中事先设定好的菜单栏、工具栏、选项板和功能区。用户可以直接使用系统中存在的现有工作空间，也可以创建新的工作空间，通过设置和控制菜单、工具栏、选项板、功能区等在绘图区域中的显示，设计出适用指定任务或需求的集合作为用户自定义的工作空间。

（1）工作空间相关知识

AutoCAD 2024 已定义了草图与注释、三维基础、三维建模 3 种工作空间（图 1-7）。

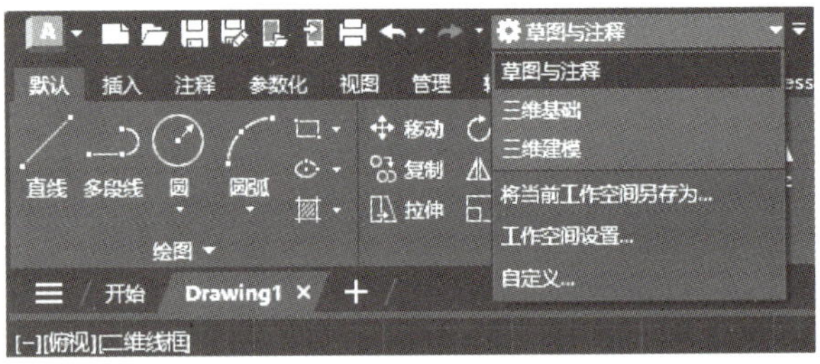

图 1-7 “工作空间控制”下拉列表

面向二维绘图任务时，选择“草图与注释”工作空间。“草图与注释”工作空间模仿了 Office 的界面风格，以按工作流程划分和功能分组按钮为特征，取消了下拉式菜单，改用按钮组式选项卡和面板。

“三维基础”和“三维建模”这两种工作空间多用于三维任务。“三维基础”更侧重于从基础的二维线段或曲面使用各种建模工具生成对应的三维模型；“三维建模”更侧重于直接创建三维实体并使用各种实体编辑工具进行模型编辑的情况。

用户可以使用“工作空间控制”下拉列表轻松方便地在 3 种现有工作空间中自由切换，也可以进行自定义。“工作空间控制”下拉列表通常位于软件界面顶部的标题栏内。

（2）“草图与注释”工作空间的界面组成

“草图与注释”工作空间的界面主要由应用程序按钮、快速访问工具栏、标题栏、菜单栏、工具栏、图形显示区域、模型 / 布局选项卡、命令提示窗口、状态栏、视图控制、动态控制等部分组成，如图 1-8 所示。

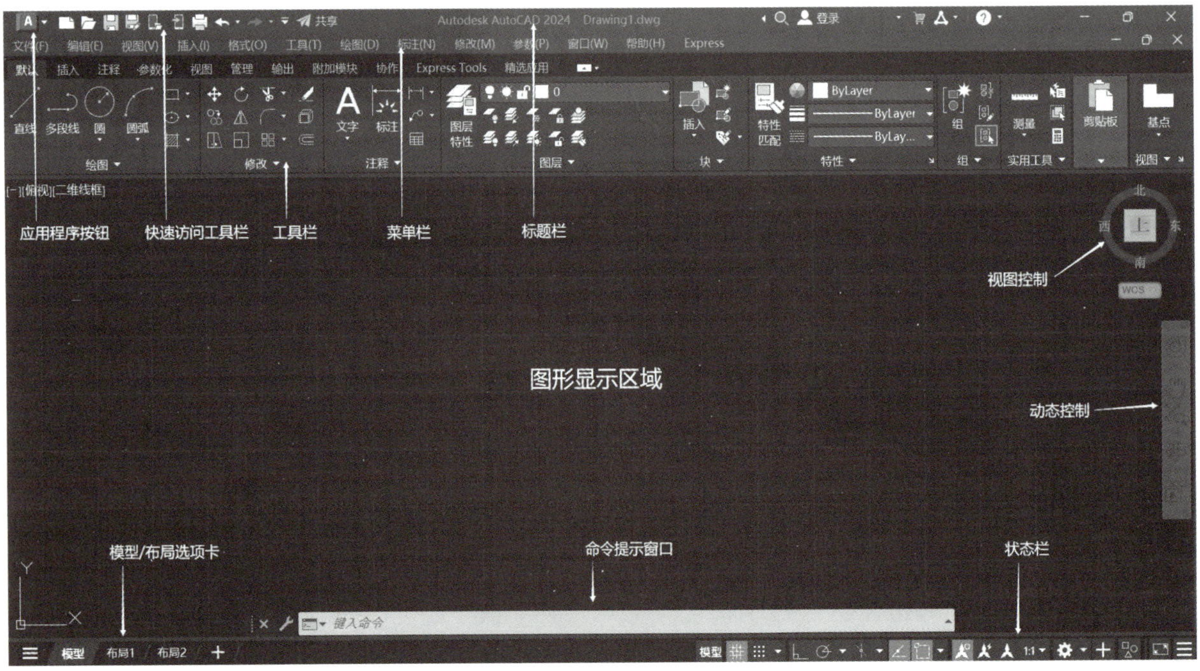

图 1-8 “草图与注释”工作空间

下面对使用率较高的菜单栏、工具栏、动态控制进行详细介绍。

①菜单栏。菜单栏包括默认、插入、注释、参数化、视图、管理、输出、附加模块、协作、Express Tools、精选应用 11 个菜单组。

菜单组右侧的按钮用于切换面板显示状态，单击朝下的白色三角，可以下拉查看当前显示设置（图 1–9）。

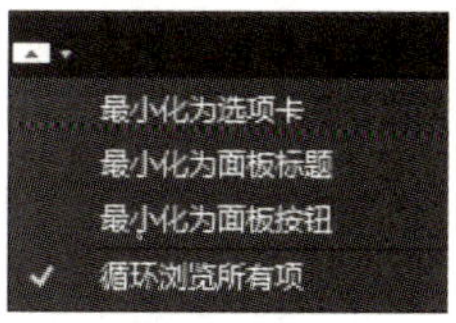

图 1–9 “草图与注释”面板切换按钮

②工具栏。不同的菜单组，包含不同的工具栏组合，见表 1–1。

表 1–1 “草图与注释”各菜单组及其工具栏

菜单组	包含工具栏
默认	绘图、修改、注释、图层、块、特性、组、实用工具、剪贴板
插入	块、块定义、参照、输入、数据、链接与提取、位置
注释	文字、标注、中心线、引线、表格、标记、注释缩放
参数化	几何、标注、管理
视图	视口工具、命名视图、模型视口、历史记录、选项板、界面
管理	动作录制器、自定义设置、应用程序、CAD 标准、清理
输出	打印、输出为 DWF/PDF
附加模块	App Manager
协作	共享、Autodesk Docs、跟踪
Express Tools	Blocks、Text、Modify、Layout、Draw、Dimension、Tools、Web
精选应用	App Store、精选应用

如果工具栏名称右侧有一个朝下的三角，表示该工具栏名称可以下拉。单击工具栏名称条，即可将其下包含的全部按钮一起显示出来（图 1–10）。

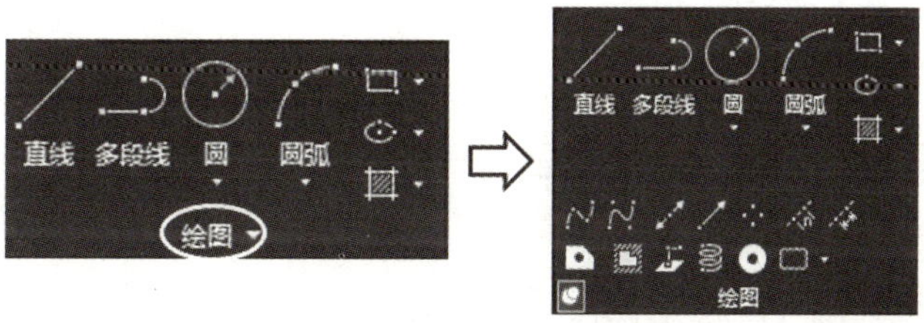

图 1–10 工具栏名称条下拉操作

如果工具栏名称条最右端有一个斜向下的箭头，单击该箭头可以弹出工具栏对话框（图 1–11）。

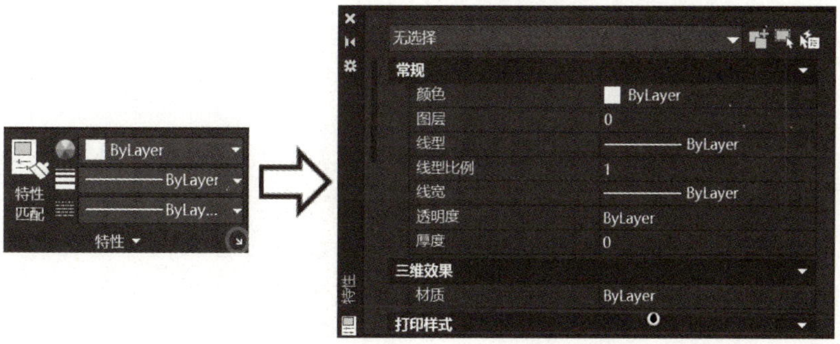

图 1–11 工具栏对话框弹出操作

③动态控制。动态控制位于界面右侧，由全导航控制盘、平移、范围缩放、动态观察、Show Motion（快照）等工具组成。

（3）创建自定义工作空间

从 2015 版开始就没有 AutoCAD 经典模式了，但是很多人还是想用经典模式，下面就来介绍一下 AutoCAD 2024 默认界面如何自定义工作空间。

在菜单栏中执行“工具栏”→“AutoCAD”命令，在“AutoCAD”菜单下激活相应的工具栏，再将激活的工具栏拖动到用户习惯的位置（图 1-12）。

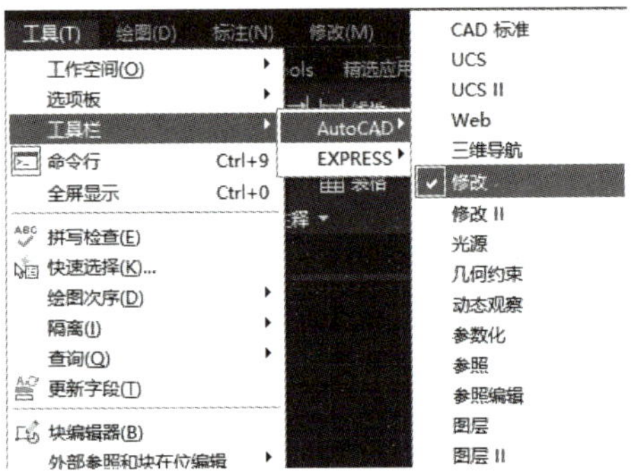

图 1-12 创建快速工具栏操作

（4）保存工作空间

在工作空间设置下拉列表中选择“将当前工作空间另存为...”，跳到“保存工作空间”对话框（图 1-13）。

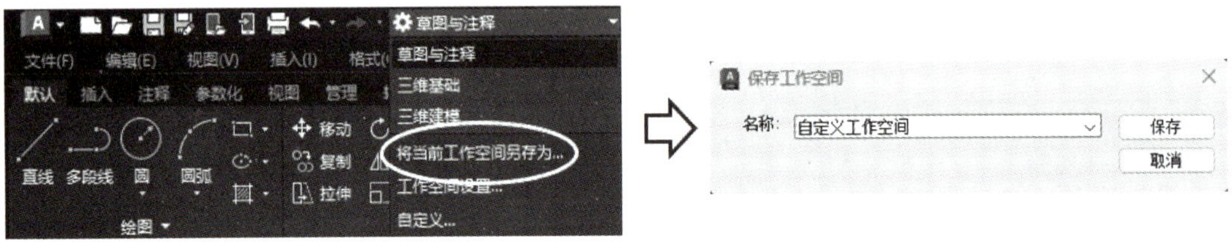

图 1-13 “保存工作空间”对话框

①输入新工作空间的名称后单击“保存”按钮，则创建新的工作空间。

②从下拉列表中选择一个已有名称后单击“保存”按钮，则修改已有工作空间。

（5）“WORKSPACE”命令

可以使用“WORKSPACE”命令创建、修改和保存工作空间，并将其设定为当前工作空间。表 1-2 所示为“WORKSPACE”命令的使用示例。

表 1-2 WORKSPACE 命令

绘图步骤与命令行提示	步骤说明
命令：WORKSPACE↙ 输入工作空间选项 [置为当前（C）/ 另存为（SA）/ 编辑（E）/ 重命名（R）/ 删除（D）/ 设置（SE）/?] < 置为当前 >：sa↙ 将工作空间另存为 <AutoCAD 经典 >：新建一↙	创建“新建一”工作空间

»【小贴士】

本书中，“↙”标记表示输入命令、参数或数据（可以采用按键盘 Enter 键完成输入，大部分命令还可采用按 Space 键等方法），下同。

1.2.3 任务训练

根据本任务所学内容，请设计一个你自己喜欢的工作空间。

任务 1.3 命令操作入门

1.3.1 任务目标

学习要求：通过本任务的学习，学生应了解命令的输入方式，了解图形和信息的输出方式（含打印输出），熟悉命令的中止、撤销与重复执行，掌握鼠标、键盘在 CAD 中的正确使用方式，初步掌握菜单、工具栏在 CAD 中的正确使用方式。

学习重点：命令的输入与输出。

学习难点：鼠标左、中、右三键的不同用处；组合键和功能键的使用。

1.3.2 任务指导

1.CAD 的输入方式

（1）定点设备输入

定点设备（Pointing Device）是一种计算机外置输入装置，在 CAD 中主要用于操作界面上显示的指针或图标的操作，其是计算机与人进行信息互换的人机接口装置。定点设备种类很多，如鼠标、数字化仪、控制球、触摸屏、光笔等。鼠标是 CAD 中最常用的定点设备，本书仅就鼠标的使用进行详细介绍。

①鼠标的基本操作。

A. 移动：移动鼠标，直至屏幕上的鼠标指针指向某个对象或某个位置。

B. 单击：点击鼠标左键一次然后放开。一般用于选定对象、按动按钮等操作。

C. 拖动：按住鼠标左键、中键或者右键不放的同时移动鼠标。

D. 右击：点击鼠标右键一次然后放开。一般用于弹出快捷功能菜单等操作。

E. 双击：用手指快速、连续单击鼠标左键或右键两次然后放开。

F. 滚动：用手指将鼠标中间的滚轮进行上、下滚动。

②鼠标左键的使用。鼠标左键主要起拾取作用，其他作用如下。

A. 指定位置。

B. 指定编辑对象。

C. 选择菜单选项、对话框按钮和字段。

③鼠标右键的使用。

A. 结束正在进行的命令或命令的一个步骤。如在命令行提示“选择对象：”时单击鼠标右键，则选择对象的步骤结束，进入命令的下一个步骤。

B. 显示快捷菜单。如在命令行提示“命令：”时单击鼠标右键，弹出快捷菜单；在命令执行过程中单击鼠标右键，大部分情况也会弹出快捷菜单。快捷菜单方便用户直观且快捷地选用命令和辅助工具。使用“SHORTCUTMENU”系统变量可以控制快捷菜单是否可用。

C. 显示“对象捕捉”菜单。同时按下 Ctrl 键和鼠标右键，弹出“对象捕捉”菜单，可以为当前步骤选用对象捕捉方式。同时按下 Shift 键和鼠标右键亦同。

④鼠标中键的使用。

鼠标中键位于左、右两个键之间，通常为可滚动的滑轮形状，故常称为滚轮。

可以使用滚轮在图形中进行平移和缩放，而无须使用任何命令。默认情况下，缩放比例设定为 60%；每次转动滑轮都将按 60% 的增、减量改变缩放级别。可以使用“ZOOMFACTOR”系统变量更改滚轮的增量值，设置的数字越大，滚动时的增量变化就越大。滚轮常见用途和鼠标动作见表 1-3。

表 1-3　滚轮鼠标动作

滚轮用途	鼠标动作	使用说明
放大或缩小	前后滚动滚轮	向前时放大，向后时缩小。使用“ZOOMWHEEL”系统变量可改变转动滚轮时缩放操作的方向
缩放到图形范围	双击滚轮按钮	
平移	按住滚轮按钮并拖动鼠标	“MBUTTONPAN”系统变量设定为 1 时，此功能可用
弹出对象捕捉快捷菜单	单击滚轮一次后放开	“MBUTTONPAN”系统变量设定为 0 时，此功能可用
旋转相机	同时按住 Ctrl 键和滚轮按钮并拖动鼠标	“MBUTTONPAN”系统变量设定为 0 时，此功能可用
自由动态观察	同时按住 Ctrl、Shift 键及滚轮按钮并拖动鼠标	
显示“对象捕捉”菜单	单击滚轮按钮	“MBUTTONPAN”系统变量必须设定为 0

（2）命令行输入

命令输入方式是从工作空间的命令提示窗口输入命令或数据，通常使用键盘。

①单键输入。使用键盘的打字键区进行输入。其包括数字键、字母键、常用运算符、标点符号键以及几个必要的常用控制键，主要用于字母、数字和符号的输入。

②组合键输入。按住键盘上的 Ctrl 键、Alt 键或 Shift 键的同时输入字母、数字、符号，也能输入 CAD 命令，这种方法称为组合键输入。

CAD 中，Ctrl 键的组合键使用最多。Ctrl 键可与功能键组合，如 Ctrl+F2，用于显示文本窗口；可与数字组合，如 Ctrl+8，用于“快速计算器”选项板的切换；可与字母组合，如 Ctrl+C，用于将对象复制到 Windows 剪贴板；Ctrl+V，用于粘贴 Windows 剪贴板中的对象；还可以与 Shift 键组合成 Ctrl+Shift+S，用于显示“另存为”对话框。

②功能键输入。功能键区位于键盘最上方，共 12 个，分别用 F1 ~ F12 表示。

（3）菜单输入

菜单输入方式通常要结合鼠标或键盘使用。

①结合鼠标。以“视图（V）”菜单为例，在“视图（V）”菜单位置单击，打开下拉菜单，如再次单击，则可收回下拉菜单；在下拉菜单中具体命令处单击，则执行该命令。下拉菜单中命令最右侧有箭头标记时，表示该命令有下拉子菜单，如“缩放（Z）”命令；下拉菜单中命令文字后无箭头标记时，表示该命令没有下拉子菜单，只可打开当前一个对话框，如“命名视图（N）...”，如图 1-14 所示。

图 1-14　菜单输入

②结合键盘。在菜单栏下拉（子）菜单命令中，其括号内的英文字符均可作为下拉（子）菜单或执行命令的标识字符。仍以“视图（V）”菜单（图 1-14）为例，该菜单名“（）”中字符为“V”，可使用 Alt+V 的组合键方式打开下拉菜单，如拟执行“缩放（Z）”命令下的“全部（A）”子命令，只需用键盘依次按组合键 Alt+V+Z+A 即可。

（4）工具栏输入

①常用工具栏。CAD 学习初期常用的工具栏包括图层、特性、绘图、修改、标注等，如图 1-15 所示。

②工具栏命令集。若工具栏命令按钮的右下角有三角标记，表示该按钮为工具栏命令集，将鼠标指针移至该命令按钮上并长按鼠标左键，即可看到其所包含的所有命令，如图 1-16 所示。

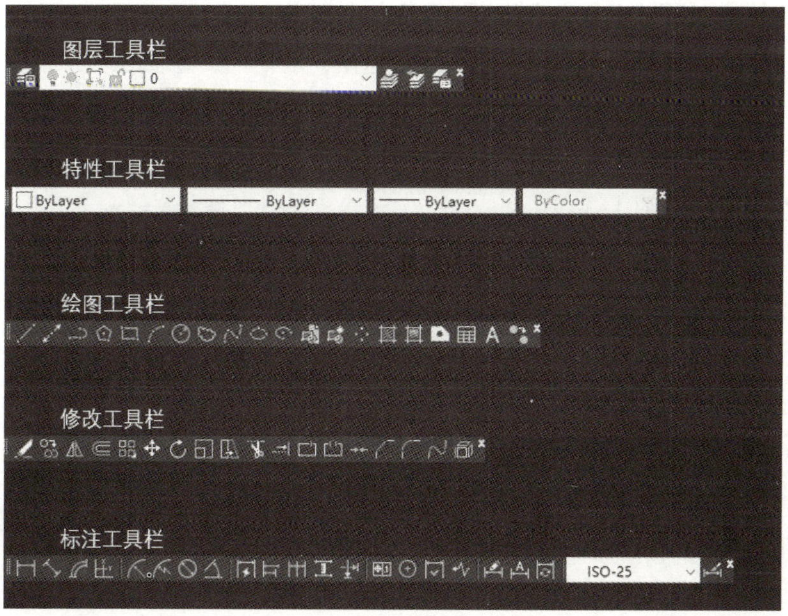

图 1-15　常用工具栏

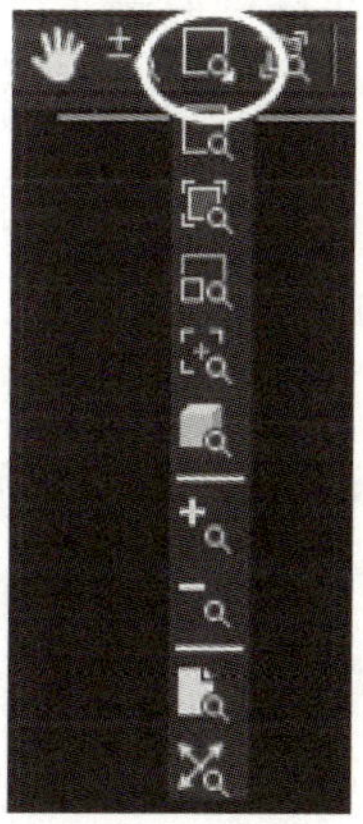

图 1-16　工具栏命令集

（5）选项板输入

选项板也称选项卡。执行“TOOLPALETTES（TP）”命令，或者执行菜单栏中的“工具（T）命令”→“选项板”→“工具选项板（T）”命令，或者使用组合键 Ctrl+3，都可以打开工具选项板。

> »【小贴士】
>
> “TOOLPALETTES（TP）”括号中的“TP”表示通过键盘输入该命令时可以不输入命令全名“TOOLPALETTES”，仅输入命令缩写“TP”即可执行该命令。

2. 命令的结束与撤销

（1）命令的终止

终止命令的方法通常有以下几种。

①完成绘制后自动终止。有些命令在完成绘制后会自动终止。如圆命令，当完成一个圆的绘制以后，圆命令自动终止。

②通过软件操作终止。有些命令在完成绘制后，不会自动终止，需使用者操作 CAD 软件终止。如直线命令，当绘制完一条直线以后，命令行将提示“指定下一点”，等待使用者提供新的数据后绘制下一段直线。如果不想继续绘制直线，可以按 Space 键或 Enter 键结束命令。

（2）命令的中止

中止命令的方法通常有以下几种。

①使用 Esc 键中止。在命令的执行过程中，可以随时按键盘左上角的 Esc 键退出该命令。但使用“多行文字”命令时，不建议使用 Esc 键退出，因为此操作会导致新输入的文字全部丢失。

②使用快捷菜单中止。在绘图区域内单击鼠标右键，从弹出的快捷菜单中选择“取消（C）”命令从而中止命令，如图 1-17 所示。

图 1-17　使用快捷菜单中止命令

（3）命令的撤销

使用完一个命令后，如果执行效果不符合需求，可以通过命令的撤销，取消前一个或前几个命令的执行效果。撤销命令的方法通常有以下几种。

①通过快速访问工具栏撤销。单击工具栏里的“放弃”按钮。单击该按钮右侧的箭头下拉，可以在弹出的下拉列表中精确地选择撤销到哪一步。这种方法较为常用。

②通过组合键撤销。使用组合键 Ctrl+Z 撤销最近一步的操作。这种方法最为方便快捷。

③右键快捷菜单撤销。在绘图区单击鼠标右键，从弹出的快捷菜单里执行“放弃（U）”命令。如果前一个命令已经执行完毕，则撤销前一个命令；如果命令正在使用中，则撤销该命令的上一步操作。

④通过菜单撤销。执行菜单栏里的“编辑”→“放弃”命令。

⑤通过“U”或“UNDO”命令撤销。在命令提示行中执行“U”命令或者“UNDO”命令。执行“U”命令只能撤销前一个或上一步的操作；执行“UNDO”命令，命令行将弹出如下提示：

当前设置：自动=开，控制=全部，合并=是，图层=是

输入要放弃的操作数目或 [自动（A）/ 控制（C）/ 开始（BE）/ 结束（E）/ 标记（M）/ 后退（B）]〈1〉：* 取消 *

此时，在命令行中输入要放弃的操作数目，也可以使用列表中的其他选项。

3. 命令的重复执行与恢复

（1）命令的重复

重复命令的方法有以下几种。

①通过 Space 键或 Enter 键重复。执行完一个命令后，按 Space 键或 Enter 键可重复执行该命令。这种方法最为常用。

②通过右键快捷菜单重复。执行完一个命令后，在绘图区单击鼠标右键，在弹出的快捷菜单里执行“重复 ...（R）”命令。如用“圆”命令绘制了一个圆后，在绘图区单击鼠标右键，在弹出的快捷菜单里选择“重复 CIRCLE（R）”，即可重复执行圆命令。

③通过命令提示行快捷菜单重复。在命令提示行中单击鼠标右键，在弹出的快捷菜单中的“最近的输入”选项后找到最近执行过的多个命令，左键单击命令即可执行，如图 1-18 所示。

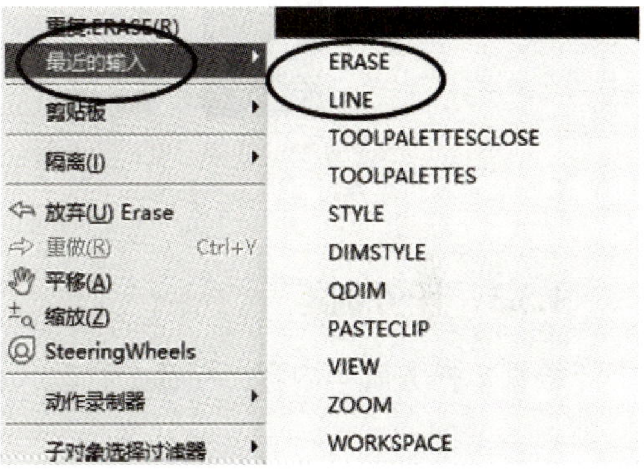

图 1-18　命令提示行中的右键快捷菜单

④通过“MULTIPLE”命令重复。如果需要多次重复执行同一个命令，可以在命令提示行中执行“MULTIPLE”命令。例如：想重复绘制几个圆，但又不想总是按 Space 键 / Enter 键。此时，在命令行中输入“MULTIPLE”或其缩写“PLE”，按 Enter 键确认，命令行将提示“输入要重复的命令名：”，输入要重复的圆命令的缩写“C”（注：输入命令全名或缩写均可），按 Enter 键确认，就开始执行圆的绘制命令，且会重复执行圆命令，直到按 Esc 键终止“MULTIPLE”命令的生效为止。

（2）命令的恢复

恢复命令是与撤销命令相反的操作，它可以恢复前一次或者前几次已经撤销的操作。恢复命令的方法有以下几种。

①通过访问工具栏恢复。单击“快速访问”工具栏里的“重做”按钮。单击该按钮后的箭头下拉，可以在弹出的下拉列表中，精确地选择恢复到哪一步。此方法为最常用的方法。

②通过组合键恢复。按 Ctrl+Y 组合键重做。用于重做刚用“U”命令撤销的命令，如果刚连续做了多次“U”命令，则可以连续重做多次。

③通过访问菜单栏命令恢复。执行 CAD 菜单栏里的“编辑”→“重做”命令恢复。

④通过“REDO”命令恢复。在命令提示行中执行“REDO”命令。“REDO”命令必须在执行“U”命令或“UNDO”命令后立即执行，而且只能重做最后一次“U”或“UNDO”命令撤销的命令。

⑤通过“OOPS”命令恢复。在命令提示行中执行“OOPS”命令，即可恢复由上一个“ERASE”命令删除的图形对象。“OOPS”命令不需要紧跟在“ERASE”命令后立即执行，两个命令中间可以存在其他 CAD 操作和命令执行。

CAD 系统中自带的工具栏多达几十个（图 1-19），随着学习的深入，使用者应熟悉更多的常用工具栏，并能够根据不同的绘图目标和绘图要求设计工作空间，在工作空间中打开不同的工具栏以方便使用。

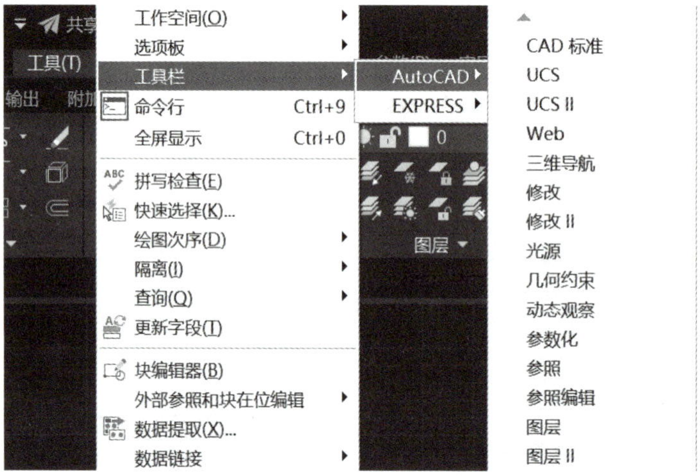

图 1-19 CAD 系统自带的工具栏

1.3.3 任务训练

根据本任务所学内容，在命令行输入直线命令快捷键（L），实现快速绘图的目的。

任务 1.4 CAD 文件管理

1.4.1 任务目标

学习要求：通过本任务的学习，学生应掌握文件管理命令的命令访问，熟悉新建文件、打开文件、保存文件的使用方法，了解其他文件管理命令的命令使用方法。

学习重点：文件管理命令的命令访问方式。

学习难点：图形样板、图形后缀。

1.4.2　任务指导

1. 新建文件（NEW）

（1）命令访问

①菜单栏：在菜单栏中执行“文件（F）”→“新建（N）”命令。

②工具栏：“新建”按钮，位于“快速访问工具栏”。

③命令行：在命令行中输入“NEW”或“QNEW”。

④组合键：Ctrl+N。

（2）命令使用说明

①执行命令。执行新建命令后弹出“选择样板”对话框，如图 1-20 所示。

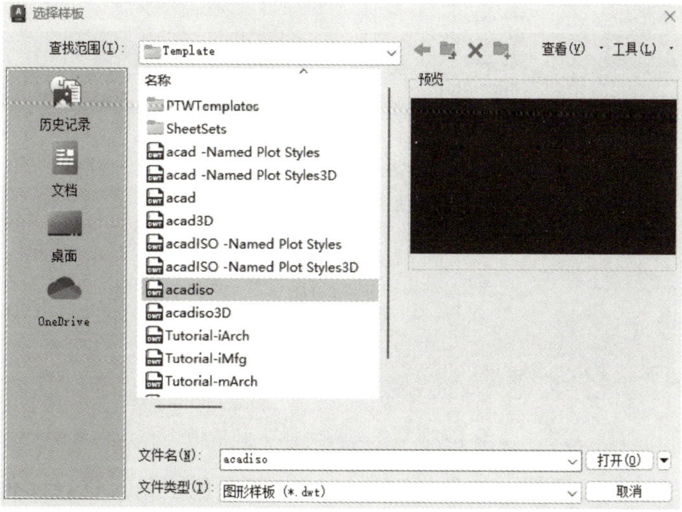

图 1-20　“选择样板”对话框

②确定文件类型。单击对话框“文件类型”区域右侧黑色三角，选择文件类型。默认文件类型为“图形样板（*.dwt）”，如图 1-21 所示。

图 1-21　“文件类型”下拉列表

③选择图形样板文件。在对话框的“名称”区域里选择合适的图形样板文件。

④打开模式设置。单击对话框右下角“打开”区域右侧黑色三角，选择合适的打开模式，如图 1-22 所示。

图 1-22　新建文件的“打开”下拉列表

⑤创建新文件。单击对话框右下角“打开”按钮，完成新文件创建。新文件将继承样板文件中的设置。

2. 打开文件（OPEN）

（1）命令访问

①菜单栏：在菜单栏中执行“文件（F）”→“打开（O）”命令。

②工具栏：“打开”按钮，位于“快速访问工具栏”中。

③命令行：在命令行中输入“OPEN”。

④组合键：Ctrl+O。

（2）命令使用说明

①执行命令。执行“打开”命令后弹出“选择文件”对话框，如图 1–23 所示。

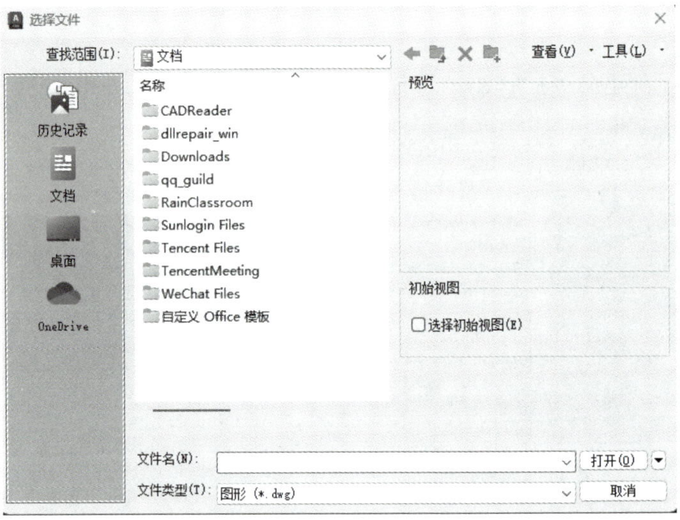

图 1–23 “选择文件”对话框

②确定文件类型。单击对话框“文件类型”区域右侧黑色三角，选择文件类型。默认文件类型为“图形（*.dwg）”。

③选择图形文件。在对话框的“名称”列表中选择要打开的图形文件。

④打开模式设置。单击对话框右下角“打开”区域右侧黑色三角，选择合适的打开模式，如图 1–24 所示。

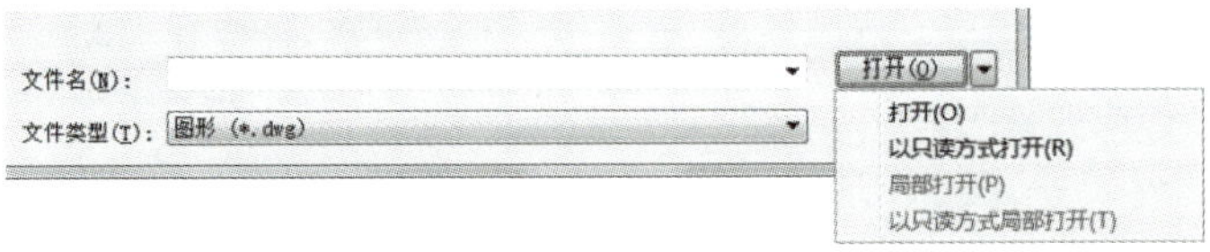

图 1–24 打开文件的“打开”下拉列表

3. 保存文件（SAVE）

（1）命令访问

①菜单栏：在菜单栏中执行“文件（F）”→“保存（S）”命令。

②工具栏：“保存”按钮，位于“快速访问工具栏”中。

③命令行：在命令行输入“SAVE”或“QSAVE”。

④组合键：Ctrl+S。

（2）命令使用说明

如果当前图形文件已经保存过，执行保存命令后，就会将当前图形文件的信息保存到后缀为“.dwg”的当前图形文件中，覆盖掉原来的文件信息，同时，会将原来的文件信息转移到与图形文件同名的后缀为“.dwt”的 CAD 备份文件中。

如果当前图形文件是新建文件，第一次执行保存命令时会要求指定保存的目录和名称，此时，相当于执行“文件另存为”命令。

4. 文件另存为（SAVE AS）

（1）命令访问

①菜单栏：在菜单栏中执行“文件（F）”→“另存为（A）”命令。

②命令行：在命令行中输入“SAVE AS”。

③组合键：Ctrl+Shift+S。

（2）命令使用说明

①执行命令。执行文件另存为命令后弹出“图形另存为”对话框，如图 1-25 所示。

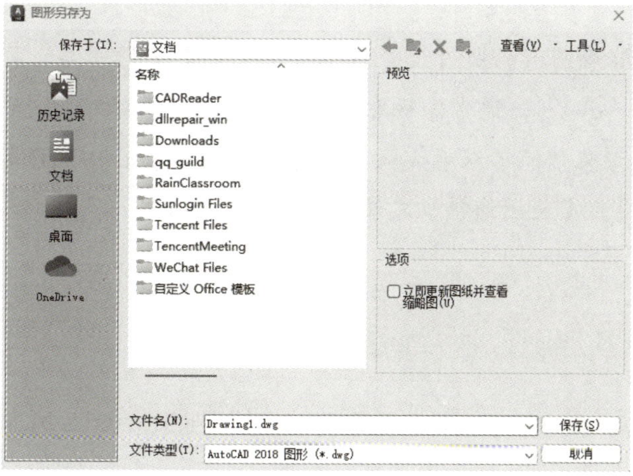

图 1-25　“图形另存为”对话框

②确定保存路径。单击对话框中的“保存于”右侧的向下箭头，选择合适的保存路径。对话框左侧有“历史纪录”“文档”“桌面”“OneDrive”等按钮，可以单击按钮快速确定保存路径。

③确定文件类型。“文件另存为”命令的“文件类型”下拉列表如图 1-26 所示，可以使用单击的方法选择合适的类型。有时候会在其他计算机上打开本软件保存的 CAD 文件，为提高版本兼容性，建议选择版本稍低的类型。

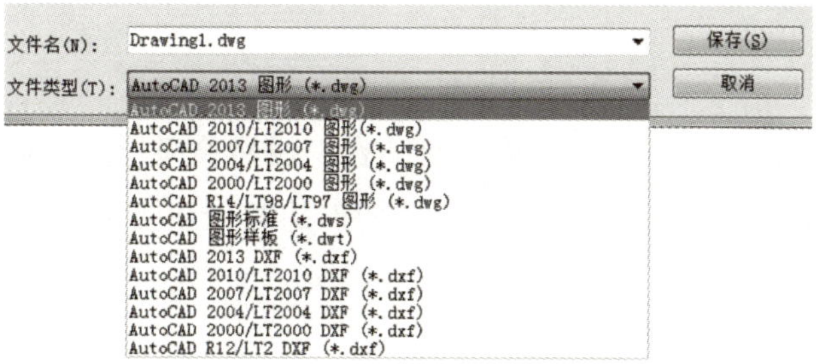

图 1-26　另存为的“文件类型”下拉列表

④输入文件名。在对话框的“文件名”中输入另存后的文件名。如果文件名和已有文件名称相近，可在“名称”列表中单击已有文件后在“文件名”中修改。例如，单击已有文件“图 1-8.dwg”，则在“文件名”框中显示“图 1-8.dwg”，将“1-8”改成“1-9”，则文件将被保存为“图 1-9.dwg”。

⑤保存该文件。单击对话框的“保存”按钮，将文件按设置好的文件类型、目录和名称进行保存。

5. 关闭文件（CLOSE）

关闭文件的方法主要有以下三种。

①单击当前文件名称右侧的按钮即可关闭文件。

②在菜单栏中执行“文件（F）”→“关闭（C）”命令来关闭文件。

③在命令行中输入“CLOSE”来关闭文件。。

»【小贴士】

图形样板文件存储着图形的所有设置信息，包含预定义的图层、样式、视图和其他数据等，其文件扩展名为“.dwt”，通常保存在 template 目录中。可以通过图形样板文件创建新的 CAD 图形文件，新图形文件能够继承样板文件中已保存的设置。CAD 软件有默认的图形样板文件，用户也可以创建自定义图形样板文件。

1.4.3 任务训练

根据本任务所学内容，新建一个文件，命名为“项目平面图”，并另存到桌面。

任务 1.5 状态栏和功能键

1.5.1 任务目标

学习要求：通过本任务的学习，学生应了解捕捉、栅格、显示 / 隐藏线宽的设置和使用方法，熟悉极轴、对象追踪的设置和方法，熟悉常用的功能键的意义和使用方法，掌握正交、对象捕捉的设置和使用方法。

学习重点：对象捕捉的使用。

学习难点：对象捕捉、极轴追踪的使用。

1.5.2　任务指导

1. 状态栏绘图工具

状态栏包括推断约束、捕捉模式、栅格显示、正交模式、极轴追踪、对象捕捉、三维对象捕捉、对象捕捉追踪、允许 / 禁止动态 UCS、动态输入、显示 / 隐藏线宽、显示 / 隐藏透明度、快捷特性、选择循环、注释监视器。本书就常用的状态栏工具（图 1–27）做重点讲解。

图 1–27　状态栏工具

（1）草图设置

执行“DSETTINGS（DS）”命令，弹出“草图设置”对话框，该对话框包括捕捉和栅格、极轴追踪、对象捕捉、三维对象捕捉、动态输入、快捷特性、选择循环 7 个选项卡，可以通过各个选项卡对相应状态进行设置，也可以通过在复选框“□”中打“√”或取消打“√”实现状态的开启和关闭，如图 1–28 所示。

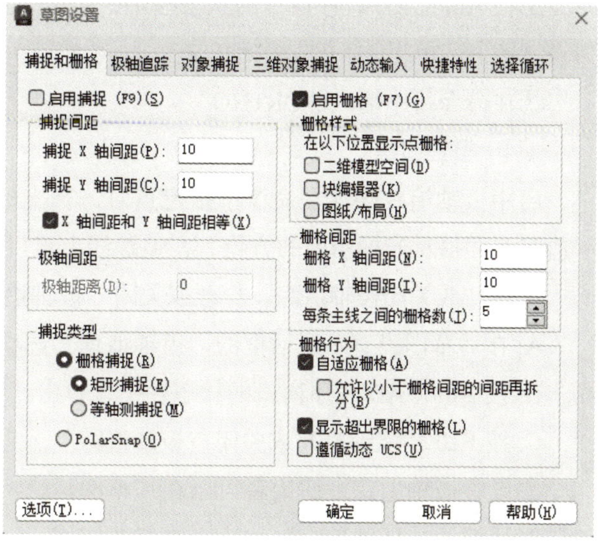

图 1–28　“草图设置”对话框

（2）捕捉与栅格

捕捉与栅格配套使用效果最好，故本教材同时讲解这两部分内容。

通过之前的学习，我们已经掌握了通过移动光标来指定点的位置的方法，但这种方法很难精确指定点的某一位置。在 AutoCAD 中，可以使用“捕捉”和“栅格”功能精确地定位点，提高绘图效率。

①打开或关闭“捕捉和栅格”。“捕捉”用于设定鼠标光标移动的间距。“栅格”是一些标定位置的小点，起坐标的作用，可以给使用者提供直观的距离参照和位置参照。打开或关闭“捕捉”和“栅格”功能，可以选择以下几种方法。

A. 在“草图设置”对话框的“捕捉和栅格”选项卡中选择相应复选框。

B. 在 AutoCAD 程序窗口的状态栏中，单击“捕捉”和“栅格”按钮。

C. 按 F7 功能键打开或关闭栅格，按 F9 功能键打开或关闭捕捉。

②设置“捕捉和栅格”。执行“草图设置”命令，或者在程序窗口状态栏的“捕捉模式”或状态栏“栅格显示”按钮处单击鼠标右键选择“设置”，均可以弹出“草图设置”对话框，在“捕捉和栅格”选项卡（图 1–28）中设置捕捉和栅格的相关参数。各选项的功能说明如下。

A.“启用捕捉”复选框：打开或关闭捕捉方式。在该复选框中打“√”，即为启用捕捉。

B.“捕捉”设置组：包括设置捕捉间距、极轴间距、捕捉类型等。“捕捉类型”默认为矩形捕捉，此时，需要在“捕捉间距”中设置捕捉 X 轴间距和捕捉 Y 轴间距两个参数。

C.“启用栅格”复选框：打开或关闭栅格的显示。在该复选框中打“√”，即可以启用栅格。

D.“栅格”设置组：包括设置栅格样式、栅格间距、栅格行为等。在“栅格间距”中设置栅格X轴间距和栅格Y轴间距两个参数，以调整栅格的间距。如果X轴间距和Y轴间距值设置为0，则栅格采用捕捉X轴和Y轴间距的值，使用的效果相当于未启用栅格。

(3)正交模式

正交模式可以将光标限制在用户坐标系（UCS）的水平或垂直方向上，可以控制用户保持水平或垂直方向绘制线，移动位置，便于精确地创建和修改对象。

对象捕捉模式高于正交模式，当对象捕捉功能启用时，如果光标捕捉到对象上的对象捕捉点，则正交模式暂时失效。

正交模式无须设置，只需打开或关闭“捕捉”和“栅格”功能，方法如下。

①在AutoCAD程序窗口的状态栏中，单击“正交模式”按钮。

②按F8功能键打开或关闭正交。

③在命令行中输入“ORTHO”。

(4)极轴追踪

启用极轴追踪功能在命令中指定点时，当光标移动到指定角度附近，系统会自动锁定角度、显示追踪线并提示光标当前的方位，在追踪线上可以移动光标进行精确绘图。

①打开或关闭极轴追踪。打开或关闭“极轴追踪”功能，可以选择以下几种方法。

A.在“草图设置”对话框的“极轴追踪”选项卡中设置相应复选框。

B.在AutoCAD程序窗口的状态栏中，单击“极轴追踪”按钮。

C.按F10功能键打开或关闭“极轴追踪”。

②设置极轴追踪。使用者可以在“草图设置”对话框的“极轴追踪”选项卡中修改或增加极轴的角度或数量，如图1-29所示。

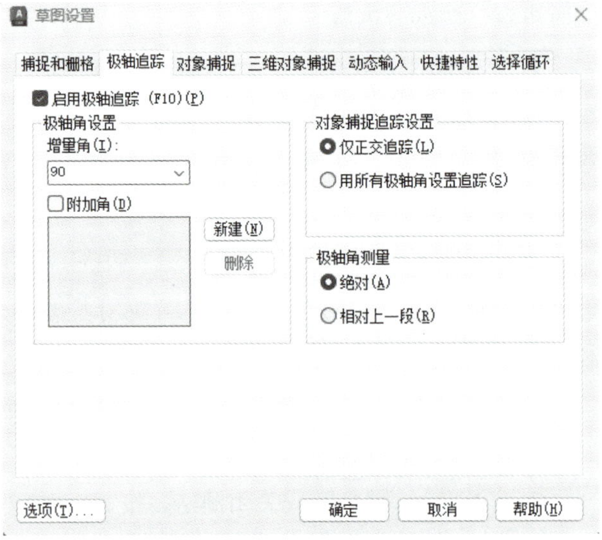

图1-29 “极轴追踪”选项卡

选项卡中各选项的功能说明如下。

A.“启用极轴追踪”复选框：打开或关闭极轴追踪。在该复选框中打“√”，即为启用极轴追踪；反之，则为不启用极轴追踪。

B.“极轴角设置”：用于设定极轴追踪的对齐角度，包括增量角和附加角两种类型。增量角是指在所设增量角角度整数倍的方向获得极轴追踪，可以从列表中选择90°、45°、30°、22.5°、18°、15°、10°、5°这些常用角度，也可以自行输入任何角度，系统的默认值为90°，即在0°、90°、180°、270°的方向获得追踪。附加角需自行设置，最多设置10个附加角，每个附加角产生一次追踪效果，即仅在0°起算的附加角角度方向获得追踪。

C.“对象捕捉追踪设置”：用于设定对象捕捉追踪选项，方便极轴功能与对象捕捉功能的配套使用，包括“仅正交追踪”和“用所有极轴角设置追踪”两种选择，根据需要选用。

D.“极轴角测量”：设定测量极轴追踪对齐角度的基准。默认为“绝对”，即根据当前用户坐标系（UCS）确定极轴追踪角度，不建议修改。

»【小贴士】

“正交模式”和“极轴追踪”不能同时打开。

（5）对象捕捉

绘图过程中经常要使用到现有对象上的已有点，如直线的端点、圆的圆心、两个对象的交点、两个对象的切点等。如果只凭观察进行拾取，不能准确地定位到这些点。在 AutoCAD 中，可以通过设置对象捕捉功能，迅速、准确地捕捉到已有点，从而精确地绘制图形。

①打开或关闭对象捕捉。打开或关闭“对象捕捉”功能，可以选择以下几种方法。

A. 在“草图设置”对话框中设置“启用对象捕捉”复选框。

B. 在 AutoCAD 程序窗口的状态栏中，单击“对象捕捉”按钮。

C. 按 F3 功能键打开或关闭“对象捕捉”。

②设置对象捕捉。执行“草图设置”命令，或者在程序窗口状态栏的“对象捕捉”按钮处单击鼠标右键选择“设置”，均可弹出“草图设置”对话框，在“对象捕捉”选项卡（图 1–30）中设置捕捉和栅格的相关参数。

选项卡中各选项的功能如下。

A.“启用对象捕捉”复选框：打开或关闭对象捕捉方式。在该复选框中打“√”，即为“启用对象捕捉”；反之，则不启用。

B.“对象捕捉模式”设置组：包括端点、中点、圆心、几何中心、节点、象限点、交点、延长线、插入点、垂足、切点、最近点、外观交点、平行线 14 个复选框，每个复选框可以分别设置启用（打“√”）或不启用（取消打“√”），用户可以根据绘图需要自由组合。

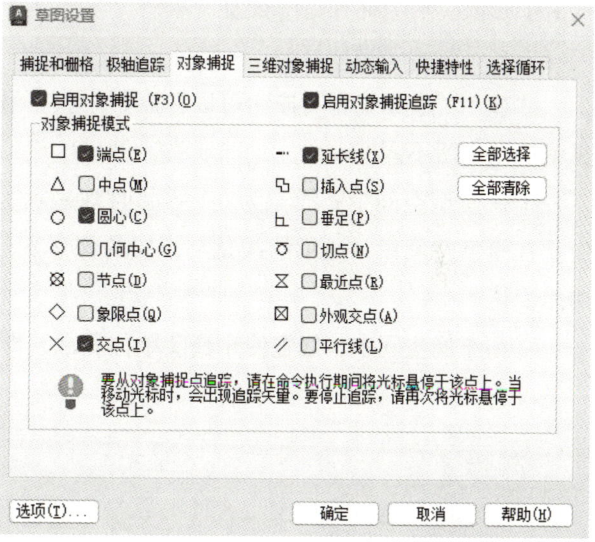

图 1–30　“对象捕捉”选项卡

C.“全部选择”按钮：14 个复选框一键全部启用。

D.“全部清除”按钮：14 个复选框一键全部取消启用。

启用对象捕捉功能后，绘图过程中可以实现自动捕捉：当将光标放在某一个捕捉点附近时，系统会自动捕捉到该捕捉点，并显示相应的标记；如果将光标放在捕捉点上多停留一会，系统还会显示捕捉的提示。

③“对象捕捉”工具栏。在绘图过程中，当要求指定点时，单击“对象捕捉”工具栏（图 1–31）中相应的捕捉点类型按钮，再将光标移到要捕捉对象上的捕捉点附近，即可捕捉到相应类型的捕捉点。

④对象捕捉快捷菜单。当明确要求使用某一类型捕捉点时，可以使用 Shift+ 或 Ctrl+ 鼠标右键，即左手按下 Shift 键或者 Ctrl 键，同时鼠标右击，打开对象捕捉快捷菜单，如图 1-31 所示。选择需要的子命令，再将光标移到要捕捉对象的特征点附近，即可捕捉到相应的对象特征点。

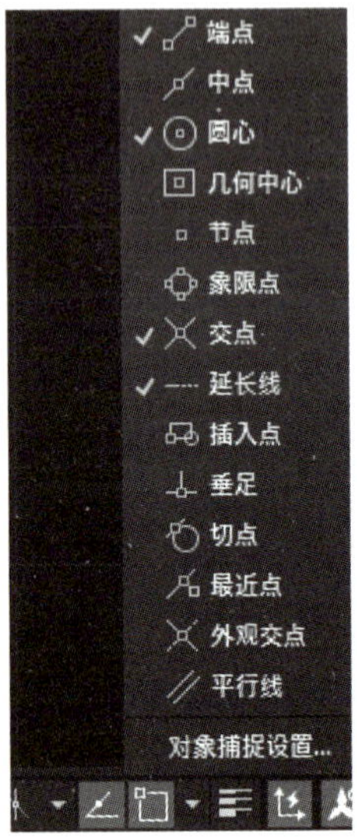

图 1-31 “对象捕捉”工具栏

（6）对象捕捉追踪

打开或关闭“对象捕捉追踪”功能，可以选择以下几种方法。

①在“草图设置”对话框的“对象捕捉”选项卡中设置相应复选框。

②在 AutoCAD 程序窗口的状态栏中，单击“对象捕捉追踪”按钮。

③按 F11 功能键打开或关闭“对象捕捉追踪”。

当对象捕捉追踪处于打开状态，在命令中指定点时，可以通过捕捉对象上的特征捕捉点（如端点、中点、圆心等）沿正交方向或极轴方向移动光标，系统将显示光标当前位置与捕捉点之间的关系。找到符合要求的点时，单击获得该点。

在默认情况下，对象捕捉追踪将设定为正交。对齐路径将显示在开始时已获取对象点的 0°、90°、180° 和 270° 方向上。如果需要使用极轴追踪角度，在“草图设置”对话框的“极轴追踪”选项卡中修改“对象捕捉追踪设置”。

（7）显示 / 隐藏线宽

“显示 / 隐藏线宽”按钮可以在图形中打开和关闭线宽显示，在模型空间和图纸布局空间中的显示规则有所不同。

①在模型空间中，线宽为 0（零）时则显示为 1 个像素的宽度，其他线宽使用成比例的像素宽度。在模型空间中，显示的线宽与设置的像素宽度有关，与缩放比例无关，即线宽显示不随缩放比例而变化。

②在布局空间中，线宽使用真实单位显示，即线宽显示将随缩放比例而变化。

» 【小贴士】

“线宽”的显示 / 隐藏状态不影响打印线宽，默认情况下，使用已设置好的线宽值的精确宽度打印线宽。

（8）其他不常用工具

①推断约束（Ctrl+Shift+I）：可以在创建和编辑几何对象时自动应用几何约束。该工具不支持交点、外观交点、延伸、象限的对象捕捉。

②三维对象捕捉（F4）：控制三维对象的对象捕捉设置，在“草图设置”对话框中，有名为“三维对象捕捉”的选项卡。

③允许 / 禁止动态 UCS（F6）：允许动态 UCS 功能并创建对象时，可以使 UCS 的 XOY 平面自动与实体模型上的平面临时对齐。

④动态输入（F12）：在“草图设置”对话框中，有名为“动态输入”的选项卡。当“动态输入”处于启用状态时，工具提示将在光标附近动态显示更新信息。

⑤显示 / 隐藏透明度：透明度效果可以提高图形质量。例如：其可以使放置在建筑或操作机械中的人物图像变得透明而弱化。透明度也可以用于减少仅供参照的对象和图层的可见性。默认情况下，透明度在打印时处于禁用状态。

⑥快捷特性（Ctrl+Shift+P）：在“草图设置”对话框中，有名为“快捷特性”的选项卡。当快捷特性处于启用状态并在选择对象时，显示对象的“快捷特性”选项板有以下情况。

A. 选择单个对象时，显示该对象特性。

B. 选择多个对象时，仅显示多个对象相同的特性。

⑦选择循环（Ctrl+W）：在“草图设置”对话框中，有名为“选择循环”的选项卡，用于设置在重叠对象上显示选择对象。

⑧注释监视器：CAD 中的注释监视器用于监视程序运行过程中各个变量值的变化。例如：在尺寸标注时，启用注释监视器即可监视尺寸标注的参数，可以辅助使用者检查标注的尺寸是否正确。

2. 功能键

在上述状态栏工具的学习中，已经掌握了部分功能键的使用，现将 F1 ~ F12 的功能键进行汇总，见表 1-4。

表 1-4　F1 ～ F12 功能键说明表

功能键	功能	功能说明	Ctrl+ 组合键
F1	帮助	显示活动工具提示、命令、选项板和对话框的帮助	
F2	展开的历史记录	在命令窗口中显示展开的命令历史记录	
F3	对象捕捉	打开和关闭对象捕捉	Ctrl+F
F4	三维对象捕捉	打开和关闭其他三维对象捕捉	
F5	等轴测平面	循环浏览二维等轴测平面设置	Ctrl+E
F6	动态 UCS	打开和关闭 UCS 与平面曲面的自动对齐	Ctrl+D
F7	栅格显示	打开和关闭栅格显示	Ctrl+G
F8	正交	锁定光标按水平或垂直方向移动	Ctrl+L
F9	栅格捕捉	限制光标按指定的栅格间距移动	Ctrl+B
F10	极轴追踪	引导光标按指定的角度移动	Ctrl+U
F11	对象捕捉追踪	从对象捕捉位置水平和垂直追踪光标	
F12	动态输入	显示光标附近的距离和角度，并在字段之间使用 Tab 键时接受输入	

说明：F4、F12 在不同版本的 CAD 中有不同的功能，以具体版本为准。

1.5.3 任务训练

根据本任务所学内容，在“对象捕捉”选项卡中将端点、中点、垂足设置成捕捉点。

任务 1.6 图形界限和识图显示

1.6.1 任务目标

学习要求：通过本任务的学习，学生应了解模型空间界限的含义，熟悉视口缩放命令的“A”选项的使用，掌握模型空间界限的设置方法。

学习重点：模型空间界限、视口缩放。

学习难点：模型空间界限的设置。

1.6.2 任务指导

1. 图形界限（LIMITS）

在 AutoCAD 中，用户不仅可以通过设置参数选项和图形单位来设置绘图环境，还可以设置绘图图限。使用“LIMITS”命令可以在模型空间中设置一个想象的矩形绘图区域，也称为图限。它确定的区域是可见栅格指示的区域，也是决定视图界限的重要参数。

（1）命令访问

①菜单栏。在菜单栏中执行“绘图格式（O）”→“图形界限（I）”命令。

②命令行。在命令行输入“LIMITS”。

（2）命令提示

命令：LIMITS↙重新设置模型空间界限：

指定左下角点或 [开（ON）/ 关（OFF）] <0.0000，0.0000>：↙

指定右上角点 <420.0000，297.0000>：

Enter 键保持 < > 中的 420，297 设置或输入新的坐标

（3）选项和参数说明

指定左下角点 / 右上角点：指定左下角、右上角 2 个对角点，框定的矩形范围即为设置的模型空间界限。

在绘制施工图时，应参考标准图纸尺寸作为设置图形界限的参考数据，常用标准图纸尺寸见表 1-5。

表 1-5　国家标准图纸尺寸

单位：mm

A0	A1	A2	A3	A4
841 × 1 189	594 × 841	420 × 594	297 × 420	210 × 297

2. 窗口缩放（ZOOM）

该命令可以通过放大和缩小操作更改视图的比例，也可以通过指定两个对角点变化窗口视图的显示范围。使用“ZOOM”命令仅更改视图的显示比例，不会更改图形中对象的绝对大小。

（1）命令访问

①菜单栏：在菜单栏中执行“视图（V）”→“缩放（Z）”命令。

②工具栏：为实时缩放图标，为窗口缩放图标，光标放在窗口缩放图标上，按住鼠标左键，可以出现如图 1-32 所示的下拉列表。

③命令行：在命令行中输入“ZOOM（Z）”。

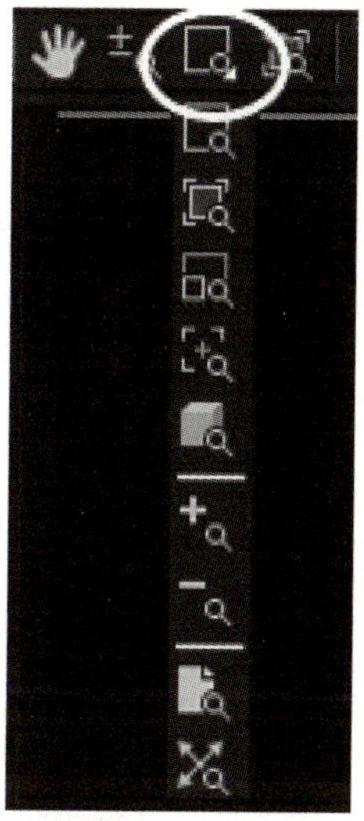

图 1-32　窗口缩放下拉列表

（2）命令提示

命令：ZOOM↙

指定窗口的角点，输入比例因子（nX 或 nXP），或者 [全部（A）/ 中心（C）/ 动态（D）/ 范围（E）/ 上一个（P）/ 比例（S）/ 窗口（W）/ 对象（O）]< 实时 >:

a↙正在重生成模型。

（3）选项和参数说明

①指定窗口的角点 / 对角点：依次指定需要放大区域的第一个角点和对角点，将该两点所确定的矩形区域放大到绘图区域中。

②输入比例因子（nX 或 nXP）：该命令以当前视口中心作为中心点，并依据输入的相关参数值进行缩放。输入值必须为下列三类之一：输入不带任何后缀的数值，表示相对于图限缩放图形；数值后面跟字母 X，表示相对于当前视图进行缩放；数值后面跟 XP，表示相对于图纸空间单位（通常是毫米或英寸）放大图形。

③全部（A）：在当前视口中显示整个图形，包括图形中的所有可见对象和视觉辅助工具。全部对应的范围和图形界限与有效绘图区域有关。

④中心（C）：指定一中心点，将该点作为视口中图形显示的中心。在随后的提示中，要求给出缩放系数或高度，AutoCAD 根据给定的缩放系数（nX）和欲显示的高度进行缩放。

⑤动态（D）：在视图中产生一个浮动的矩形的小观察框，用户可以拖动它到适当的位置；也可以单击使其进入可编辑状态，此时，出现一个向右的箭头，可用于调整观察框的大小。小观察框所框定的范围将在 CAD 图形文件的当前视口中放大显示，并与小观察框的调整保持同步。

⑥范围（E）：缩放图形显示范围，使图形在当前视口中显示所有对象。

⑦上一个（P）：返回上一个视图显示范围。最多可恢复 10 次。

⑧比例（S）：输入比例因子，依据比例因子进行缩放。

⑨窗口（W）：指定两个点，缩放以这两个点为对角点确定的矩形区域。

⑩对象（O）：缩放图形显示范围，使其显示所有对象，并位于当前视口的中心位置。

⑪ 实时：缩放当前图形窗口，拖动鼠标向上或向左移动放大视图，拖动鼠标向下或向右缩小视图。

»【小贴士】

设置模型空间界限时，左下角点应与坐标系原点重合，即左下角点坐标为（0，0），默认值与要求相符时，不做修改；右上角点根据绘制图形对象占用图面尺寸来确定，所有图形对象绘制在设置好的图形界限范围内，即以右下角点和右上角点为对角点框定的矩形范围内。

1.6.3 任务训练

根据本任务所学内容，设置一个 A1 图框的图形界限。

◎ 综合实训

1. 填空题

（1）CAD 不是指某一个软件，而是一种概念，是“Computer Aided Design”的缩写，即 ______________。

（2）退出 CAD 软件程序的方法主要 ______________、______________、______________、______________ 4 种。

（3）工作空间是由分组组织的 ______________、______________、______________ 和 ______________ 等组成的集合。

（4）在命令的执行过程中，可以随时按键盘左上角的 __________ 键退出该命令。但使用 ______________ 命令时，不建议使用 Esc 键退出，因为此操作会导致新输入的文字全部丢失。

（5）“对象捕捉追踪设置”用于设定对象捕捉追踪选项，方便极轴功能与对象捕捉功能的配套使用，包括 ______________ 和 ______________ 两种选择，根据需要选用。

2. 简答题

（1）请阐述“三维基础”和“三维建模”的侧重点是什么？

（2）请列举 CAD 中能与 Ctrl 键一起使用的快捷键有哪些？

（3）请问什么是定点设备？请列举 CAD 中常用的定点设备有哪些？

（4）请你阐述捕捉和格栅的作用是什么？

3. 实训题

通过本项目学习，按要求完成项目开始的操作。

（1）新建一个文件，确定文件类型为“图形样板（*.dwt）”，并选择图形样板文件，选择默认打开模式，创建新文件。

（2）在菜单栏中执行“文件（F）”→“打开（O）”命令，打开“某校宿舍楼一层平面图”文件。

（3）在“对象捕捉”选项卡中将端点、中点、垂足设置成捕捉点。

（4）将文件另存到D盘，并命名为“某校宿舍楼一层平面图”。

（5）在命令行中输入“CLOSE”关闭文件。

项目 2 建筑平面图的绘制

XIANGMU 2 JIANZHU PINGMIANTU DE HUIZHI

【项目目标】

1. 素质目标

①培养学生遵循制图规范、严谨绘图的习惯。

②培养学生一丝不苟、精益求精的工匠精神。

③培养学生的安全意识、质量意识。

④增强学生美学鉴赏能力。

2. 知识目标

①掌握图层、标注样式、文字样式、多线样式等的设置方式。

②掌握绘制轴线、墙体、柱、门窗、台阶、散水等构件的绘制方法。

3. 能力目标

①能够正确识读建筑平面图。

②能够熟练应用相关命令绘制建筑平面图。

【项目导入】

1. 项目概况

某校宿舍楼为一栋 4 层框架结构建筑，房屋层高 3.3 m，主体总高度 13.65 m，每层建筑面积 268 m^2，总建筑面积 1 072 m^2，占地面积 310 m^2。每层有 5 间宿舍，每间宿舍开间 3.3 m，进深 6.0 m，建筑面积 22.7 m^2，宿舍楼道两端分别设置楼梯及公共卫生间和盥洗室。

2. 绘制内容

某校宿舍楼一层平面图如图 2-1 所示，正确识读图纸，确定绘图内容，按照下列要求抄绘一层平面图。

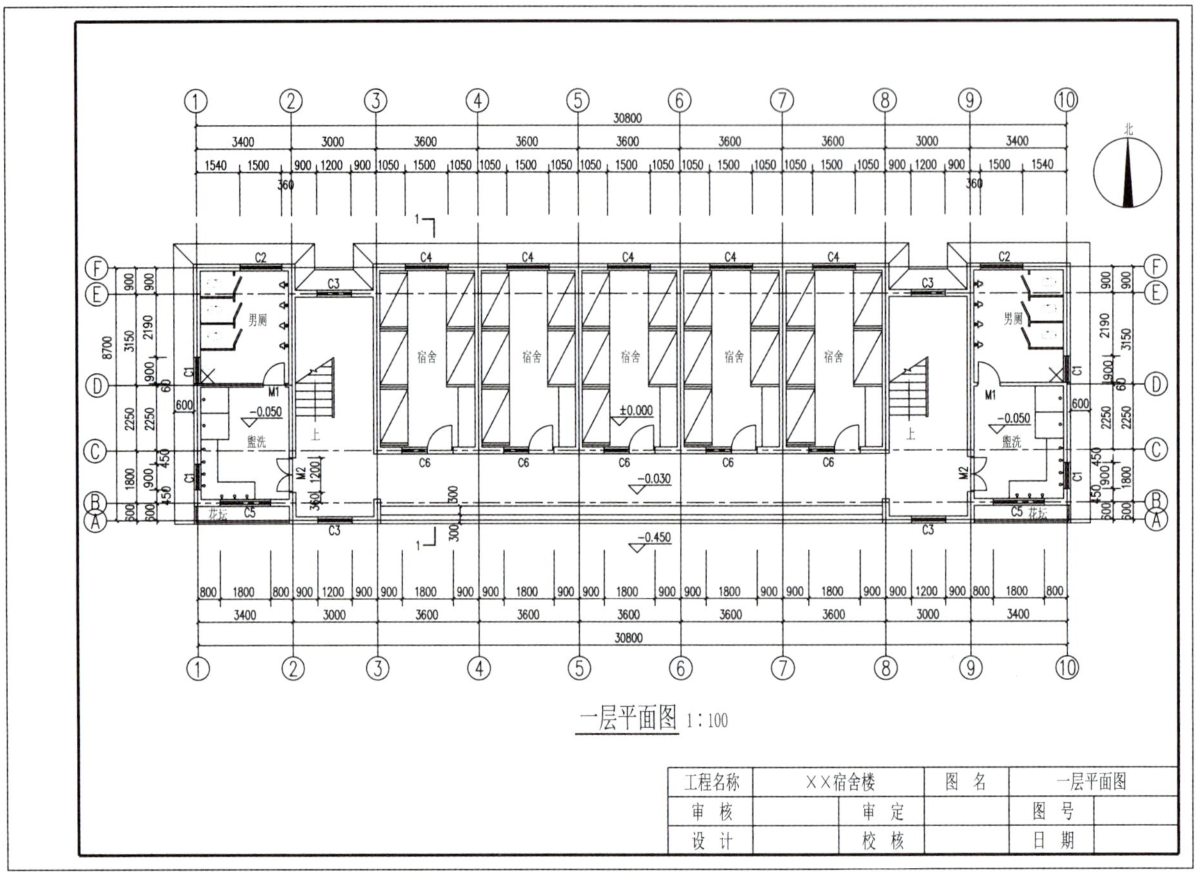

图 2-1 某校宿舍楼一层平面图

3. 绘制要求

①绘图比例 1 ∶ 1，出图比例 1 ∶ 100。

②图层设置见表 2-1。

表 2-1 图层设置要求

图层名称	颜色	线型	线宽
轴线	1	CENTER	0.15
墙体	2	连续	0.5
门窗	4	连续	0.2
家具	6	连续	0.15
楼梯	5	连续	0.2
尺寸及标注	3	连续	0.2
汉字	7	连续	0.2
图框	135	连续	0.25
其他细线	8	连续	0.2

③文字样式设置。

设置文字样式名为“汉字”，字体名为“仿宋”，宽度因子 0.7。

设置文字样式名为“非汉字”，字体名为“Simplex.shx”，宽度因子 0.7。

图纸内注释文字高度为 3.5 mm，图名文字高度为 7 mm。

④尺寸标注样式设置。尺寸标注样式名为“标注 100”；文字样式选用“非汉字”；箭头大小为 1.2 mm；尺寸界线超出尺寸线 2 mm；尺寸界线起点偏移量 5 mm；文字高度 3 mm；全局比例为 100。

⑤图中墙体厚度为 240 mm 或者 120 mm；盥洗用具及男厕内的卫生洁具等无需绘制。

⑥图框绘制。

绘制完成后，套入 A3 横式图框。图框线宽要求细线 0.25 mm，中粗 0.5 mm，粗线 1.0 mm，细线的“线宽控制”随层，中粗线和粗线均采用“线宽控制”设置线宽。

标题栏文字（属图框层）采用“汉字”样式，字高 3.5 mm。

【项目分析】

1. 建筑平面图的地位作用

建筑平面图，又简称平面图，是建筑施工图的基本样图，它是假想用一水平的剖切面沿门窗洞位置将房屋剖切后，对剖切面以下部分所作的水平投影图。它反映出房屋的平面形状、大小和布置，墙、柱的位置、尺寸和材料，门窗的类型和位置等。建筑平面图是将新建建筑物或构筑物的墙、门窗、楼梯、地面及内部功能布局等建筑情况，以水平投影方法和相应的图例所组成的图纸。

建筑平面图作为建筑设计、施工图纸中的重要组成部分，反映了建筑物的功能需要、平面布局及其平面的构成关系，是决定建筑立面及内部结构的关键环节。其主要反映建筑的平面形状、大小、内部布局、地面、门窗的具体位置和占地面积等情况。所以说，建筑平面图是新建建筑物的施工及施工现场布置的重要依据，也是设计及规划给排水、强弱电、暖通设备等专业工程平面图和绘制管线综合图的依据。

2. 对接的赛证考核点

绘制建筑平面图是“建筑工程识图职业技能等级考试”和职业院校技能大赛“建筑工程识图”国赛、省赛必考题型。其通常在第一题出现，具有分值占比大、较容易得分的特点，是重点攻破的题目。

3. 实施流程

实施流程为：细审题目→识读图纸→绘制图纸。

（1）细审题目

明确绘图内容，绘图要求等内容。

①题目中要求的绘图内容包含哪些？哪些内容是明确无需绘制的？

______

______

______

②题目中对哪些绘图设置进行了要求？

③注意事项。

（2）识读图纸

识读定位轴线间距，柱子截面尺寸及位置，墙体厚度及布置范围，门窗尺寸及定位，楼梯尺寸，台阶尺寸，散水尺寸等内容。

①平面图中各构件的截面尺寸？

②平面图中各构件的位置？

③注意事项。

（3）绘制图纸

绘制定位轴线、柱子、墙体、门窗、楼梯、台阶、散水、指北针等内容。

①平面图绘制顺序？

②图层如何设置？

③定位轴线如何绘制？用到哪些命令？

④墙体如何绘制？用到哪些命令？

⑤门窗洞口如何绘制？用到哪些命令？

⑥门窗如何绘制？用到哪些命令？

⑦尺寸标注和文字标写如何设置？

任务 2.1　图层设置

2.1.1　任务目标

学习要求：通过本任务的学习，学生应了解图层的概念；熟悉图层特性；掌握图层的使用、设置、管理和修改方法。

学习重点：图层的设置。

学习难点：图层的管理。

2.1.2 任务指导

1. 图层概念及特性

（1）图层概念

图层是计算机绘图的一个重要特性，可以把图层理解为没有厚度的透明纸，可以把图形的不同部分画在不同的透明纸上，最终将这些透明纸叠加在一起就是一个完整的图形。

在 AutoCAD 中，所绘制的每个对象都具有图层、颜色、线型及线宽等基本特性。通过图层可以方便地管理对象，图层也是组织项目的需要。

（2）图层特性

图层的特性是指图层的颜色、线型、线宽、打印样式、可打印性等属性。用户对图层的特性进行设置后，该图层上对象的特性就会随之发生改变。

AutoCAD 2024 可以对图层设定颜色线型，也可对图层进行打开或关闭、冻结或解冻、锁定或解锁等状态控制，还可以对图层进行图层匹配、图层合并等操作。图层特性如下。

①每个图层都具有一个名字。

②图层的数量没有限制。

③每一个图层都有确定的线型、颜色和线宽。

④同一图层中所有对象都有相同的状态（可见或不可见）。

⑤所有图层具有相同的坐标系、绘图界限、显示时的缩放倍数。用户可以对位于不同图层的对象同时进行编辑操作。

⑥在一个时刻有且只有一个图层被设置为当前层，用实体绘图命令建立的对象，被放在当前层上。

2. 图层创建

（1）执行命令

①命令行：“LAYER”或“LA”。

②菜单栏：“格式”→“图层”。

③工具栏：“图层”工具栏→图层特性管理器，如图 2-2 所示。

图 2-2 “图层”工具栏

（2）操作说明

执行“图层”命令，会弹出“图层特性管理器”对话框（图 2-3），用户可以在此对话框中进行图层的创建、基本操作和管理。

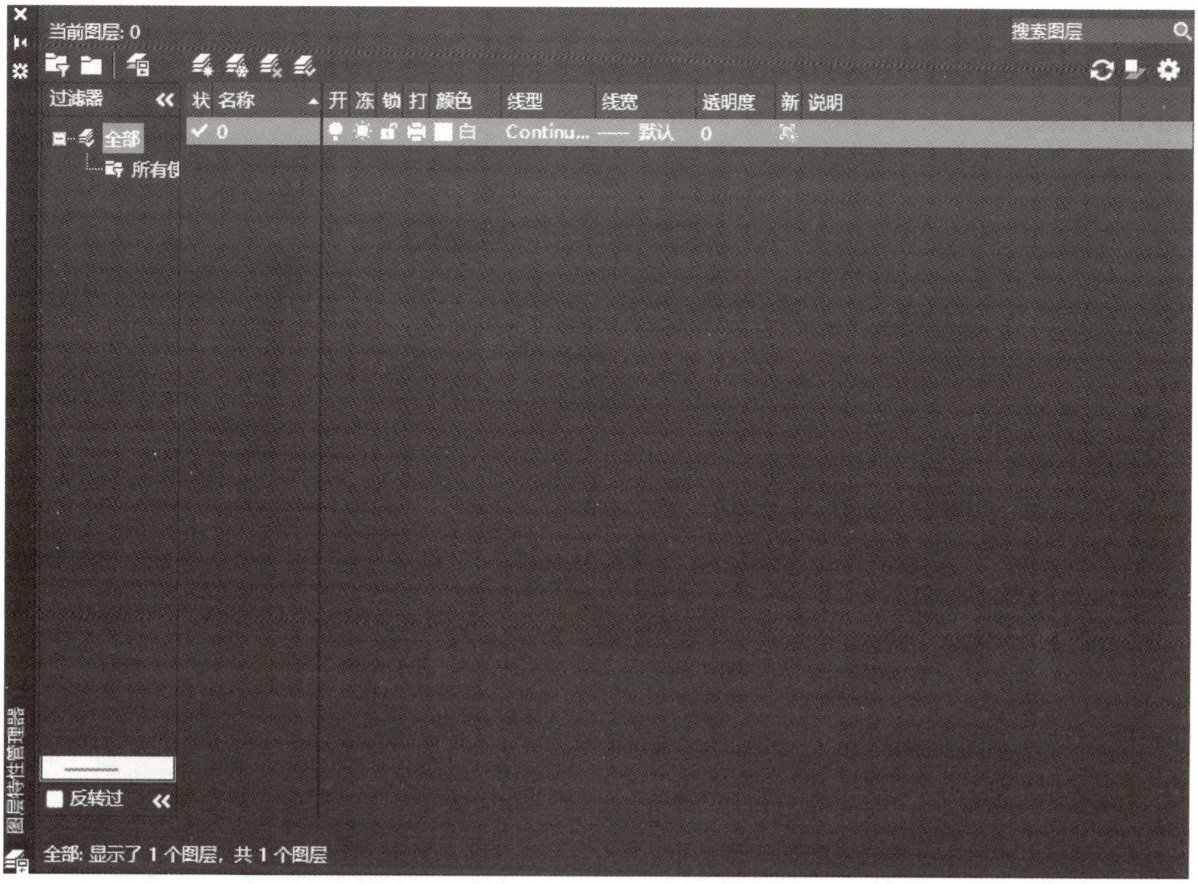

图 2-3 “图层特征管理器”对话框

（3）图层基本操作

①新建图层。在图 2-3 中，单击“新建图层”按钮（或按“Alt+N”快捷键），在图层列表视图中将增加一个名为“图层 1”的新图层，可以立即对它进行重新命名。新图层的状态、颜色、线型和线宽继承所选顶层上的状态、颜色、线型和线宽。如未选顶层，则新层上的这些特性继承 0 层上的这些特性。一个图形中最多可创建 32 000 个图层。

②删除图层。在图 2-3 中，选中欲删除的图层，单击“删除图层”按钮（或按“Alt+D”快捷键），单击“应用”或“确定”按钮后才可删除这些图层。没有任何对象的非当前图层才能被删除。图层 0 和 DEFPOINTS、包含对象（包括块定义中的对象）的图层、当前图层和依赖外部参照的图层，都不能被删除。

③置为当前。在图 2-3 中，选中欲置为当前的图层，单击“置为当前”按钮（或按“Alt+C”快捷键），将选定图层设置为当前图层。当前层名称显示在图层列表视图上面的“当前图层”栏中，用户所创建的对象将被放置在当前层中。

3. 图层设置

每个图层属性设置包括：图层名称、关闭 / 打开图层、冻结 / 解冻图层、锁定 / 解锁图层、图层线条颜色、图层线条线型、图层线条宽度、图层打印样式以及图层是否打印等参数。下面主要讲述如何设置线条颜色，线条线型，线条宽度这些图层参数。

(1) 颜色设置

在工程制图中，一个完整的图形包含多种不同功能的图形对象，如实体、剖面线、尺寸标注等，为了便于直观区分它们，就有必要针对不同的图形对象使用不同的颜色。

①建立图层：在建立图层的时候，图层的颜色继承上一个图层的颜色，对于图层 0 系统默认的是 7 号颜色，该颜色相对于黑色的背景显示白色，相对于白色的背景显示黑色（除该色外，其他颜色不论背景为何种颜色，颜色不变）。

②区分对象：在绘制过程中，需要对各个层的对象进行区分，改变该层的颜色，默认状态下该层的所有对象的颜色将随之改变。单击图 2-3 中“颜色”列表下的颜色特性图标，弹出图 2-4 所示的“选择颜色”对话框，用户可以对图层颜色进行设置。

在图 2-4 中“索引颜色”选项卡中，用户可以直接单击选择需要的颜色，也可以在下方的“颜色（C）”文本框中输入颜色号；在“真彩色”选项卡（图 2-5）中，用户可以选择“RGB”和“HSL”两种模式，然后在各自的模式下选择颜色。在“配色系统”选项卡中，用户可以从系统提供的颜色列表中选择一个标准表，然后从色带滑块中选择所需要的颜色。

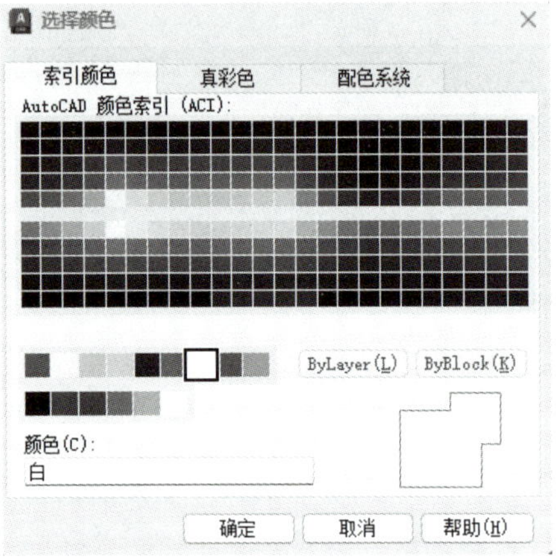

图 2-4 “选择颜色”对话框

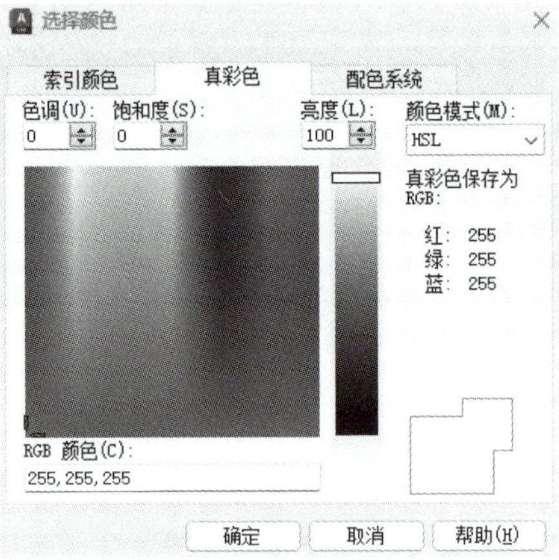

图 2-5 “真彩色”选项卡

(2) 线型设置

线型是指作为图形基本元素的线条的组成和显示方式，如实线、点划线等。在许多绘图工作中，常常以线型来划分图层。在绘图时，只需将该图层设为当前图层，即可绘制出符合线型要求的图形对象，从而极大提高绘图效率。

①加载线型。在 AutoCAD 中，系统默认的线型是“Continuous”，线宽采用默认值“0”，该线型是连续实线。在绘图过程中，如果用户希望绘制点划线、虚线等其他种类的线，就需要设置图层的线型。具体操作步骤如下。

A. 在“图层特性管理器”中，单击“线型”列表下的线型特性图标 Continuous，弹出如图 2-6 所示的“选择线型”对话框。默认状态下，“选择线型”对话框中只有 Continuous 一种线型。

B. 单击下方“加载（L）…”按钮，弹出如图 2-7 所示的“加载或重载线型”对话框，用户可以在“可用线型”列表框中选择所需要的线型。

C. 单击“确定”按钮返回“选择线型”对话框，选定刚刚加载的线型，单击“确定”，加载过程完成。

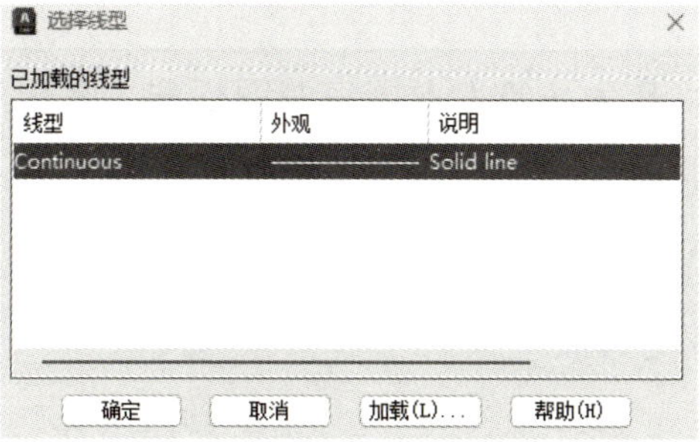

图 2-6　“选择线型”对话框

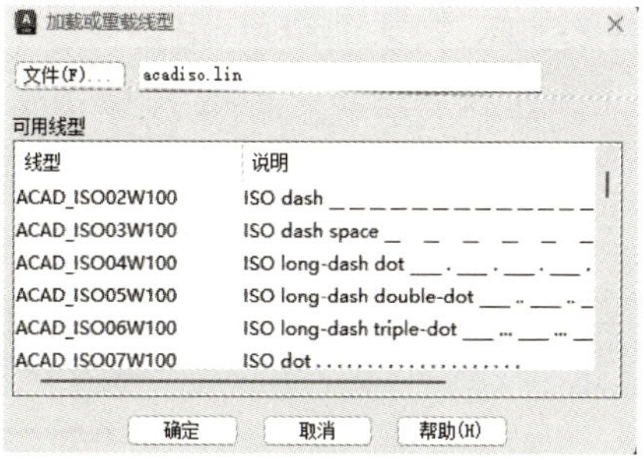

图 2-7　“加载或重载线型”对话框

②调整线型比例。

在 AutoCAD 定义的各种线型中，除了 Continuous 线型外，每种线型都是由线段、空格、点或者文本所构成的序列。用户设置的绘图界限与默认的绘图界限差别较大时，在屏幕上显示的线型会不符合工程制图的要求，此时需要调整线型比例。

单击菜单栏：“格式”→“线型”，弹出如图 2-8 所示的“线型管理器”对话框。在“详细信息”栏内有两个调整线型比例的编辑框，即“全局比例因子（G）”和“当前对象缩放比例（O）”编辑框。

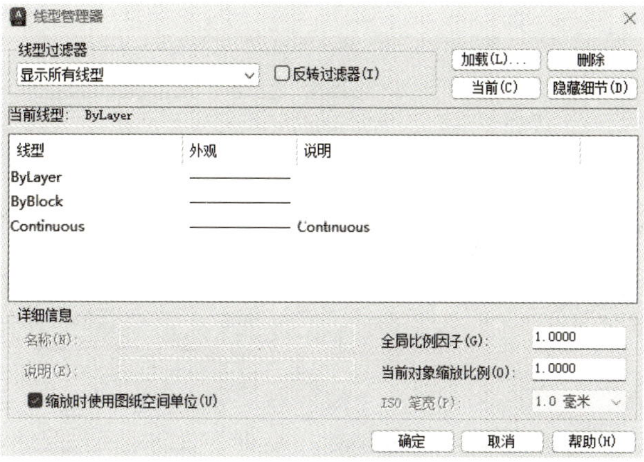

图 2-8　“线型管理器”对话框

»【小贴士】

“全局比例因子（G）”用于调整已有对象和将要绘制对象的线型比例；“当前对象缩放比例（O）”用于调整将要绘制对象的线型比例。这两个值可以相同，也可以不同。线型比例越大，线型中的要素也越大。

（3）线宽设置

使用线宽特性可以创建粗细（即宽度）不一的线，分别用于不同功能的对象，这样就可以图形化表示对象和信息。

在“图层特性管理器”中，单击“线宽”列表下的线宽特性图标，弹出如图 2-9 所示的“线宽”对话框，在“线宽”列表框中选择需要的线宽，单击“确定”按钮完成设置线宽操作。

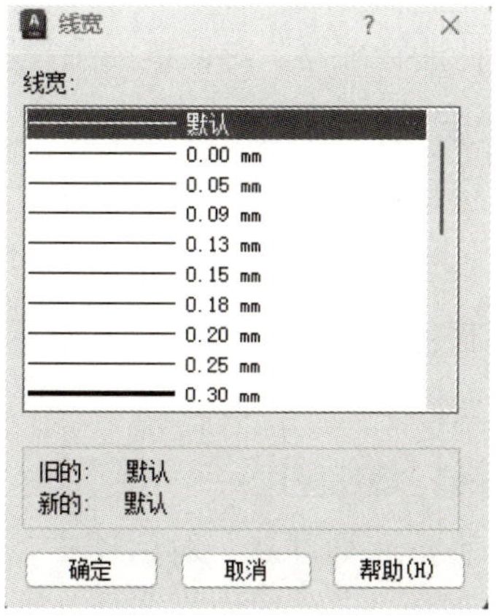

图 2-9　“线宽”对话框

(4) 线型、线宽的国标规定

《房屋建筑制图统一标准》(GB/T 50001—2017)作为建筑专业国家制图标准，更适合建筑CAD工程绘图。标准中规定建筑图样中常用的线型名称、形式、图线宽度见表2-2。

表2-2 图线线型线宽表

图线名称		线型	线宽	主要应用
实线	粗		b	主要可见轮廓线
	中粗		$0.7b$	可见轮廓线、变更云线
	中		$0.5b$	可见轮廓线、尺寸线
	细		$0.25b$	图例填充线、家具线
虚线	粗		b	见各有关专业制图标准
	中粗		$0.7b$	不可见轮廓线
	中		$0.5b$	不可见轮廓线、图例线
	细		$0.25b$	图例填充线、家具线
单点长画线	粗		b	见各有关专业制图标准
	中		$0.5b$	见各有关专业制图标准
	细		$0.25b$	中心线、对称线、轴线等
双点长画线	粗		b	见各有关专业制图标准
	中		$0.5b$	见各有关专业制图标准
	细		$0.25b$	假想轮廓线，成型前原始轮廓线
折断线	细		$0.25b$	断开界线
波浪线	细		$0.25b$	断开界限

4. 控制图层状态

控制图层状态包括：切换当前图层、关闭 / 打开图层、冻结 / 解冻图层、锁定 / 解锁图层、打印样式、打印 / 不打印、冻结新视图等。

(1) 切换当前图层

不同的图形对象需要绘制在不同的图层中，在绘制前，需要将工作图层切换到所需的图层上来。打开“图层特性管理器”对话框，选择图层，单击“置为当前”按钮完成设置。

(2) 关闭 / 打开图层

在“图层特性管理器”对话框中，单击“关闭 / 打开”图标，可以控制图层的可见性。图层打开时，图标小灯泡呈鲜艳的颜色，该图层上的图形可以显示在屏幕上。当单击该属性图标后，图标小灯泡呈灰暗色时，该图层上的图形不显示在屏幕上，而且不能被打印输出，但仍然作为图形的一部分保留在文件中。

(3) 冻结 / 解冻图层

在“图层特性管理器”对话框中，单击“冻结 / 解冻”图标，可以冻结图层或将图层解冻。图标呈雪花灰暗色时，该图层是冻结状态；图标呈太阳鲜色时，该图层是解冻状态。冻结图层上的对象不能显示，也不能打印，同时也不能编辑修改。冻结了图层后，该图层上的对象不影响其他图层上对象的显示和打印。

（4）锁定 / 解锁图层

在“图层特性管理器”对话框中，单击“锁定 / 解锁”图标，可以锁定图层或将图层解锁。锁定图层后，该图层上的图形依然显示在屏幕上并可打印输出，并可以在该图层上绘制新的图形对象，但用户不能对该图层上的图形进行编辑修改操作。可以对当前层进行锁定，也可以在对锁定图层上的图形进行查询和对象捕捉命令。锁定图层可以防止对图形的意外修改。

（5）打印样式

在“图层特性管理器”对话框中，单击“打印样式”图标，可以控制对象的打印特性，包括颜色、灰度、线型、线宽、填充样式等。用户可以通过设置打印样式来替代其他对象特征，也可以按需要关闭这些替代设置，从而获得较大的灵活性。

（6）打印 / 不打印

在“图层特性管理器”对话框中，单击“打印 / 不打印”图标，可以设定打印时该图层是否被打印，以在保证图形显示可见不变的条件下，控制图形的打印特性。打印功能只对可见的图层起作用，对于已经被冻结或被关闭的图层不起作用。

（7）冻结新视图

此功能控制当前视口中图层的冻结和解冻。不解冻图形中设置为“关”或“冻结”的图层，对于模型空间视口不可用。

各功能与差别见表 2-3。

表 2-3 图层状态管理表

图层状态项	功能	差别
关	图层上的内容全部隐藏，不可被编辑和打印	关闭与冻结图层上的实体均不可见，其区别在于执行速度的快慢，后者快；锁定图层上的实体是可见的，但无法编辑；新视口冻结仅在“布局”选项卡上可用；冻结对所有图形空间有效
冻结	图层上的内容全部隐藏，不可被编辑和打印，当前图层不能被冻结	
锁定	图层上的内容可见，并能够捕捉或绘图，但无法编辑和修改	
新视口冻结	将在所有新创建的布局视口中限制显示	
开	打开关闭的图层时，AutoCAD 将重画该图层上的对象	开对关而设；解冻对冻结而设；解锁对锁定而设
解冻	解冻图层时，AutoCAD 将重生成该图层上的对象	
解锁	对象可编辑	
禁打	该图层上的对象将不可打印	不会打印已关闭的图层，也不能进行“打印”设置

2.1.3 任务训练

创建图层

根据本任务所学内容，按照项目 2 绘制建筑平面图中的绘制要求，创建某校宿舍楼一层平面图图层，图层设置要求见表 2-1，创建图层结果如图 2-10 所示。

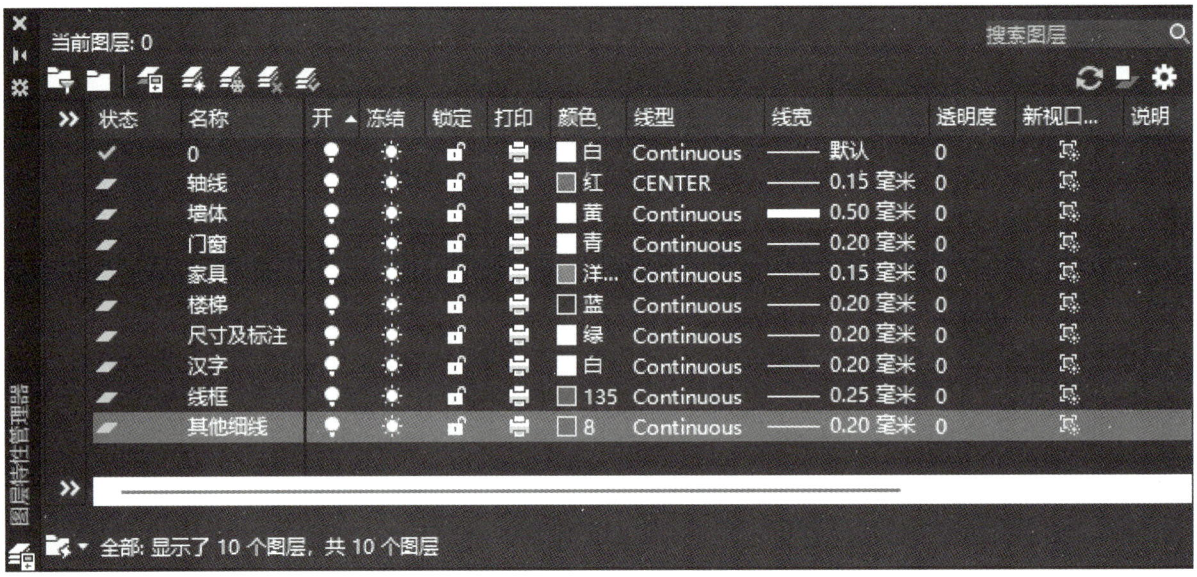

状态	名称	开	冻结	锁定	打印	颜色	线型	线宽	透明度	新视口...	说明
✓	0					白	Continuous	默认	0		
	轴线					红	CENTER	0.15 毫米	0		
	墙体					黄	Continuous	0.50 毫米	0		
	门窗					青	Continuous	0.20 毫米	0		
	家具					洋...	Continuous	0.15 毫米	0		
	楼梯					蓝	Continuous	0.20 毫米	0		
	尺寸及标注					绿	Continuous	0.20 毫米	0		
	汉字					白	Continuous	0.20 毫米	0		
	线框					135	Continuous	0.25 毫米	0		
	其他细线					8	Continuous	0.20 毫米	0		

图 2-10 某校宿舍楼平面图一层图层创建

任务 2.2 绘制定位轴线

2.2.1 任务目标

学习要求：通过本任务的学习，掌握绘制定位轴线的方法。

学习重点：轴线绘制命令。

学习难点：轴线绘制顺序及“偏移”命令的运用。

2.2.2 任务指导

1. 定位轴线的作用

定位轴线是在绘制建筑施工平面图时用来确定建筑物主要承重构件在水平方向上位置的尺寸基准线，也是施工时用来定位放线的尺寸依据，如确定建筑的开间或柱距，进深或跨度的线。定位轴线应与主网络轴线重合。定位轴线之间的距离应符合模数尺寸，从而用于确定结构或构件等的位置。

2. 直线命令

绘制定位轴线采用直线命令。直线是各种绘图中最常见、最简单的一类图形对象，在几何学中，两点决定一条直线。单击“直线”命令后，用户只需给定起点和终点，即可画出一条线段。

（1）执行命令

①命令行：“LINE”或“L”。

②菜单栏：“绘图”→“直线”。

③工具栏：“绘图”工具栏→“直线”按钮。

（2）操作说明

①执行“直线”命令后，命令行显示如下。

指定第一点：

②单击鼠标或从键盘输入起点的坐标，以制定起点，命令行显示如下。

指定下一点或 [放弃（U）]：

③移动鼠标并单击，即可制定下一点，同时画出了一条直线。

④移动鼠标并单击，即可连续画直线。

⑤单击鼠标右键弹出快捷菜单，选择有关命令，或回车结束画直线操作。

（3）特别提示

①在指定“下一点”时，若输入“U”或选择快捷菜单中的“放弃”命令，则取消刚刚画出的直线。连续输入“U”并回车，即可连续取消相应的直线。

②在命令行的“命令”提示下输入“U”，则取消刚执行的命令。

③在指定“下一点”时，若输入“C”或选择快捷菜单中的“闭合”命令，可使绘画出的直线封闭并结束操作。也可直接输入长度值，绘制出定长的直线段。

④若要画水平线和铅垂线，可按下 F8 键进入正交模式。

⑤若要准确画出到某一特定点，可用对象捕捉工具。

⑥从命令行输入命令时，可输入某一命令的缩写字母，例如 LINE 命令，从键盘输入“L”即可执行绘制直线命令，这样执行有关命令更快捷。

⑦若要绘制带宽度信息的直线，可从“对象特性”工具栏的“线宽控制”列表框中选择线的宽度。

（4）应用示例

使用直线工具绘制如图 2-11 所示图形。

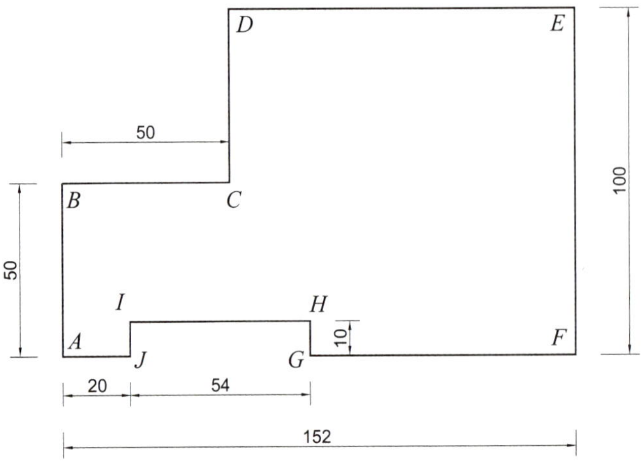

图 2-11　使用“直线”命令绘制图形

具体操作步骤如下。

①选择“直线”命令。

②在“指定第一点”提示后，光标点击绘图区域任意一处，确定 *A* 点。

③在“指定下一点或 [放弃（U）]”提示后，打开正交模式，光标移至 *A* 点上方，并用键盘输入 *AB* 间距离“50”，得到 *AB* 段直线，再光标移至 *B* 点右方，并用键盘输入 *BC* 间距离“50”，得到 *BC* 段直线，以此类推得到其余段直线。

④绘制 *JA* 段直线后，在“指定下一点或 [闭合（C）/ 放弃（U）”提示后，输入字母“C”，然后按回车键，即可得到封闭图形。

3. 偏移命令

偏移命令用于构造一个新对象与原对象保持等距离。进行偏移复制时，可以输入偏移距离，或者指定通过点。原对象可以是直线、圆弧、圆、矩形、样条曲线等。对一个对象进行偏移操作后，还可以对新对象再进行偏移操作。在一个命令下，可以连续多次进行偏移复制，最后按回车键结束操作。

（1）执行命令

①命令行：“OFFSET”或“O”。

②菜单栏：“修改”→“偏移”。

③工具栏：“修改”工具栏→“偏移”按钮。

（2）操作说明

①单击“修改”工具栏的“偏移”按钮，系统提示如下。

指定偏移距离或 [通过（T）]<1.000>:

②输入距离，或用鼠标确定偏移距离。

③选择要偏移的对象。

④在图形外任一点单击，以确定向外偏移。

⑤回车结束命令，即可形成偏移结果。

（3）特别提示

①如果指定偏移距离，则选择要偏移复制的对象，然后指定偏移方向，以复制出对象。

②如果在命令行输入 T，再选择要偏移复制的对象，然后指定一个通过点，这时复制出的对象将经过通过点。

③偏移命令是一个带对象编辑命令，在使用过程中，只能以直接拾取方式选择对象。通过指定偏移距离的方式来复制对象时，距离值必须大于 0。

④使用偏移命令复制对象时，复制结果不一定与源对象相同。例如，对圆弧作偏移后，新圆弧与旧圆弧同心且具有同样的包含角，但新圆弧的长度要发生改变；对圆或椭圆作偏移后，新圆、新椭圆与旧圆、旧椭圆有同样的圆心，但新圆的半径或新椭圆的轴长要发生变化。对直线段、构造线、射线作偏移，是平行复制。

（4）应用示例

使用“偏移”命令将图 2-12 已有图形中的小圆进行偏移，分别通过 *A*、*B* 两点。

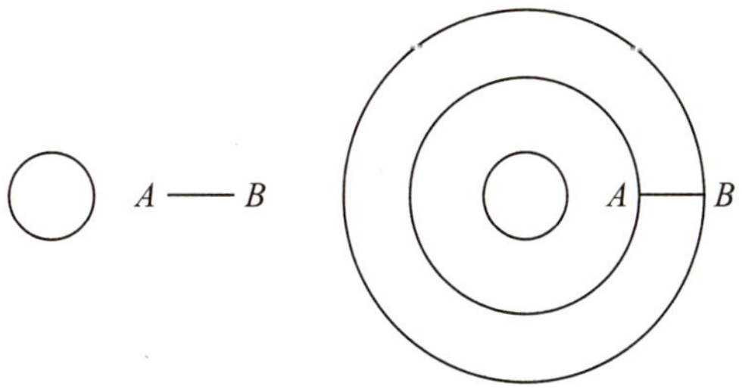

（a）已有图形　　　　（b）偏移结果

图 2-12　通过定点的偏移

绘图步骤、命令行提示及步骤说明见表 2-4。

表 2-4　绘图步骤、命令行提示及步骤说明

序号	绘图步骤与命令行提示	步骤说明
1	命令：OFFSET↙	执行“偏移”命令
2	当前设置：删除源=否　图层=源　OFFSETGAPTYPE=0	命令行提示当前状态
3	指定偏移距离或 [通过（T）/ 删除（E）/ 图层（L）]<通过 >：t↙	使用“通过”模式
4	选择要偏移的对象，或 [退出（E）/ 放弃（U）]< 退出 >：选小圆	选择拟偏移对象
5	指定通过点或 [退出（E）/ 多个（M）/ 放弃（U）]<退出 >：选点 *A*	偏移得到通过 *A* 点的圆
6	选择要偏移的对象，或 [退出（E）/ 放弃（U）]< 退出 >：选小圆	选择拟偏移对象
7	指定通过点或 [退出（E）/ 多个（M）/ 放弃（U）]<退出 >：选点 *B*	偏移得到通过 *B* 点的圆

2.2.3 任务训练

根据本任务所学内容，按照项目 2 绘制建筑平面图中的绘制要求，创建某校宿舍楼一层平面图定位轴线，绘制具体要求见下。

①打开某校宿舍楼一层平面图“图层”工具栏，单击“图层特性管理器”命令按钮，单击“轴线”图层，然后单击“置为当前”按钮，将当前图层设置为“轴线”图层。

②单击“直线”命令按钮，绘制一条水平直线，长度取①～⑩轴之间距离“30 800”，在水平直线的端点绘制一条竖直直线，长度取 *A*～*F* 轴之间距离“8 700”，组成“L”形起始轴线，如图 2-13 所示。

图 2-13 “L”形起始轴线

③单击“偏移”命令按钮，根据 *A*～*F* 各轴之间距离，将水平直线往上偏移“600”“1 800”“2 250”“3 150”“900”得到水平方向的 *B*～*F* 轴线。同样方法，根据①～⑩各轴之间距离，将竖直直线连续分别往右偏移“3 400”“3 000”“3 600”“3 600”“3 600”“3 600”“3 600”“3 000”“3 400”得到竖直方向的②～⑩轴线。这样就构成了正交的辅助线网，即某校宿舍楼一层平面图定位轴线网络，如图 2-14 所示。

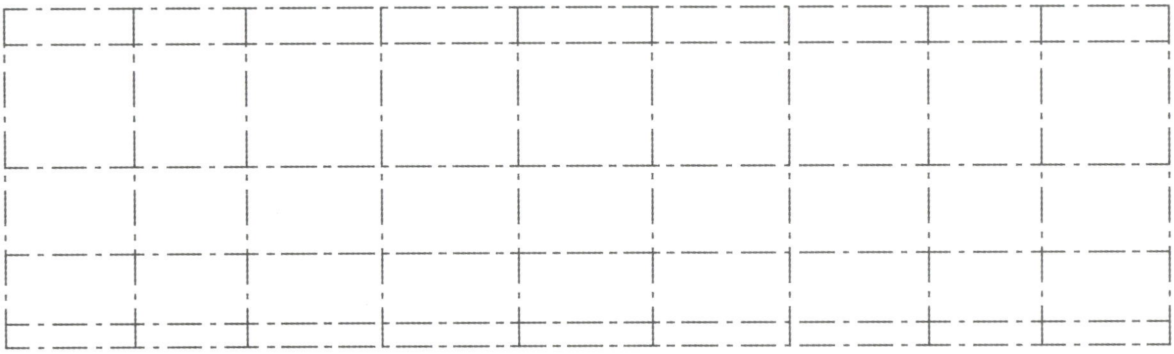

图 2-14 某校宿舍楼一层平面图定位轴线网络

绘制轴线

任务 2.3　绘制墙体

2.3.1　任务目标

学习要求：通过本任务的学习，掌握绘制建筑施工平面图墙体的方法。

学习重点：多线参数的设置。

学习难点：多线命令的应用。

2.3.2　任务指导

墙体是建筑物的重要组成部分，它的作用是承重、围护、分隔空间。墙体在平面上用两条平行的线表示，两条平行线之间的距离即为墙厚。在 AutoCAD 中采用多线命令绘制墙体平面图。

1. 多线命令

多线可设置由至少 2 条平行线构成，每条多线可以设置两端封口形式、填充颜色等；每条线可分别设置颜色、线型以及至中心线的距离。

一个建筑物通常会包含不同厚度的墙体，这就意味着要创建与之匹配的多线样式。MLSTYLE（多线样式）命令可设置多线样式，包括为每一个样式命名，指定多线由多少条线组成，以及为每条线指定偏移量、颜色、线型等特性。默认的多线样式是 STANDARD（常规）。它由两条实线组成，两条线间的距离是 1（偏移量为 0.5 和 −0.5）。颜色和线型都是 Bylayer（随层）。

（1）执行途径

①菜单栏：“格式”→“多线样式”。

②命令行：“MLSTYIE”或“MLS”。

（2）操作说明

①执行“格式”→“多线样式”命令，弹出一个“多线样式”对话框，如图 2-15 所示。

②单击“新建（N）...”按钮，弹出“创建新的多线样式”对话框。在新样式名称栏内输入名称，例如“240 墙体”，如图 2-16 所示。

③单击“继续”按钮，弹出如图 2-17 所示“新建多线样式：240 墙体”对话框。

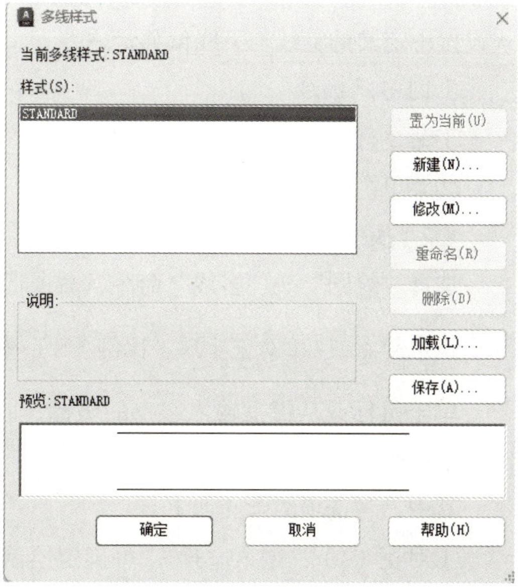

图 2-15　“多线样式”对话框

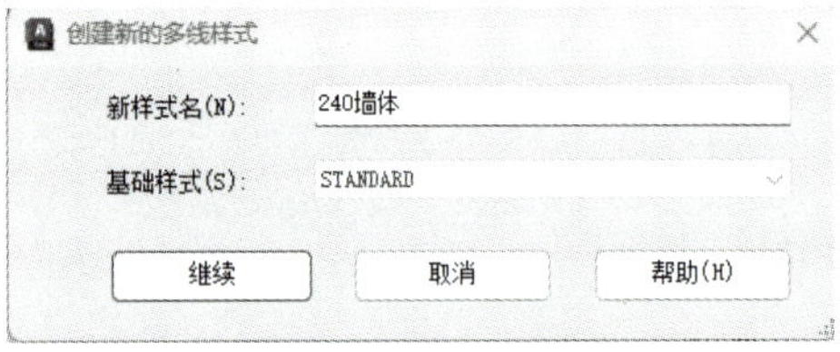

图 2-16 “创建新的多线样式”对话框

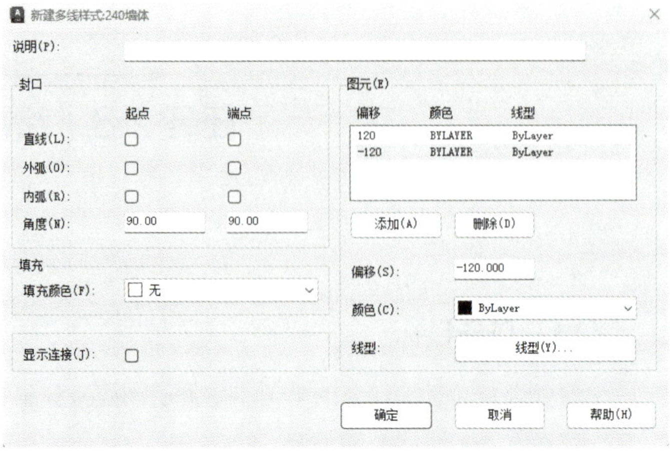

图 2-17 “新建多线样式：240 墙体”对话框

④在“封口”选项区域，确定多线的封口形式、填充颜色和显示连接。

⑤在“图元（E）”选项区域，单击“添加（A）”按钮，可在图元栏内增加一个图元（一条线）。

⑥在“偏移”栏内可以设置图元的偏移量，例如：将“24”墙体在“偏移”栏内的参数“0.5”改为“120”，将“-0.5”改为“-120”，如图 2-17 所示。（“24”墙体即厚度为 240 mm 的墙体，是建筑施工图中常见的墙体厚）。

⑦分别利用“颜色（C）”、“线型”按钮设置新增元素的颜色和线型。

⑧单击“确定”按钮，返回到“多线样式”对话框。

⑨单击“置为当前（U）”按钮，最后单击“确定”按钮，完成多线样式的定义。

2. 绘制多线

MLINE（多线）命令会按指定的多线样式绘制多线图形。在使用 MLINE（多线）命令时，必须确定使用哪一种多线样式、多大的宽度比例以及使用何种对齐方式绘制多线。多线的宽度是多线样式设置中定义的上线与下线偏移量之差。

（1）执行命令

①命令行：“MLINE”或“ML”。

②菜单栏：“绘图”→“多线”。

（2）操作说明

选择“绘图”→“多线”命令，命令行提示如下。

指定起点或：[对正（J）/ 比例（S）/ 样式（ST）]:

单击鼠标或从键盘输入起点的坐标，以指定起点。移动鼠标并单击，即可指定下一点，同时绘制出了一段多线。

其中，各选项的含义如下。

①对正（J）：输入“J”，可确定绘制多线时输入的定位点与多线哪个位置对齐。对正方式分为以下三种。

A. 上：该选项表示绘制多线时，输入的定位点与多线上偏移值最大的图元对齐。

B. 无：该选项表示绘制多线时，输入的定位点与多线上偏移值为 0 的位置对齐。

C. 下：该选项表示绘制多线时，输入的定位点与多线上偏移值最小的图元对齐。

»【小贴士】

设置为“无”时，对齐的是 0 位置，而不是多线最大偏移值图元和最小偏移值图元两者的对称线位置，与 0 位置是否有图元无关。

②比例（S）：控制多线的全局宽度，该比例不影响线型比例。

A. 多线的比例基于在多线样式的定义宽度，比如 240 厚墙体，按照 1∶1 的比例绘图，多线偏移值输入 120 和 −120，此时比例因子应输入 1。

B. 负比例因子将翻转偏移线的次序：当用负比例因子从左至右绘制多线时，偏移最小的多线将绘制在顶部，同时，按负比例因子的绝对值调整绘制宽度。

C. 比例因子设为 0 时，绘制成的多线显示为单一的直线，实际上是所有组成多线的图元叠加在同一位置造成的视觉效果。

③样式（ST）：指定多线的样式。输入“ST”后命令行提示“输入多线样式名或 [?]：”。

A. 多线样式名：指定已加载的样式名或创建的多线库文件（*.mln）中已定义的样式名。

B.[?]：列出已加载的所有多线样式供使用者选用。

（3）应用示例

下面以图 2–18 所示的墙线为例，介绍多线的绘制。

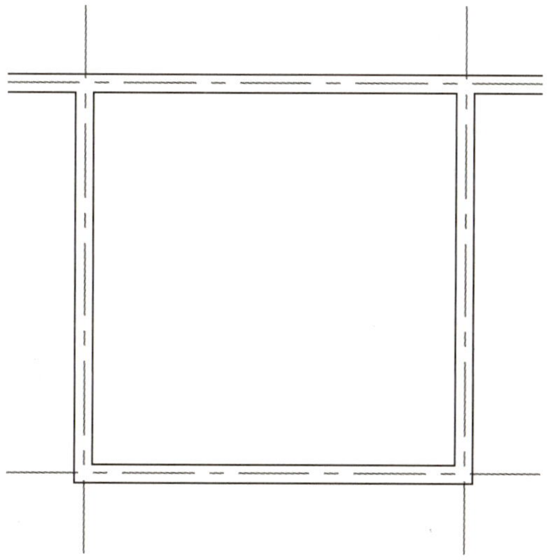

图 2–18　墙线

具体操作步骤如下。

①定义多线样式。

A. 选择“格式”→“多线样式”命令，弹出“多线样式”对话框，如图 2–19 所示。

B. 单击“新建（N）...”按钮，弹出“创建新的多线样式”对话框。在“新样式名（N）”文本框内输入名称“240 墙体”，如图 2-20 所示。

C. 单击“继续”按钮，弹出“新建多线样式：240 墙体”对话框，如图 2-21 所示。

D. 在对话框的“偏移”栏内将“0.5”改为“120”，将“-0.5”改为“-120”。

E. 单击“确定”按钮，退出“多线样式”对话框。

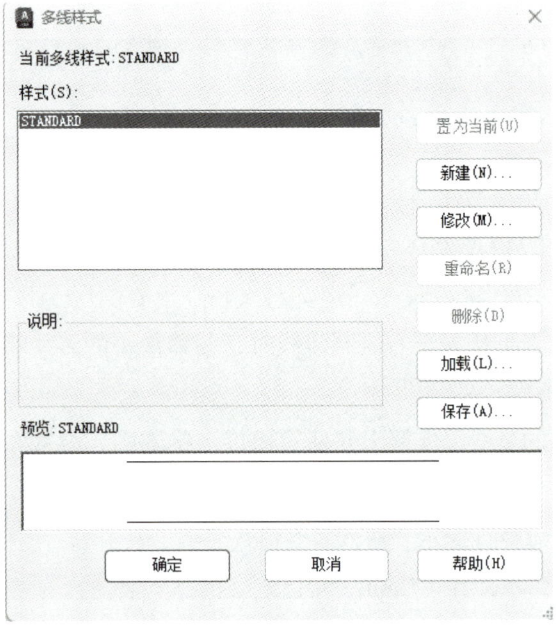

图 2-19 “多线样式”对话框

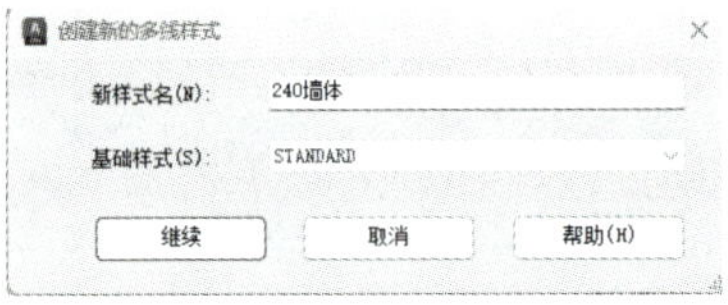

图 2-20 “创建新的多线样式”对话框

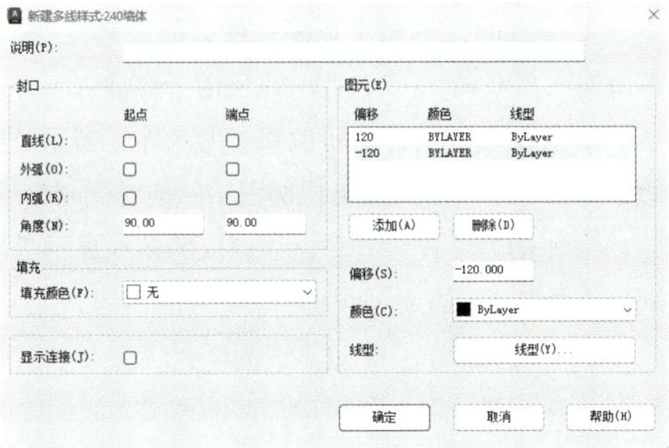

图 2-21 “新建多线样式：240 墙体”对话框

②绘制轴线。

执行“直线”和偏移命令，绘制轴线，如图 2-22 所示。

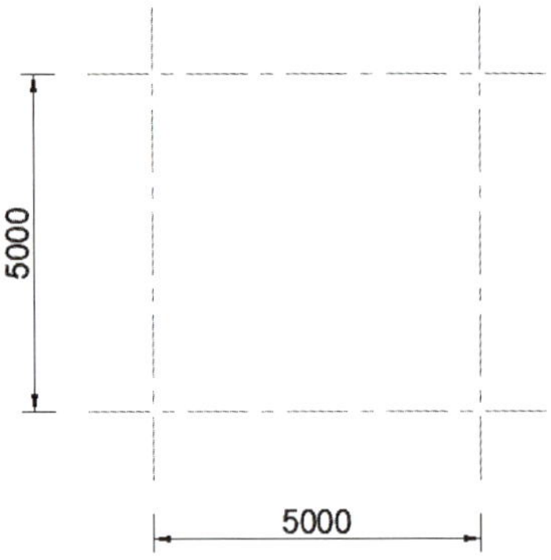

图 2-22 绘制轴线

③绘制多线。

使用上面已定义的“240 墙体”多线样式，以中心对齐的方式和 1 ∶ 1 的比例绘制多线。

选择“绘图”→“多线”命令，命令行提示如下。

制定起点或：[对正（J）/ 比例（S）/ 样式（ST）]：输入“J”，按回车键。

输入对正类型：[上（T）/ 无（Z）/ 下（B）]：输入“Z”，按回车键。

制定起点或：[对正（J）/ 比例（S）/ 样式（ST）]：输入“S”，按回车键。
输入多线比例 <20.00>：输入“1”，按回车键。
制定起点或：[对正（J）/ 比例（S）/ 样式（ST）]：输入“ST”，按回车键。
输入多线样式名或 [?]：// 输入“240 墙体”，按回车键。

指定多线起点，绘制多线，如图 2-18 所示。

3. 编辑多线

MLEDIT（多线编辑）命令编辑多线图形，主要处理多线相交问题，还有打断、修复等功能。

（1）执行途径

①菜单栏：“修改”→“对象”→“多线”。

②命令行：“MLEDIT”或“MLED”。

（2）操作说明

执行了编辑命令后，弹出如图 2-23 所示的“多线编辑工具”对话框，编辑多线主要在该对话框中进行。“多线编辑工具”对话框中的各个图标形象地反映了 MLEDIT 命令的功能。

选择多线编辑方式后，命令行提示如下。

选择第一条多线：（指定要剪切多线的保留部分）。
选择第二条多线：（指定剪切部分的边界线）。

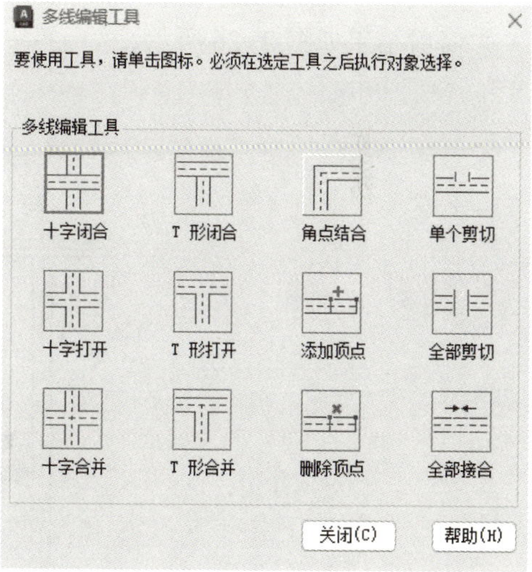

图 2-23 “多线编辑工具”对话框

多线编辑命令可持续使用，按回车键则结束命令。

（3）应用示例

下面以图 2-24 所示的墙线为例，介绍多线的编辑。

图 2-24 墙线

①修剪多线。

选择执行“修改”→“对象”→“多线”命令，弹出“多线编辑工具”对话框，选择“T 型打开”选项，如图 2-25 所示，单击“关闭（C）”按钮，关闭对话框。

选择多线的编辑方式后，命令行提示如下：

选择第一条多线：指定竖线的中部（被编辑多线留下部分）。

选择第二条多线：指定上方的横线（作为界线的多线）。

修剪结果如图 2-26 所示。

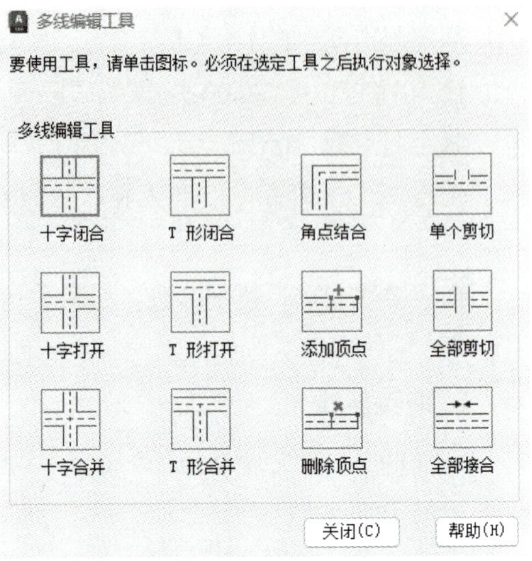

图 2-25　选择“T 型打开”选项

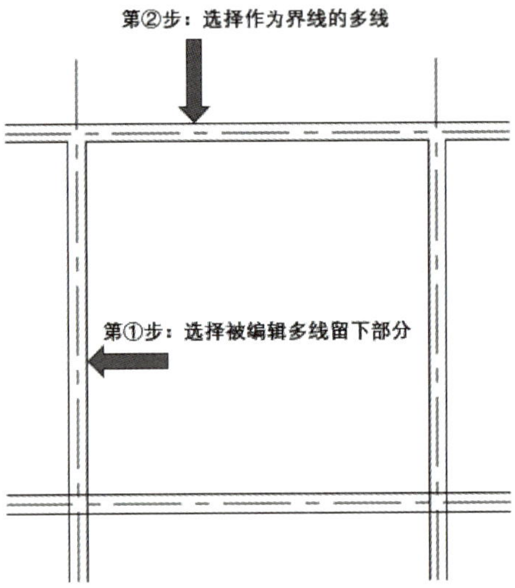

图 2-26　墙线的修剪结果

②修剪墙角。

选择执行“修改”→“对象”→“多线”命令，弹出“多线编辑工具”对话框，选择“角点结合”选项，如图 2-27 所示，单击“关闭（C）”按钮，关闭对话框。

选择多线的编辑方式后，命令行提示如下。

选择第一条多线：指定下方横线的中部（被编辑多线留下部分）。

选择第二条多线：指定左边的竖线（作为界线的多线）。

修剪结果如图 2-28 所示。

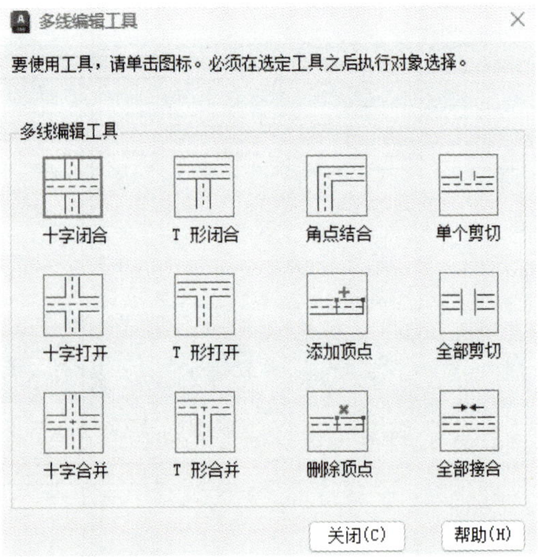

图 2-27　选择“角点结合”选项

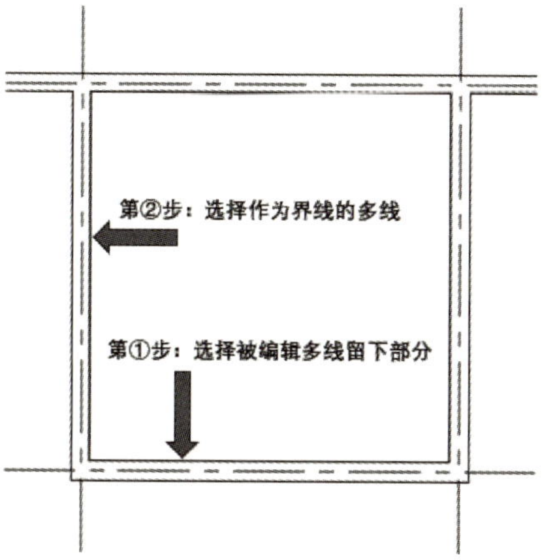

图 2-28 修剪结果

»【小贴士】

使用“角点结合”修剪时，两条相交多线的选择顺序可任意选择，但第一条多线应选择被编辑多线的保留部分。

4. 修剪命令

TRIM（修剪）命令可以修剪切边以外的部分对象，也可以将对象延伸到剪切边。该命令要求先选择作为剪切边的对象，在指定要减去的部分，或者按住“Shift”键选择要延伸的对象。可以被修剪的对象包括圆弧、圆、椭圆弧、直线、射线、构造线、多线、样条曲线、文字和图案填充等。

（1）执行途径

①命令行：“TEIM”或“TR”。

②菜单栏：“修改”→“修剪”。

③工具栏：“修改”工具栏→“修剪”按钮。

（2）操作说明

以图 2-29 为例说明修剪过程。操作如下。

单击“修改”工具栏中的“修剪”按钮，命令行提示如下。

选择对象：即选择需要剪切的边
选择要修剪的对象：

完成修剪。

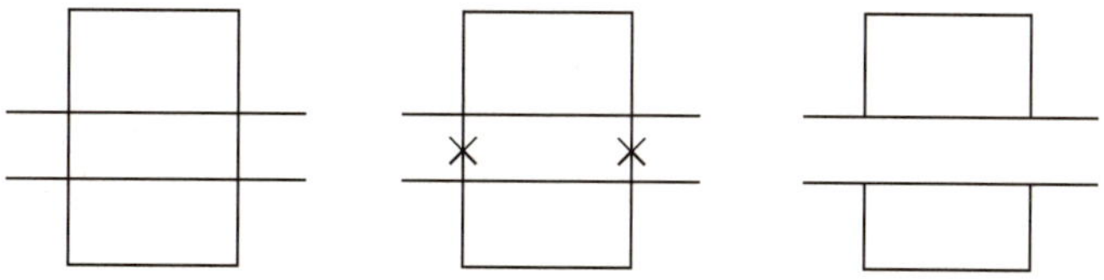

（a）原图 （b）选择被修剪边 （c）修剪结果

图 2-29 修剪

5. 延伸命令

EXTEND（延伸）命令用于在图中延伸指定对象，使其端点精确地落在指定的边界线上。该命令要求先选择作为边界的对象，再指定要延伸的部分或者按住“Shift”键选择要修剪的对象。

（1）执行途径

①命令行：在命令行输入“EXTEND（EX）”。

②菜单栏：在菜单栏执行“修改（M）”→“延伸（EX）”命令。

③工具栏：在“修改”工具栏中单击“延伸”按钮。

（2）操作说明

以图 2-30 为例说明延伸过程。操作如下。

单击“修改”工具栏中的“延伸”按钮，命令行提示如下。

选择对象：即选择要延伸的边。
选择要延伸的对象：

完成延伸。

(a) 原图　(b) 选择要延伸的对象　(c) 延伸结果

图 2-30　延伸

6. 分解命令

EXPLODE（分解）命令用于将复杂对象分解为各个组成部分，复杂对象包括图块、多段线、多线、填充图案、尺寸等。

（1）执行途径

①菜单栏：在菜单栏执行“修改（M）”→“分解（X）”命令。

②工具栏：在“修改”工具栏中单击“分解”按钮。

③命令行：在命令行输入“EXPLODE（X）”。

（2）操作说明

执行命令后，系统要求选择要分解的对象，选中对象后回车即可完成操作。复合对象被分解后，变成直线、圆弧等单一对象，但其图层、线型、颜色等属性依旧保留。

2.3.3　任务训练

根据本任务所学内容，按照项目 2 绘制建筑平面图中的绘制要求，创建某校宿舍楼一层平面图墙体，绘制具体要求如下。

①打开某校宿舍楼一层平面图“图层”工具栏，单击“图层特性管理器”命令按钮，单击“墙体”图层，然后单击“置为当前”按钮，将当前图层设置为“墙体”图层。

②选择“格式”→“多线样式”命令，分别创建“120”和“240”的多线样式。其中，在“120”中，将“图元”中的元素偏移量设为“60”和“-60”；在“240”中，将“图元”中的元素偏移量设为“120”和“-120”。

③选择“绘图”→“多线”命令，将对齐方式设置为“无”，将多线比例设置为“1”，采用“120”和“240”两种多线样式，在轴线网格上绘制墙体（除男厕与盥洗室之间的隔墙厚度为120 mm，其余墙体厚度均为 240 mm）。

④使用“多线编辑工具”对已绘制完成的墙体进行修剪，或是将多线墙体分解后用“修剪”和“延伸”命令来修改，使得修剪后的全部墙体都是光滑连贯的。其结果如图 2-31 所示。

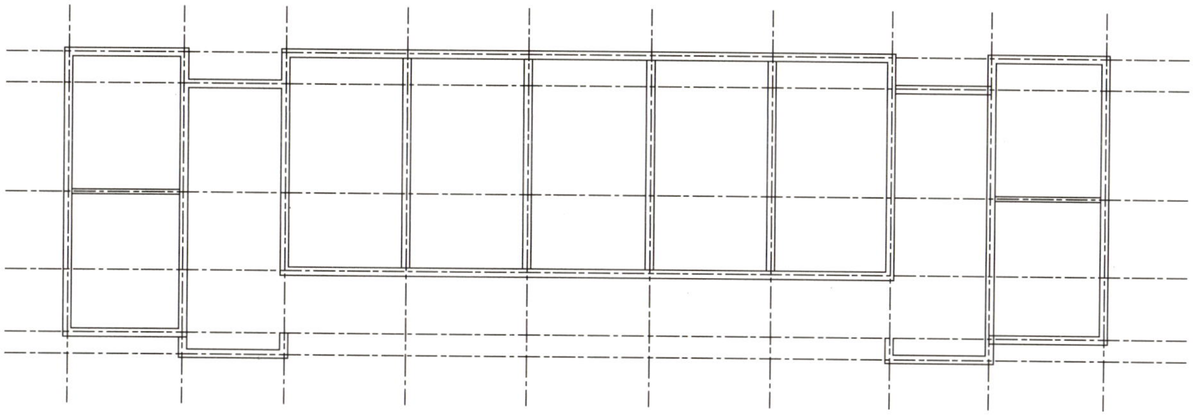

图 2-31　墙体绘制

⑤使用“直线”与“修剪”命令，在已绘制完成的墙体中绘制出门窗洞口，其结果如图 2-32 所示。

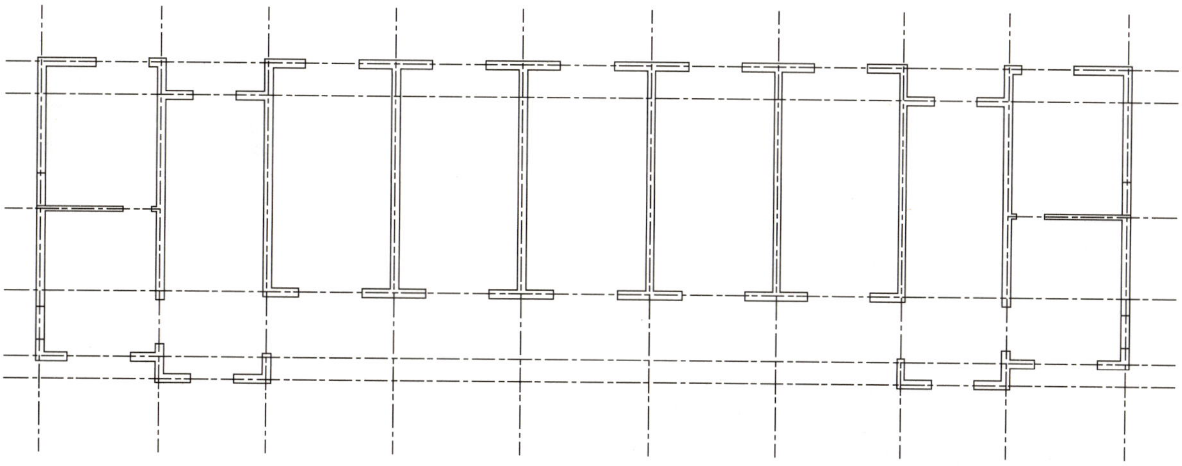

图 2-32　门窗洞口修剪结果

绘制墙体

绘制门窗洞口

任务 2.4 绘制门窗

2.4.1 任务目标

学习要求：通过本任务的学习，学生应掌握绘制建筑施工平面图门窗的方法。

学习重点：门窗的绘制。

学习难点：圆弧命令在绘图过程中的参数切换。

2.4.2 任务指导

1. 圆弧命令

（1）执行途径

①菜单栏：在菜单栏执行“绘图（D）”→“圆弧（A）”命令。

②工具栏：在“绘图”工具栏单击“圆弧”按钮。

③命令行：在命令行输入“ARC（A）”。

（2）操作说明

在菜单栏执行“绘图（D）”→“圆弧（A）”命令，如图 2-33 所示。用户可以根据需要选择不同的画圆弧方式。各方式详细介绍如下。

①三点（P）：通过给定的 3 个点绘制一段圆弧，此时应指定圆弧的起点、通过的第 2 个点和端点。

②起点、圆心、端点（S）：通过指定圆弧的起点、圆心和端点绘制圆弧。

③起点、圆心、角度（T）：通过指定圆弧的起点、圆心和角度绘制圆弧。在命令行中提示“指定包含角：”后，所输入的角度值的正负将影响所绘制圆弧的方向。如果当前环境设置逆时针方向为正的角度方向，若输入的是正的角度值，则沿逆时针方向绘制圆弧；若输入负的角度值，则沿顺时针方向绘制圆弧。

④起点、圆心、长度（A）：通过指定圆弧的起点、圆心和长度绘制圆弧。

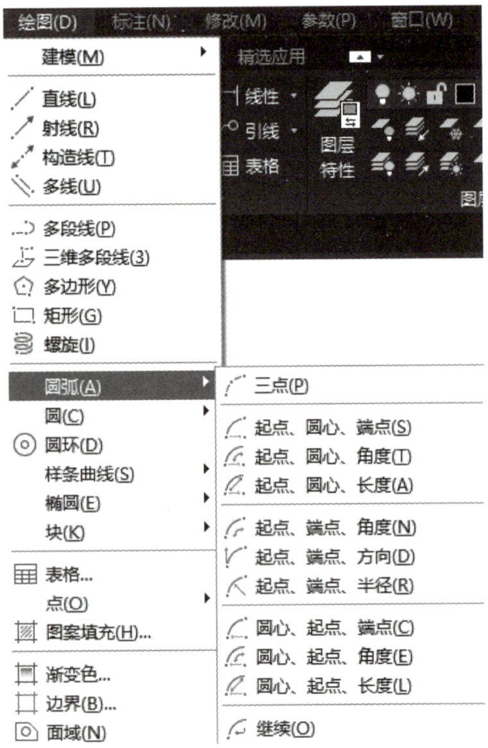

图 2-33 圆弧的绘制

⑤起点、端点、角度（N）：通过指定圆弧的起点、端点和角度绘制圆弧。

⑥起点、端点、方向（D）：通过指定圆弧的起点、端点和方向绘制圆弧。

⑦起点、端点、半径（R）：通过指定圆弧的起点、端点和半径绘制圆弧。当命令行中提示“指定圆弧的起点切向：”时，可以通过拖动鼠标的方式动态地确定圆弧在起始点处的切向方向与水平方向的夹角。

⑧圆心、起点、端点（C）：通过指定圆弧的圆心、起点和端点绘制圆弧。

⑨圆心、起点、角度（E）：通过指定圆弧的圆心、起点和角度绘制圆弧。

⑩圆心、起点、长度（L）：通过指定圆弧的圆心、起点和长度绘制圆弧。

⑪ 继续（O）：当执行“圆弧（A）”命令，并在命令行中“指定圆弧的起点或 [圆心（C）]：”提示下直接按回车键，系统将以上一次绘制线段或圆弧过程中确定的最后一点作为新圆弧的起点，以上一次所绘制的线段方向或圆弧终止点处的切向方向为新圆弧在起始点处的切向方向，然后再指定一点，就可以绘制出一段圆弧。

»【小贴士】

①有些圆弧不适合用“ARC”（圆弧）命令绘制，而适合用“CIRCLE”（圆）命令结合“TRIM”（修剪）命令生成。

② AutoCAD 采用逆时针方向绘制圆弧。

2. 应用示例

完成图 2-34 所示图形的绘制。

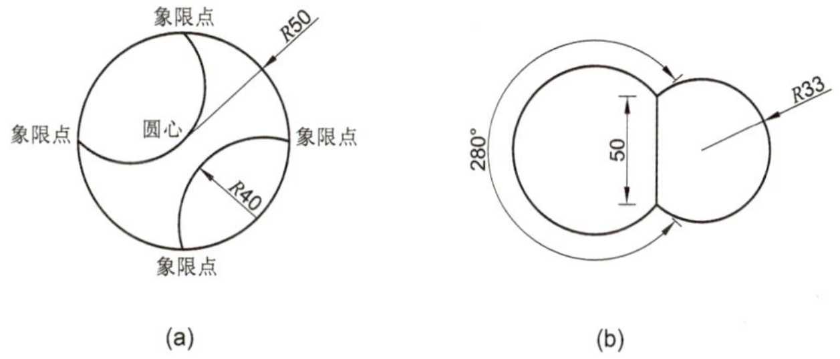

图 2-34　圆弧的绘制任务

完成图 2-34（a）所示图形绘制，绘图步骤说明如下。

运行命令：C↙

CIRCLE 指定圆的圆心或 [三点（3P）/ 两点（2P）/ 切点、切点、半径（T）]：左键单击或输入坐标确定圆心

指定圆的半径或 [直径（D）] <0.0000>：50↙

运行命令：_ARC

圆弧创建方向：逆时针（按住 Ctrl 键可切换方向）

指定圆弧的起点或 [圆心（C）]：单击左侧象限点
指定圆弧的第二个点或 [圆心（C）/ 端点（E）]：单击圆心
指定圆弧的端点：单击上侧象限点
命令：_ARC
圆弧创建方向：逆时针（按住 Ctrl 键可切换方向）
指定圆弧的起点或 [圆心（C）]：单击右侧象限点
指定圆弧的第二个点或 [圆心（C）/ 端点（E）]：_e
指定圆弧的端点：单击下侧象限点
指定圆弧的圆心或 [角度（A）/ 方向（D）/ 半径（R）]：_r
指定圆弧的半径：40↙

参照图 2-34（a）绘图步骤完成图 2-34（b）所示图形的绘制。

2.4.3 任务训练

根据本任务所学内容，按照项目 2 绘制建筑平面图中的绘制要求，创建某校宿舍楼一层平面图门窗，绘制具体要求如下。

①打开某校宿舍楼一层平面图“图层”工具栏，单击“图层特性管理器”命令按钮，单击“门窗”图层，然后单击“置为当前”按钮，将当前图层设置为“门窗”图层。

②使用多线命令绘制窗。

选择“格式”→“多线样式”命令，创建“窗”多线样式。添加图元至 4 个，并将“图元”中的元素偏移量设为“120”“40”“-40”“-120”。

选择“绘图”→“多线”命令，将对齐方式设置为“无”，将多线比例设置为“1”，采用“窗”多线样式，在门窗洞口处绘制窗。

③使用“直线”和“圆弧”命令绘制门。直线长度和圆弧半径均为门洞宽度。

绘制门窗

结果如图 2-35 所示。

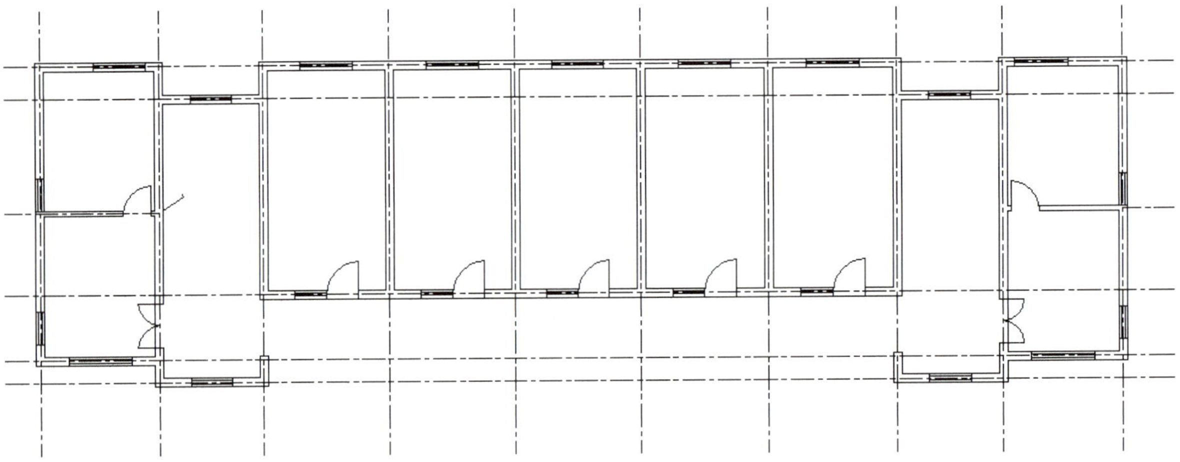

图 2-35 绘制门窗

任务 2.5 绘制楼梯、台阶、家具

2.5.1 任务目标

学习要求：通过本任务的学习，学生应掌握绘制建筑施工平面图楼梯、台阶、散水、家具等附属图元的方法。

学习重点：散水及家具的绘制。

学习难点：多段线命令的应用。

2.5.2 任务指导

1. 多段线命令

“PLINE”（多段线）命令用来绘制二维多段线。多段线作为单个对象创建的相互连接的序列线段，可以创建直线段、弧线段或两者的组合线段。多段线中的线条可以设置成不同的线宽以及不同的线型，具有很强的实用性。

（1）执行途径

①菜单栏：在菜单栏执行“绘图（D）”→“多段线（P）”命令。

②工具栏：在“绘图”工具栏单击“多段线”按钮。

③命令行：在命令行输入“POLYLINE”或“PLINE（PL）”。

（2）操作说明

单击“多段线”按钮，命令行提示如下。

```
指定起点：键盘或鼠标输入起点
当前线宽为 0
指定下一点或 [ 圆弧（A）/ 半宽（H）/ 长度（L）/ 放弃（U）/ 宽度（W）/]
```

命令行提示中各选项的含义如下。

①指定起点：设置多段线的起点。

②指定下一个点：如果指定第二个点，则绘制一段直线段；如果输入“a”，则切换到绘制圆弧段状态。

③半宽（H）：设置下一段多段线的宽度半值，以该值的 2 倍作为线的宽度。

④宽度（W）：设置下一段多段线的宽度值，以该值作为多段线的宽度。

⑤放弃（U）：放弃上一段多段线的创建，返回到前一段线或圆弧的终点。该项操作可连续使用，直至回到多段线的最初起点。利用此项操作，可及时修改绘制多段线过程中所出现的错误。

⑥直线模式的其他参数。

A. 圆弧（A）：在绘制直线段状态时才会出现此提示，可用于切换到绘制圆弧段状态。

B. 闭合（C）：多段线上的最后一个点连接到第一个点，形成首尾相连的闭合多段线。

C. 长度（L）：设置下一段多段线的长度值。该可选项优先级高于追踪功能，使用该可选项时，下一段多段线只能以最近一次定位的方向作为起点切线方向进行创建。若前一段为直线，则所绘制的直线在其延长线上；若前一段为圆弧，则所绘制的直线在其切线方向上。

2. 应用示例

完成如图 2-36 所示图形绘制。

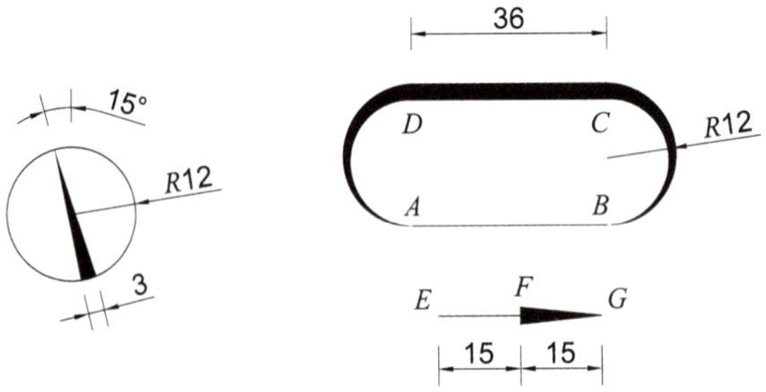

(a)　　(b)

图 2-36　多段线的绘制任务

图 2-36（a）绘图步骤如下。

命令：C↙

CIRCLE 指定圆的圆心或 [三点（3P）/ 两点（2P）/ 切点、切点、半径（T）]：50，50↙

指定圆的半径或 [直径（D）]<49.7301>：12↙

命令：PL↙

PLINE 指定起点：_from 基点：单击圆心 < 偏移 >：@12<285↙

当前线宽为 0.0000

指定下一个点或 [圆弧（A）/ 半宽（H）/ 长度（L）/ 放弃（U）/ 宽度（W）]：w↙

指定起点宽度 <0.0000>：3↙

指定端点宽度 <3.0000>：0↙

指定下一个点或 [圆弧（A）/ 半宽（H）/ 长度（L）/ 放弃（U）/ 宽度（W）]：@24<105↙

指定下一点或 [圆弧（A）/ 闭合（C）/ 半宽（H）/ 长度（L）/ 放弃（U）/ 宽度（W）]：↙

参照图 2-36（a）绘图方法完成图 2-36（b）所示图形的绘制。

2.5.3　任务训练

根据本任务所学内容，按照项目 2 绘制建筑平面图中的任务要求，绘制某校宿舍楼一层平面图楼梯、台阶、散水、家具，绘制具体要求如下。

绘制家具、楼梯、散水

①打开某校宿舍楼一层平面图“图层”工具栏，单击“图层特性管理器”命令按钮，单击“家具”图层，然后单击“置为当前”按钮，将当前图层设置为“家具”图层。使用直线命令绘制家具（注：床尺寸为 1 000 mm × 2 000 mm）。

②打开“图层”工具栏，单击“图层特性管理器”命令按钮，单击“楼梯”图层，然后单击“置为当前”按钮，将当前图层设置为“楼梯”图层。使用直线命令绘制楼梯（注：平面图中楼梯仅为示意）。

③打开“图层”工具栏，单击“图层特性管理器”命令按钮，单击“其他细线”图层，然后单击“置为当前”按钮，将当前图层设置为“其他细线”图层。使用直线命令绘制散水及台阶（注：散水宽度为 700 mm）。

结果如图 2-37 所示。

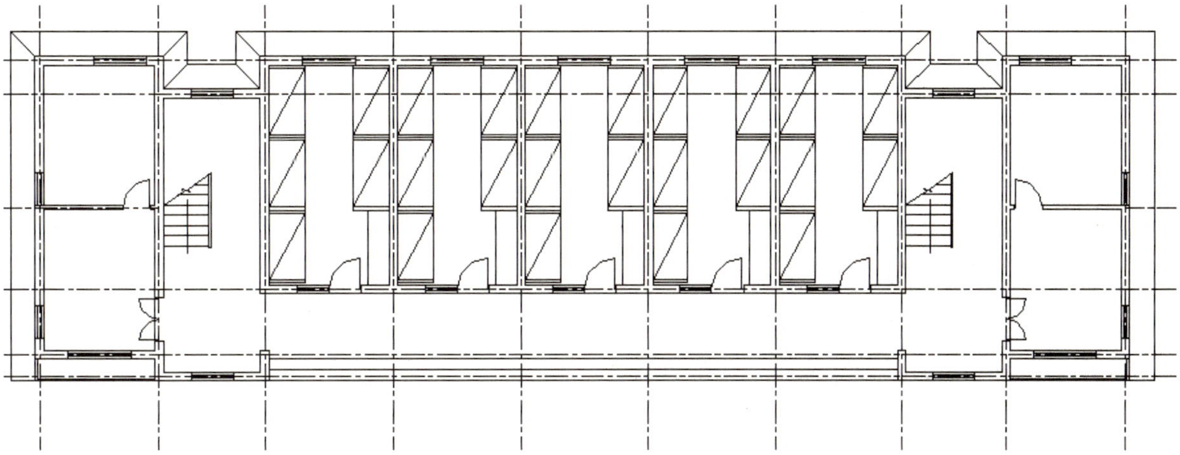

图 2-37　绘制楼梯、台阶、散水、家具

任务 2.6　文字注写

2.6.1　任务目标

学习要求：通过本任务的学习，学生应熟悉文字样式设置各选项的意义，掌握文字样式的创建、设置及文字输入。

学习重点：文字样式的设置。

学习难点：文字的对正方式、文字控制符使用。

2.6.2 任务指导

文字标写是工程图样上的一项重要内容。图样上的文字主要有数字、字母和汉字等。数字和字母是一类，汉字则是另一类。在 AutoCAD 中通过 STYLE（文字样式）命令分别定义这两种样式。书写文字用写字的命令 TEXT（单行文字）、MTEXT（多行文字）。

1. 创建文字样式

在注写文字前，应先定义几种常用的文字样式，需要时从这些文字样式中进行选择即可。图形中的文字都有它关联的样式。输入文字时，系统使用的是当前样式设置的字体、字号、角度、方向和其他特性。

（1）执行途径

①菜单栏：“格式”→“文字样式”命令。

②工具栏：在“样式”工具栏单击“文字样式”按钮。

③命令行：在命令行输入“STYLE”或“ST”。

（2）操作说明

在创建新文字样式时，使用“文字样式”对话框来设置和预览文字样式。新文字继承当前文字样式的高度、宽度比例、倾斜角、反向、倒置和垂直对齐等特性。操作步骤如下。

①选择菜单栏：“格式”→“文字样式”命令后，弹出“文字样式”对话框，如图 2-38 所示。

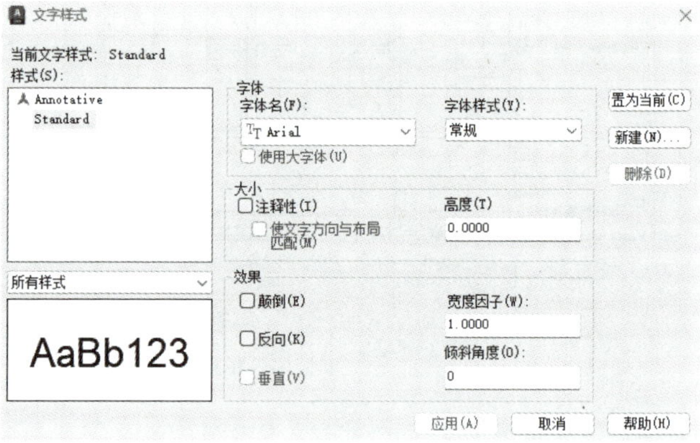

图 2-38 “文字样式”对话框（1）

②在“文字样式”对话框中单击“新建（N）...”按钮，弹出“新建文字样式”对话框，如图 2-39 所示。

图 2-39 “新建文字样式”对话框

③在“新建文字样式”对话框中输入新文字样式名，单击“确定”按钮。

④在“文字样式”对话框的“字体”栏内，单击“字体名”下拉列表框，选中“仿宋”，如图 2-40 所示。

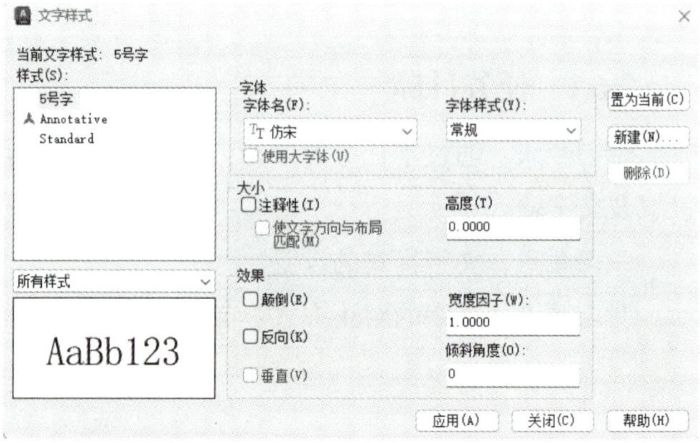

图 2-40 “文字样式”对话框（2）

⑤在“文字样式”对话框的“大小”栏内设置字体的高度。常用字体是 5 号字、7 号字，其高度分别是 5 mm、7 mm。

⑥在“效果”区内设置字体的有关特征。在“宽度因子”一栏里填写 0.7，如图 2-41 所示。设置结果将随时显示在预览区内。

⑦单击“应用（A）”按钮，保存新设置的文字样式。

⑧单击“关闭（C）”按钮，完成新样式的设置。

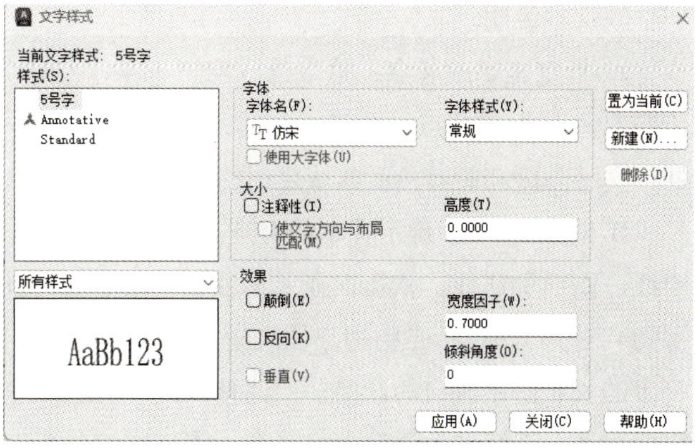

图 2-41　“文字样式”对话框（3）

2. 修改文字样式

设置过的文字样式可以利用“文字样式”对话框进行修改。如果修改现有样式的字体或方向，使用该样式的所有文字将随之改变并重新生成。修改文字高度、宽度因子和倾斜角度，不会改变现有文字，但会改变以后创建的文字对象。

修改文字样式的步骤如下。

①执行“格式”→“文字样式”命令，弹出“文字样式”对话框。

②在“样式”栏内的列表框中选择一个要修改的文字样式名。

③在“字体”“大小”或“效果”栏内修改任意选项。在预览区内可以直接观察到文字样式的修改结果。

④单击“应用”按钮即可保存新的设置，且当前样式更新图形中的文字。

⑤单击“关闭”按钮。

3. 注写文字

注写较少的文字时可使用单行文字命令，注写较多的文字时可使用多行文字命令。

（1）创建单行文字

在创建单行文字时，不仅要指定文字样式，而且要设定文字的对齐方式。

①执行途径。

A. 菜单栏：在菜单栏执行“绘图（D）”→“文字（X）”→“单行文字（S）”命令。

B. 工具栏：在“文字”工具栏单击“单行文字”按钮。

C. 命令行：在命令行输入“TEXT”或“DTEXT”。

②命令提示如下。

命令：text ↙

当前文字样式：“Standard”文字高度：2.5000 注释性：否对正：左

指定文字的起点或 [对正（J）/ 样式（S）]：拾取某一点作为单行文字的起点

指定高度 <2.5000>：↙　　指定文字的高度

指定文字的旋转角度 <0>：↙　　指定文字行排列方向与水平线的夹角，默认角度为 0°

指定好旋转角度后，光标在输入位置处闪烁，此时可以输入文字

③选项说明。

A. 指定文字的起点：拾取绘图窗口上某一点作为单行文字的起点。系统默认文本基线的左端点（左对齐）为起始点。在第一行输入文本，按 Enter 键后跳转第二行，此时，文字起点为光标显示处，文字高度和旋转角度默认之前的设定，不再提示。

B. 对正（J）：确定文本的对齐方式。在 AutoCAD 系统中，确定文本位置采用 4 条线，即顶线、中线、基线和底线。依据四条基准线，AutoCAD 提供了以下 14 种对齐方式（图 2–42）：其中，文字的“对齐（A）”是指用户依次指定文字字符串的起点和终点，文字的大小（宽度和高度）根据字符串的长短由系统自动调整；“调整（F）”是指用户依次指定文字字符串的起点和终点，并指定文字的高度，系统自动调整文字宽度，使其均匀分布于两点之间。

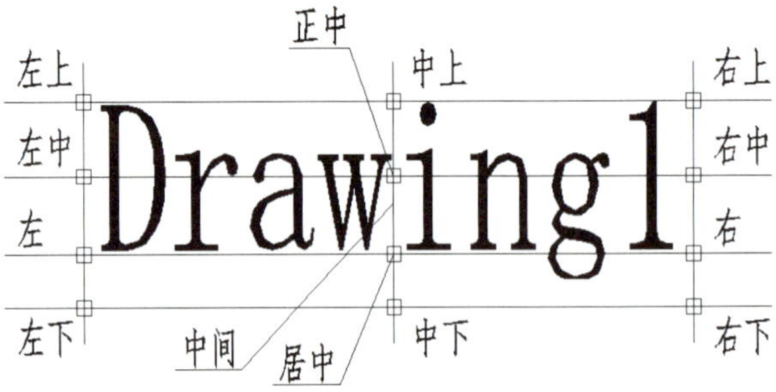

图 2–42　文本的对齐方式

输入选项 [左（L）/ 居中（C）/ 右（R）/ 对齐（A）/ 中间（M）/ 布满（F）/ 左上（TL）/ 中上（TC）/ 右上（TR）/ 左中（ML）/ 正中（MC）/ 右中（MR）/ 左下（BL）/ 中下（BC）/ 右下（BR）]:

C. 样式（S）：指定文本输入时所采用的文字样式。

选择该选项后，AutoCAD 出现以下提示。

输入样式名或 [?]<Standard>:

可以直接输入文字样式名称。如果不清楚已有的文字样式，则输入符号“?”，系统会弹出“AutoCAD 文本窗口”，在窗口中列出当前图中文字样式、关联的字体文件、字体高度及其他参数，如图 2–43 所示。

```
命令: TEXT

当前文字样式: "Standard" 文字高度: 2.5000 注释性: 否 对正: 左
指定文字的起点 或 [对正(J)/样式(S)]: s

输入样式名或 [?] <Standard>: ?

输入要列出的文字样式 <*>: ?

文字样式:

  未找到匹配的文字样式。

当前文字样式: Standard

当前文字样式: "Standard" 文字高度: 2.5000 注释性: 否 对正: 左
```

图 2–43　当前图形中的所有文字样式

D. 指定高度：指定文字的高度。

E. 指定文字的旋转角度：指定文字行排列方向与水平线的夹角，默认角度为 0°　。

④操作说明。

A. 使用“单行文字”命令来创建一行或多行文字时，可以通过按 Enter 键结束每一行文字。每行文字都是独立的对象，可以重新定位、调整格式或进行其他修改。

B. 输入一行文字后，可以按 Enter 键换行或用鼠标左键拾取一个点指定新的文字位置。如果连续按两次 Enter 键，则结束“单行文字”命令，完成文字的标注。

C. 如果上次输入的命令为“TEXT”，当再次执行该命令时，上一次标注的文本将加亮显示。

此时，若在“指定文字的起点”提示下按 Enter 键将跳过图纸高度和旋转角度的提示，AutoCAD 默认采用上一次的设置。用户在文本框中输入的文字将直接放置在前一行文字下，同时，在该提示下指定的点也被存储为文字的插入点。

D. 创建单行文字时，要指定文字样式并设置对齐方式。文字样式设定文字对象的默认特征。对齐方式决定字符的哪一部分与插入点对齐。无论采用哪种对齐方式，最初在输入文字时显示的文本都临时按默认左对齐方式排列，直到命令结束时，才按指定的对齐方式重新生成。

E. 可以在单行文字中插入字段。字段是显示可能会更改的数据的文字。字段更新时，将显示最新的字段值。

F. 用于单行文字的文字样式与用于多行文字的文字样式相同。创建文字时，通过在“输入样式名”提示下输入样式名来指定现有样式。如果需要将格式应用到独立的词语和字符，则应使用“多行文字（MTEXT）”命令。

G. 可以通过在指定的点之间压缩调整单行文字，也就是在指定的空间中拉伸或压缩文字以满足需要。

（2）应用示例

使用“单行文字”命令输入以下技术说明内容，效果如图 2-44 所示。字体为仿宋，字高 7，宽度比例 0.7。

金属件未标注长度允许偏差±5。

图 2-44　技术说明文字

操作步骤如下。

①设置文字样式。在“文字”工具栏单击“文字样式”按钮，弹出如图 2-45 所示的对话框，再单击“新建（N）...”按钮，输入样式名“wz”，新建文字样式并按图 2-46 设置各属性，确认后单击“置为当前”。

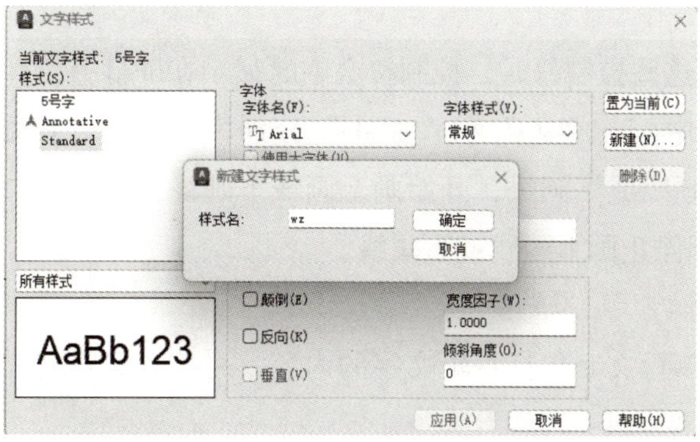

图 2-45　新建文字样式“wz”

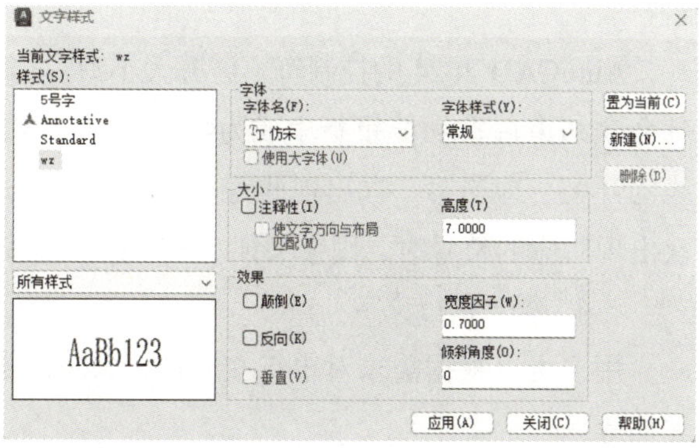

图 2-46　设置文字样式“wz”

②输入“单行文字”命令。

命令：TEXT↙
当前文字样式：“wz”文字高度：7.0000 注释性：否 对正：左
指定文字的起点或 [对正（J）/ 样式（S）]：在绘图窗口指定任意一点
指定文字的旋转角度 <0>：↙

③输入文字。当绘图窗口出现光标时，输入文字“金属件未标注长度允许偏差 %%P5”，输入完毕后，文字自动转换为“金属件未标注长度允许偏差 ±5”。

④结束命令。连续按两次 Enter 键结束命令。

（3）单行文字使用文字控制符

创建单行文字时，可以在文字中输入特殊字符。

在实际设计绘图过程中，往往需要标注一些特殊的字符。例如，在文字上方或下方添加划线、标注度“°”、正负公差“±”、直径“ϕ”等符号。由于这些特殊字符无法从键盘上直接输入，因此，AutoCAD 提供了相应的控制符，通常由两个百分号（%%）和紧跟在后面的一个字符构成，以实现这些标注要求。常见的特殊字符的控制符见表 2-5。

表 2-5　特殊字符的控制符

输入代码	对应字符	输入效果
%%O	上画线	$\overline{\text{文字说明}}$
%%U	下画线	$\underline{\text{文字说明}}$
%%D	度数符号“°”	90°
%%P	公差符号“±”	±100
%%C	圆直径标注符号“ϕ”	ϕ80
%%%	百分号“%”	98%
\U+2220	角度符号“∠”	∠A
\U+2248	几乎相等“≈”	X≈A
\U+2260	不相等“≠”	A≠B
\U+00B2	上标 2	X^2
\U+2082	下标 2	X_2

AutoCAD 2024 的控制符不区分大小写。当输入这些控制符时，控制符会临时显示在屏幕上，直到命令结束后按功能重新生成为特殊符号。控制符中，“%%O”和“%%U”分别为上画线、下画线的开关，即当第一次出现此符号时，表明打开上画线或下画线，开始画上画或下画线；而当第二次出现对应的符号时，则会关掉上画线或下画线，即停止画上画线或下画线。

（4）编辑单行文字

用户可以根据需求对单行文字进行编辑。编辑单行文字包括编辑文字的内容、对正方式及缩放比例等。

①编辑（DDEDIT）。

A. 执行途径。

菜单栏：在菜单栏执行“修改（M）”→“对象（O）”→“文字（T）”→“编辑（E）”命令。

工具栏：在“文字”工具栏单击“编辑”按钮。

命令行：在命令行输入“DDEDIT”。

B. 操作说明。

执行命令后，选择要编辑的单行文字，进入文字编辑状态后，可以修改文字的内容。

②比例（SCALETEXT）。

A. 执行途径。

菜单栏：在菜单栏执行“修改（M）”→“对象（O）”→“文字（T）”→“比例（S）”命令。

工具栏：在“文字”工具栏单击“比例”按钮。

命令行：在命令行输入“SCALETEXT”。

B. 操作说明。

执行命令后，选择要编辑的单行文字，此时，需要输入缩放的基点以及指定新的图纸高度（P）、匹配对象（M）或缩放比例（S）。

③对正（JUSTIFYTEXT）。

A. 执行途径。

菜单栏：在菜单栏执行“修改（M）”→“对象（O）”→“文字（T）”→“对正（J）”命令。

工具栏：在“文字”工具栏单击“对正”按钮。

命令行：在命令行输入“JUSTIFYTEXT”。

B. 操作说明。

执行命令后，选择要编辑的单行文字，此时，可以重新设置文字的对正方式。

（5）创建多行文字

①执行途径。

A. 菜单栏：在菜单栏执行“绘图（D）”→“文字（X）”→“多行文字（M）”命令。

B. 工具栏：在“文字”工具栏单击“多行文字”按钮。

C. 命令行：在命令行输入“MTEXT”。

②命令提示。

命令：_mtext↙

当前文字样式：“Standard”文字高度：2.5 注释性：否

指定第一角点：拾取某一点作为矩形文本框的一个角点

指定对角点或[高度（H）/对正（J）/行距（L）/旋转（R）/样式（S）/宽度（W）/栏（C）]：拾取另一点作为矩形文本框的对角点或选择其中的一个选项

③选项说明。

A. 高度（H）：设置文字的高度。一般为当前使用的文字样式高度，通过此选项可以设置文字的新高度。

B. 对正（J）：设置文字的对齐方式，与输入单行文字“TEXT”命令时的对齐方式相同。

C. 行距（L）：设置文本行间的行间距。选择此选项后出现以下提示。

输入行距类型 [至少（A）/ 精确（E）]< 至少（A）>:

其中“至少（A）”用来设定行间距的最小值，按 Enter 键后出现“输入行间距比例或间距：”的提示；“精确（E）”用来精确确定行间距。行间距值一旦设定成功，系统将自动予以保留。

D. 旋转（R）：设置文字边界的旋转角度。

E. 样式（S）：设置文字样式。

F. 宽度（W）：设置矩形文本框的宽度，可以指定宽度值或直接拾取绘图窗口上一点来确定宽度。

G. 栏（C）：设置多行文字对象的栏，如类型、列数、高度、宽度及栏间距的大小等。

④操作说明。

启动“多行文字（MTEXT）”命令，在绘图窗口中单击指定一点，并向下方拖动鼠标指针绘制出一个矩形框。绘图区内出现的矩形框用于指定多行文字的输入位置与大小，其箭头指示文字书写的方向。拖动鼠标指针到适当位置后单击，弹出“在位文字编辑器”，它包括一个顶部带标尺的“文字输入”框和“文字格式”工具栏，如图 2-47 所示。

图 2-47 在位文字编辑器

在“文字输入”框中输入所需文字，当文字达到矩形框的边界时会自动换行排列。输入完成后，单击“确定”按钮，此时，文字显示在用户指定的位置。

“文字格式”工具栏可以设置当前多行文字的文字格式，包括文字对象的文字样式、选定文字的字符格式和段落格式。如果所需文字是从其他应用程序（如 Microsoft Word）中粘贴而来，那么 AutoCAD 将保留其大部分格式。若要清除粘贴文字的段落格式，可以在使用“粘贴”命令时选择“选择性粘贴”选项。“文字格式”工具栏中各选项的功能如下。

A. 文字样式：选择多行文字对象应用的文字样式。当前样式保存在“TEXTSTYLE”系统变量中。如果将新样式应用到现有的多行文字对象中，用于字体、高度、粗体或斜体属性的字符格式将被替代，而堆叠、下画线和颜色属性则将保留。

»【小贴士】

不要选择具有反向或颠倒效果的样式，如果应用了此类样式，则相应文字将在“在位文字编辑器”中水平显示。

B. 字体：为新输入的文字指定字体或更改选定文字的字体。

C. 文字高度：设定新文字的字符高度或更改选定文字的高度。多行文字对象可以包含不同高度的字符。

D. 粗 / 斜体：打开和关闭新文字或选定文字的粗体 / 斜体格式。此选项仅适用于使用 TrueType 字体的字符。

E. 删除线：打开和关闭新文字或选定文字的删除线格式。

F. 下 / 上画线：打开和关闭新文字或选定文字的下画线；为新建文字或选定文字打开和关闭上画线。

G. 放弃 / 重做：在“在位文字编辑器”中，针对文字内容或文字格式所做的放弃或重做等修改动作。

H. 堆叠：在选定文字中插入堆叠字符，可以创建堆叠文字（堆叠文字是指应用于多行文字对象和多重引线中的字符的分数和公差格式，如分数）。要在文字编辑器中手动堆叠字符，则先选择要进行格式设置的文字（包括特殊的堆叠字符），然后单击“堆叠”按钮。堆叠字符（插入符号“^”、正向斜“/”和磅符号“#”）左侧的文字将堆叠在字符右侧的文字之上。如果选定堆叠文字后单击“堆叠”按钮，则取消堆叠。

不同的特殊堆叠字符控制文字不同的堆叠方式，如图 2-48 所示。

$\frac{30}{100}$　　$^{30}/_{100}$　　$50^{+0.020}_{-0.006}$

水平分数　　斜分数　　公差堆叠

图 2-48　文字堆叠效果

插入符号“^”：创建公差堆叠（垂直堆叠，且不用直线分隔）。

斜杠“/”：创建水平分数，即以垂直方式堆叠文字，由水平线分隔。

磅字符“#”：创建斜分数，即以对角形式堆叠文字，由对角线分隔。

除手动堆叠字符外，还可以指定自动堆叠斜杠、磅字符或插入符号前后输入的数字字符。例如，如果输入“1#3”后接着输入非数字字符或空格，默认情况下将显示如图 2-49（a）所示内容，双击文字可以更改堆叠特性，如图 2-49（b）所示。

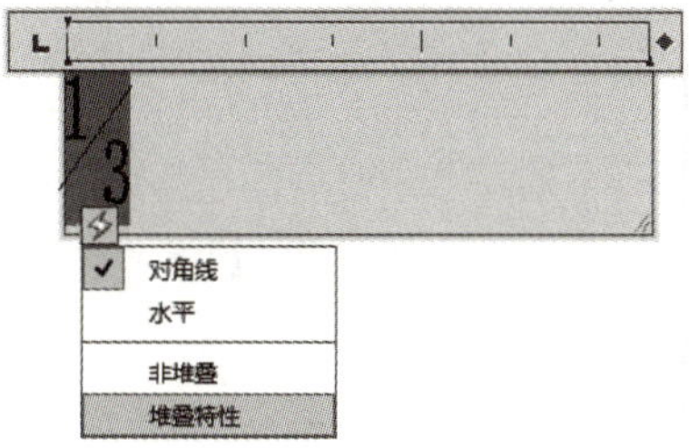

（a）

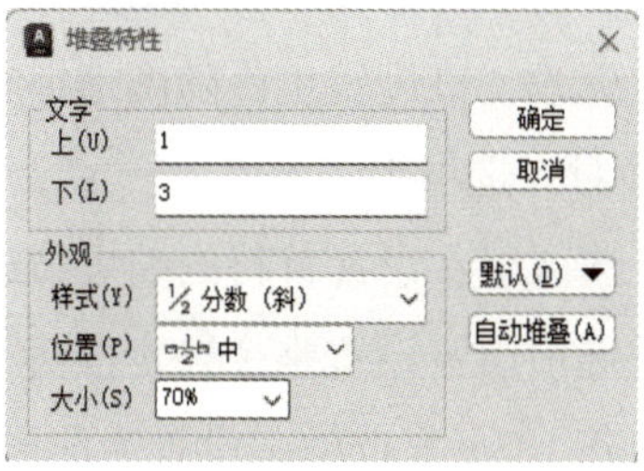

（b）

图 2-49　“堆叠特性”对话框

自动堆叠功能仅应用于堆叠斜杠、磅字符和插入符号前后紧邻的数字字符。对于公差堆叠，+、- 和小数点字符也可以自动堆叠。

I. 文字颜色：指定新文字的颜色或更改选定文字的颜色。

J. 标尺：在编辑器顶部显示标尺。拖动标尺末尾可更改多行文字对象的宽度。从标尺中可以选择制表符。单击“制表符选择”按钮将更改制表符样式，包括左对齐、居中、右对齐和小数点对齐。进行选择后，可以在标尺或“段落”对话框中调整相应的制表符。

K. 确定：关闭编辑器并保存所做的所有更改。

L. 选项：显示其他文字选项子菜单。

M. 栏：单击“栏数”按钮后弹出如图 2-50 所示的“栏”菜单，显示以下选项。

a. 不分栏：指定当前多行文字对象为不分栏。

b. 动态栏：为当前多行文字对象设置动态栏模式。动态栏由文字驱动。调整栏将影响文字流，而文字流将导致添加或删除栏。

c. 静态栏：为当前多行文字对象设置静态栏模式。可以指定多行文字对象的总宽度、总高度以及栏数，所有栏将具有相同的高度且两端对齐。

图 2-50 “栏”菜单

d. 插入分栏符：单击或使用 Alt+Enter 组合键手动插入分栏符。

e. 分栏设置：显示“分栏设置”对话框，可以指定栏和栏间距的宽度、高度及栏数。

N. 多行文字对正：显示“多行文字对正”菜单，可指定段落文字的 9 种对齐方式。

O. 段落：单击按钮后显示如图 2-51 所示的“段落”对话框。通过对该对话框的一系列操作，可以指定制表位和缩进，并控制段落对齐方式、段落间距和段落行距。

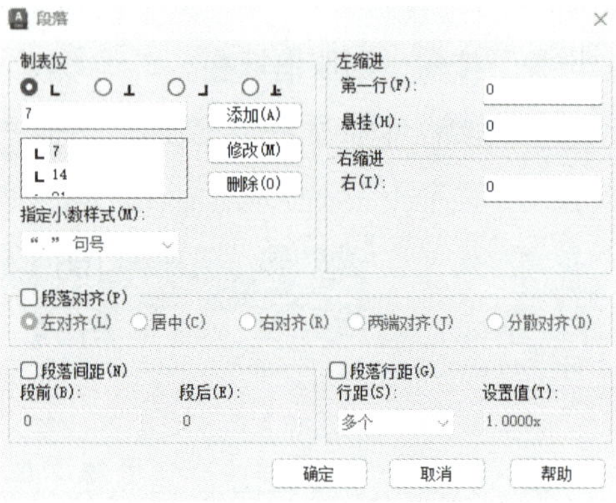

图 2-51 “段落”对话框

P. “制表位”选项组：显示制表符设置选项，包括添加和删除制表符。选项包括左对齐、居中、右对齐和小数点对齐制表符。单击“添加”按钮增加新的制表位，单击“删除”按钮可以清除列表框中已有的设置。

Q. 小数样式（M）：基于当前用户所在区域设置小数样式，共有句点、逗号和空格 3 种。即使区域设置发生更改，该设置也将随图形一起保留。

R. 缩进和对齐选项组。

a. 左缩进选项组：设置首行的缩进值或为选定段落或当前段落设置左缩进值。

b. 右缩进选项组：设置整个选定段落或当前段落的右缩进值。

c. 段落对齐（P）复选框：设置当前段落或选定段落的对齐特性。

左对齐（L）、居中（C）、右对齐（R）、两端对齐（J）和分散对齐（D）：设置当前段落或选定段落的左、中或右文字边界的对正和对齐方式。

d. 段落间距（N）复选框：指定当前段落或选定段落之前或之后的间距。

e. 段落行距（G）复选框：在当前段落或选定段落中设置各行之间的间距。

S. 行距：显示建议的行距选项或“段落”对话框。在当前段落或选定段落中设置行距。

T. 编号：设置项目编号和列表，单击后显示如图 2-52 所示的“项目符号和列表”菜单。

a. 关闭：如果选择此选项，则将从应用了列表格式的选定文字中删除字母、数字和项目符号。此操作不修改缩进状态。

b. 以字母标记：将带有句点的字母用于列表中的项的列表格式。如果列表含有的项多于字母中含有的字母，可以使用双字母继续序列。

c. 以数字标记：将带有句点的数字用于列表中的项的列表格式。

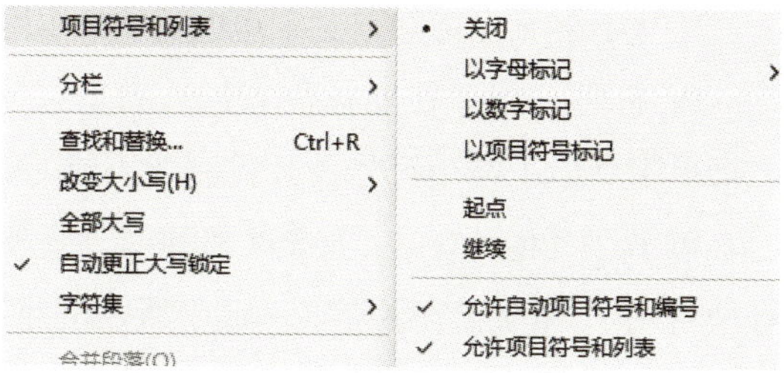

图 2-52　“项目符号和列表”菜单

d. 以项目符号标记：将项目符号用于列表中的项的列表格式。

e. 起点：在列表格式中启动新的字母或数字序列。如果选定的项位于列表中间，则选定项下面的未选中的项也将成为新列表的一部分。

f. 继续：将选定的段落添加到上面最后一个列表然后继续序列。如果选择了列表项而非段落，选定项下面的未选中的项将继续序列。

»【小贴士】

如果清除复选标记，多行文字对象中的所有列表格式都将被删除，各项将被转换为纯文本。并且除“允许项目符号和列表”外，所有项目符号和列表选项均不可用。

U. 插入字段：单击“插入字段”按钮后弹出如图 2-53 所示的“字段”对话框，从中可以选择要插入文字中的字段。

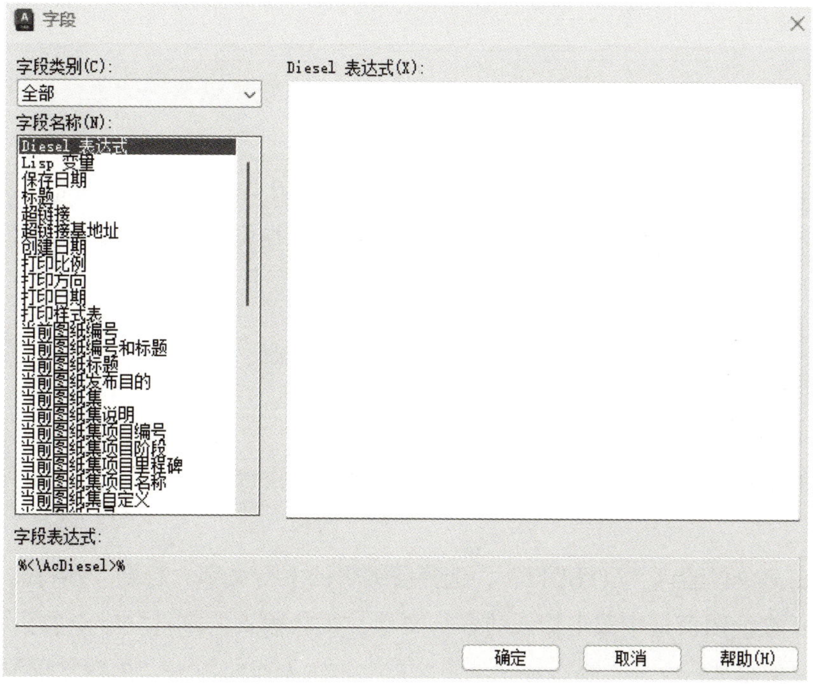

图 2-53　“字段”对话框

V. 大 / 小写：将选定文字更改为大 / 小写。

W. 符号：用于在光标位置插入符号或不间断空格。单击按钮后弹出如图 2-54 所示的子菜单，子菜单中列出了常用符号及其控制代码或 Unicode 字符串。

单击“其他（O）...”选项将弹出“字符映射表”对话框，如图 2-55 所示，其中包含了系统中每种可用字体的整个字符集。选中所需的字符，然后单击“复制”按钮将其放入“复制字符（A）”框。选择所有要使用的字符后，单击“选择”按钮关闭对话框。最后在编辑器中，单击鼠标右键并选择“粘贴”将字符粘贴至所需处。需要注意的是，符号无法在垂直文字中使用。

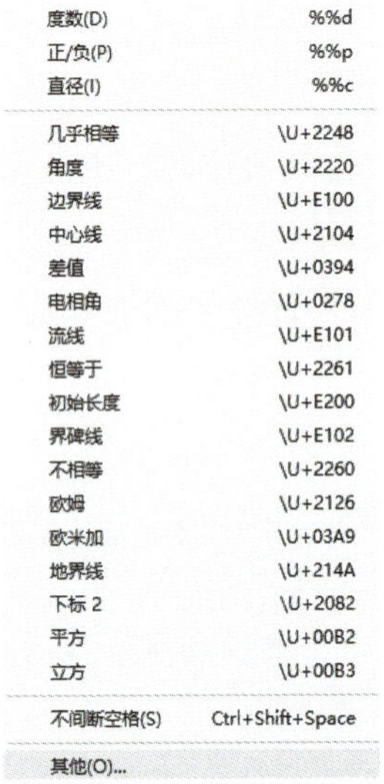

图 2-54 “符号”子菜单

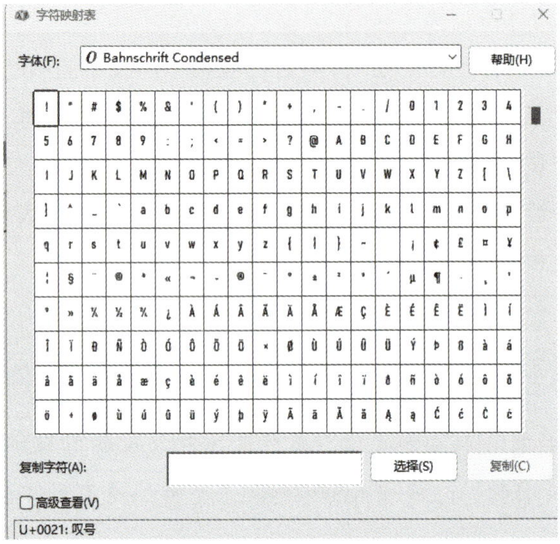

图 2-55 “字符映射表”对话框

X. 倾斜角度：在文本框中输入一个 -85 到 85 之间的数值，使文字向前或向后倾斜。倾斜角度表示的是相对于 90° 方向的偏移角度。倾斜角度的值为正时文字向右倾斜；倾斜角度的值为负时文字向左倾斜。

Y. 追踪：用于增大或减小选定字符之间的空间。1.0 为系统默认常规间距。当设定值大于 1.0 时可增大间距，反之则减小间距。

Z. 宽度因子：用于扩展或收缩选定字符。系统默认值 1.0 为此字体中字母的常规宽度。可以在文本框中输入值增大或减小该宽度（例如，输入宽度因子 2 使宽度加倍；输入宽度因子 0.5 将宽度减半）。

（6）编辑多行文字

编辑多行文字的常用方法如下。

①菜单栏：在菜单栏执行“修改（M）”→“对象（O）”→“文字（T）”→“编辑（E）”命令，单击创建的多行文字，打开“多行文字编辑”对话框，然后参照多行文字的设置方法，修改并编辑文字。

②命令行：在命令行输入“MTEDIT”，选择要编辑的多行文字，打开“多行文字编辑”窗口。

③直接编辑：在绘图窗口中双击输入的多行文字，或在输入的多行文字上右击，从弹出的快捷菜单中执行“重复编辑多行文字”命令或“编辑多行文字”命令，打开“多行文字编辑”窗口。

»【小贴士】

工程图中的标注和说明都需要用到文字，多行文字与单行文字相比，编辑内容更为丰富，可以使用内置编辑器格式化文字外观、列和边界。如果功能区处于活动状态，那么在指定对角点之后，将显示“文字编辑器”功能区上下文选项卡。如果功能区未处于活动状态，则将显示“在位文字编辑器”。

2.6.3　任务训练

根据本任务所学内容，按照项目 2 绘制建筑平面图中的绘制要求，完成某校宿舍楼一层平面图文字注写，具体要求如下。

①打开某校宿舍楼一层平面图“图层”工具栏，单击“图层特性管理器”命令按钮，单击“文字”图层，然后单击“置为当前”按钮，将当前图层设置为“文字”图层。

②文字样式设置。

设置文字样式名为“汉字”，字体名为“仿宋”，宽度因子 0.7。

设置文字样式名为“非汉字”，字体名为“Simplex.shx”，宽度因子 0.7。

图纸内注释文字高度为 3.5 mm，图名文字高度为 7 mm。

③图纸内注释文字注写。

文字注写结果如图 2–56 所示。

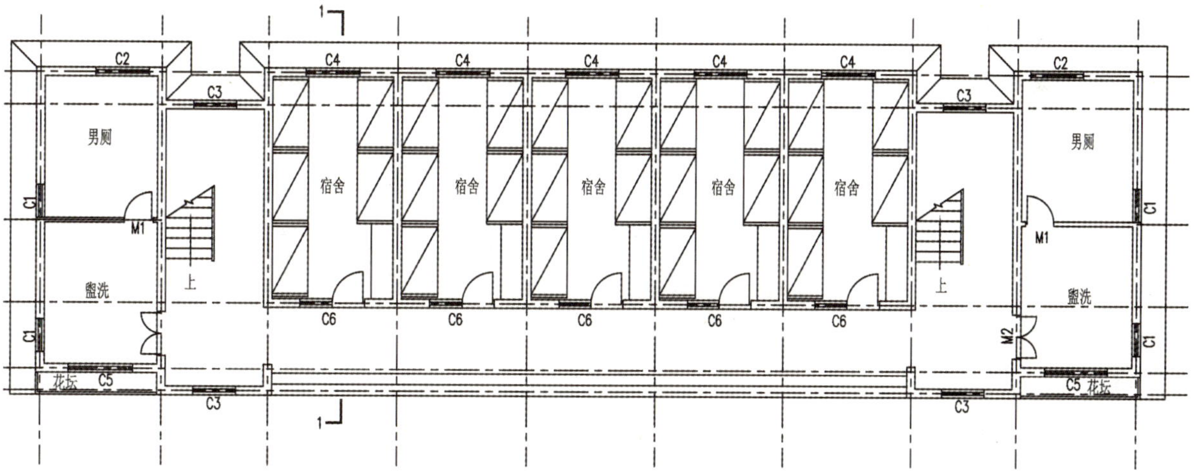

图 2–56　文字注写

文字注写

任务 2.7 尺寸标注

2.7.1 任务目标

学习要求：通过本任务的学习，学生应了解尺寸标注的制图标准，熟悉尺寸的组成部分，掌握尺寸标注各组成部分的标注要求。

学习重点：尺寸标注制图标准。

学习难点：尺寸标注各组成部分的标注要求。

2.7.2 任务指导

尺寸标注是绘图设计中的一项重要内容，它反映了构件的尺寸（定形尺寸）及其相互间的位置关系（定位尺寸）。作为施工的依据，尺寸标注是图形中的重要组成部分，必须要完整准确地标注各项尺寸。

1. 尺寸标注基础知识

（1）尺寸标注的组成

尺寸标注由尺寸界线、尺寸线、尺寸起止符号和尺寸数字 4 部分组成，如图 2-57 所示。

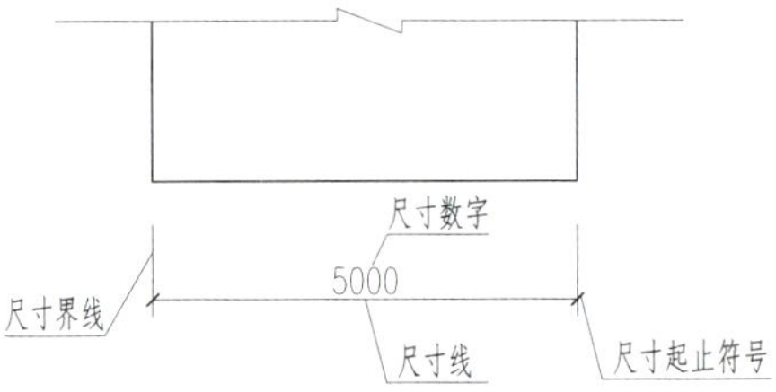

图 2-57 尺寸的组成

（2）尺寸标注参数要求

《房屋建筑制图统一标准》（GB/T 50001—2017）对建筑制图中的尺寸标注做了相应要求，如图 2-58 所示。

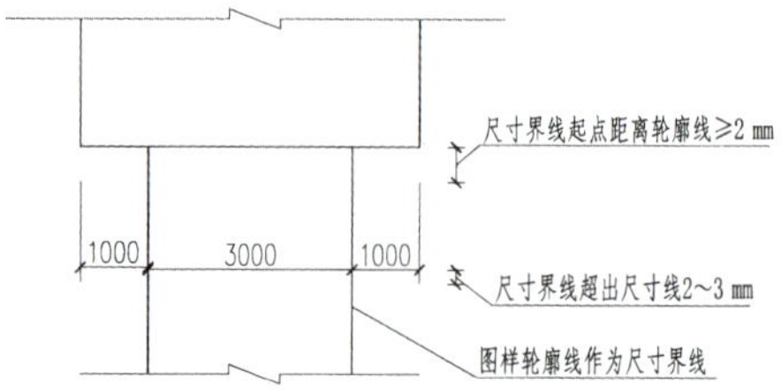

图 2-58 尺寸标注相关规定

具体说明如下。

①尺寸界线：用细实线绘制，应与被注长度垂直，其一端应离开图样轮廓线不小于 2 mm，另一端宜超出尺寸线 2 ～ 3 mm。图样轮廓线可用作尺寸界线。

②尺寸线：用细实线绘制，与被注长度平行，两端宜以尺寸界线为边界，也可超出尺寸界线 2 ～ 3 mm。图样本身的任何图线均不得用作尺寸线。

③尺寸起止符号：用中粗斜短线绘制，其倾斜方向应与尺寸界线成顺时针 45°，长度宜为 2 ～ 3 mm。半径、直径、角度与弧长的尺寸起止符号，宜采用箭头表示，箭头宽度不宜小于 1 mm。

④尺寸数字：图样上的尺寸，应以尺寸数字为准。图样上的尺寸单位，除标高及总平面以米为单位外，其他必须以毫米为单位。

» 【小贴士】

尺寸标注是建筑绘图中的一项重要工作，必须完整准确地标注。通过学习尺寸标注建筑制图标准的要求，从而在绘图过程中养成良好绘图习惯，绘制出符合建筑制图标准的图纸。

2. 标注样式设置

标注样式是标注设置的命名集合，可用来控制标注的外观，如箭头样式、文字位置和尺寸公差等。可以通过创建标注样式来快速指定标注的格式，并确保标注符合行业或工程标准。

在 AutoCAD 软件中，可使用“标注样式管理”器创建新样式、设定当前样式、修改样式、设定当前样式的替代以及比较样式。

（1）执行途径

①菜单栏：在菜单栏执行“格式（O）”→“标注样式（D）”命令。

②工具栏：在“标注”工具栏单击“编辑标注”按钮。

③命令行：在命令行输入“DIMSTYLE”或“DST”“DDIM”“DIMSTY”。

④选项卡：“默认”选项卡→“注释”面板→“标注样式”（“草图与注释”空间）。

（2）操作说明

执行“标注样式”命令后，系统弹出“标注样式管理器”对话框，如图 2-59 所示。

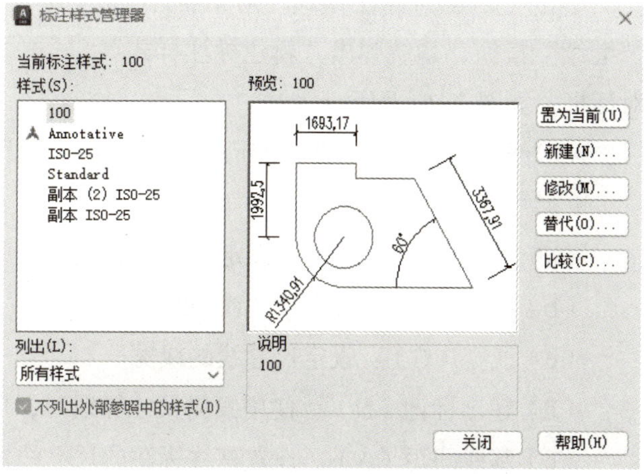

图 2-59　“标注样式管理器”对话框

（3）选项和参数说明

①当前标注样式：显示当前标注样式的名称。当前样式将应用于所创建的标注。

②样式（S）：列出图形中的标注样式。当前样式高亮显示。在列表中单击鼠标右键可显示快捷菜单及选项，可用于设定当前标注样式、重命名样式和删除样式。

③列出（L）：在列表中控制样式显示。选择“所有样式”查看图形中所有的标注样式。选择“正在使用的样式”查看图形中当前使用的标注样式。

④置为当前（U）：将在“样式”下选定的标注样式设定为当前标注样式。当前样式将应用于所创建的标注。

⑤新建（N）：定义新的标注样式。

⑥修改（M）：修改在“样式”下选定的标注样式。

⑦替代（O）：设定标注样式的临时替代值。这些替代值会作为未保存的更改结果显示在“样式”列表中的标注样式下。

⑧比较（C）：可以比较两个标注样式或列出一个标注样式的所有特性。

（4）新建标注样式

①“创建新标注样式”对话框。

单击“标注样式管理器”对话框中的“新建（N）...”按钮，系统弹出“创建新标注样式”对话框，如图 2-60 所示。

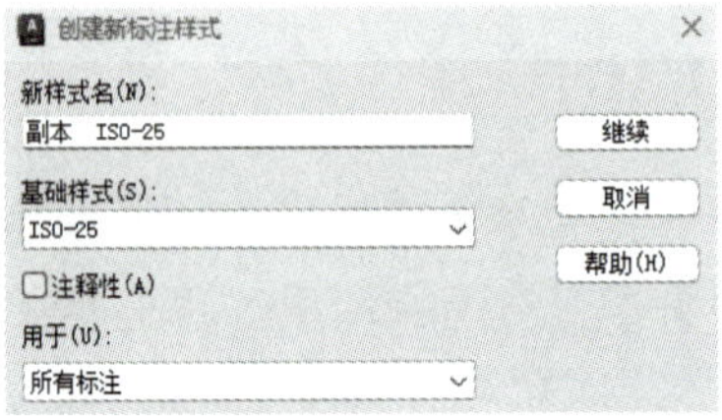

图 2-60　“创建新标注样式”对话框

A. 新样式名（N）：设置新的标注样式名。

B. 基础样式（S）：设定新样式的基础样式。对于新样式，只需要更改与基础特性不同的特性。

C. 注释性（A）：设置标注样式为注释性。

D. 用于（U）：创建适用特定标注类型的标注子样式。例如，可以创建一个“ISO-25”标注样式的版本，该样式仅用于直径标注。

②“新建标注样式”对话框。

单击“创建新标注样式”对话框中的“继续”按钮，系统弹出“新建标注样式”对话框，如图 2-61 所示。

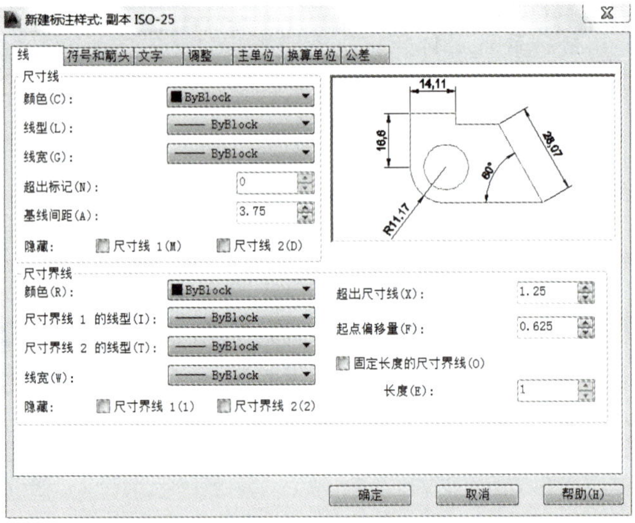

图 2-61　“新建标注样式”对话框

A.“线”选项卡如图 2-61 所示。其主要用于设置尺寸线、尺寸界线的格式和特性。

a. 尺寸线。

（a）颜色（C）：显示并设定尺寸线的颜色。

（b）线型（L）：设定尺寸线的线型。

（c）线宽（G）：设定尺寸线的线宽。

（d）超出标记（N）：使用倾斜尺寸界线时，尺寸线超出尺寸界线的距离。

（e）基线间距（A）：设置基线标注的尺寸线之间的距离。

（f）隐藏：不显示尺寸线。“尺寸线 1（M）”不显示第一条尺寸线，“尺寸线 2（D）”不显示第二条尺寸线。

b. 尺寸界线。

（a）颜色（R）：设定尺寸界线的颜色。

（b）尺寸界线 1 的线型（Z）：设置第一条尺寸界线的线型。

（c）尺寸界线 2 的线型（T）：设置第二条尺寸界线的线型。

（d）线宽（W）：设置尺寸界线的线宽。

（e）隐藏：不显示尺寸界线。“尺寸界线 1（1）”不显示第一条尺寸界线，“尺寸界线 2（2）”不显示第二条尺寸界线。

（f）超出尺寸线（X）：设置尺寸界线超出尺寸线的距离。

（g）起点偏移量（F）：设置图形中定义标注的点到尺寸界线的偏移距离。

B.“符号和箭头”选项卡如图 2-62 所示。其主要用于设置箭头、圆心标记、弧长符号和折弯半径标注的格式和位置。

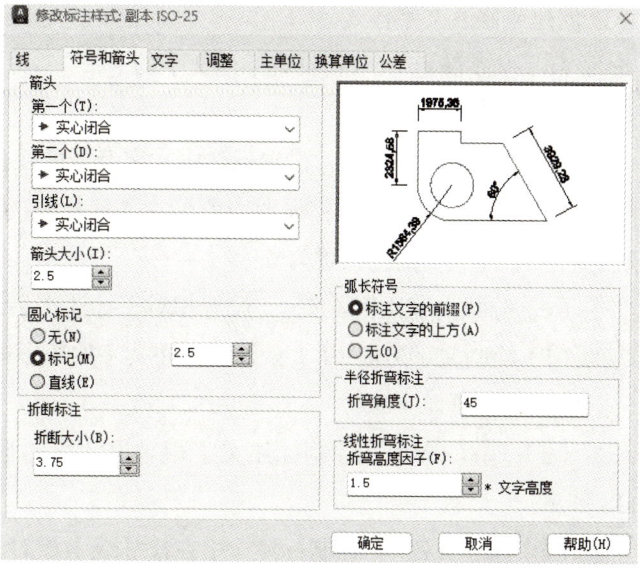

图 2-62　“符号和箭头”选项卡

a. 箭头。

（a）第一个（T）：设置第一条尺寸线的箭头。当改变第一个箭头的类型时，第二个箭头将自动改变以同第一个箭头相匹配。

（b）第二个（D）：设置第二条尺寸线的箭头。

（c）引线（L）：设置引线的箭头。

（d）箭头大小（I）：显示和设置箭头的大小。

b. 圆心标记。

（a）无（N）：不创建圆心标记或中心线。

（b）标记（M）：创建圆心标记。

（c）直线（E）：创建中心线。

c. 折断标注。

折断大小（B）：显示和设定折断标注的间隙大小。

d. 弧长符号。

（a）标注文字的前缀（P）：将弧长符号放置在标注文字之前。

（b）标注文字的上方（A）：将弧长符号放置在标注文字的上方。

（c）无（O）：不显示弧长符号。

e. 半径折弯标注。半径折弯标注一般用于圆或圆弧的圆心位于页面外部时的情况。

折弯角度（J）：确定折弯半径标注中，尺寸线的横向线段的角度。

f. 线性折弯标注。当标注不能精确表示实际尺寸时，一般将折弯线添加到线性标注中。

折弯高度因子（F）：通过形成折弯角度的两个顶点之间的距离确定折弯高度。

C.“文字”选项卡如图 2-63 所示。其主要用于设置标注文字的格式、位置和对齐方式。

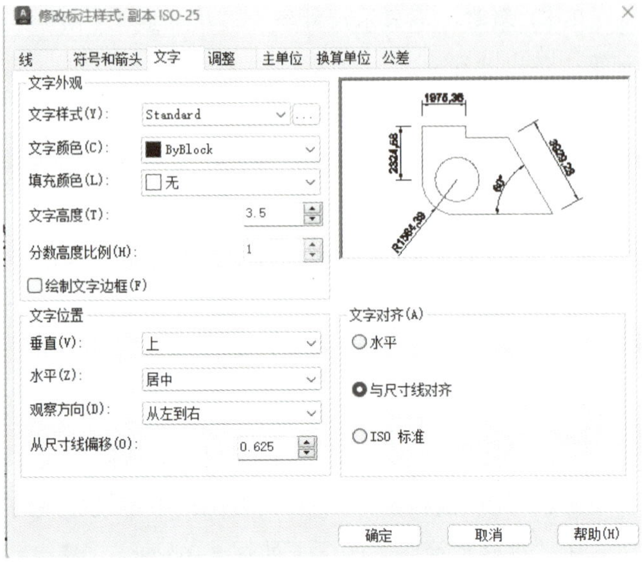

图 2-63 “文字”选项卡

a. 文字外观。

（a）文字样式（Y）：选择可用的文本样式。打开“文字样式”对话框，从中可以创建或修改文字样式。

（b）文字颜色（C）：设置标注文字的颜色。

（c）填充颜色（L）：设置标注中文字背景的颜色。

（d）文字高度（T）：设置当前标注文字样式的高度。如果要在此处设置标注文字的高度，请确保将文字样式的高度设置为 0。

（e）分数高度比例（H）：设置相对于标注文字的分数比例。

（f）绘制文字边框（F）：显示标注文字的矩形边框。

b. 文字位置。

（a）垂直（V）：控制标注文字相对尺寸线的垂直位置。垂直位置选项包括居中、上、外部、JIS 和下。

（b）水平（Z）：控制标注文字在尺寸线上相对于尺寸界线的水平位置。

（c）观察方向（D）：控制标注文字的观察方向。

（d）从尺寸线偏移（O）：设置当前文字间距。文字间距是指当尺寸线断开以容纳标注文字时标注文字周围的距离。

c. 文字对齐（A）。

（a）水平：水平放置文字。

（b）与尺寸线对齐：文字与尺寸线对齐。

（c）ISO 标准：当文字在尺寸界线内时，文字与尺寸线对齐。当文字在尺寸界线外时，文字水平排列。

D.“调整”选项卡如图 2-64 所示。其主要用于调整标注文字、箭头、引线和尺寸线的位置。

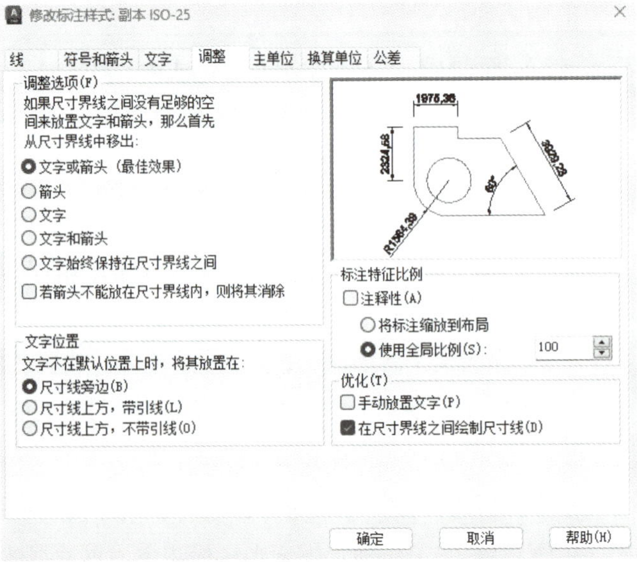

图 2-64 “调整”选项卡

a. 调整选项（F）：如果有足够大的空间，文字和箭头都将放在尺寸界线内。否则，将按照“调整”选项放置文字和箭头。

（a）文字或箭头（最佳效果）：按照最佳效果将文字或箭头移动到尺寸界线外。

（b）箭头：先将箭头移动到尺寸界线外，然后移动文字。

（c）文字：先将文字移动到尺寸界线外，然后移动箭头。

（d）文字和箭头：当尺寸界线间距离不足以放下文字和箭头时，文字和箭头都移到尺寸界线外。

b. 文字位置：设定标注文字从默认位置移动时，标注文字的位置。

（a）尺寸线旁边（B）：只要移动标注文字，尺寸线就会随之移动。

（b）尺寸线上方，带引线（L）：移动文字时尺寸线不会移动。如果将文字从尺寸线上移开，将创建一条连接文字和尺寸线的引线。当文字非常靠近尺寸线时，将省略引线。

（c）尺寸线上方，不带引线（O）：移动文字时尺寸线不会移动。远离尺寸线的文字不与带引线的尺寸线相连。

c. 标注特征比例：设置全局标注比例值或图纸空间比例。

注释性（A）：设置标注为注释性。

（a）将标注缩放到布局：根据当前模型空间视口和图纸空间之间的比例来确定比例因子。

（b）使用全局比例（S）：为所有标注样式设定一个比例，该设置指定了大小、距离或间距（也包括文字和箭头大小）。该缩放比例并不更改标注的测量值。

d. 优化（T）。

（a）手动放置文字（P）：忽略所有水平对正设置，并把文字放在“尺寸线位置”提示下的指定位置。

（b）在尺寸界线之间绘制尺寸线（D）：即使箭头放在测量点之外，也在测量点之间绘制尺寸线。

E.“主单位”选项卡如图 2-65 所示。其主要用于设置主标注单位的格式和精度，并设定标注文字的前缀和后缀。

a. 线性标注。

（a）单位格式（U）：设置除角度外的所有标注类型的当前单位格式。

（b）精度（P）：显示和设置标注文字中的小数位数。

（c）分数格式（M）：设置分数格式。

（d）小数分隔符（C）：设置用于十进制格式的分隔符。

（e）舍入（R）：为除角度外的所有标注类型设置标注测量的最近舍入值。

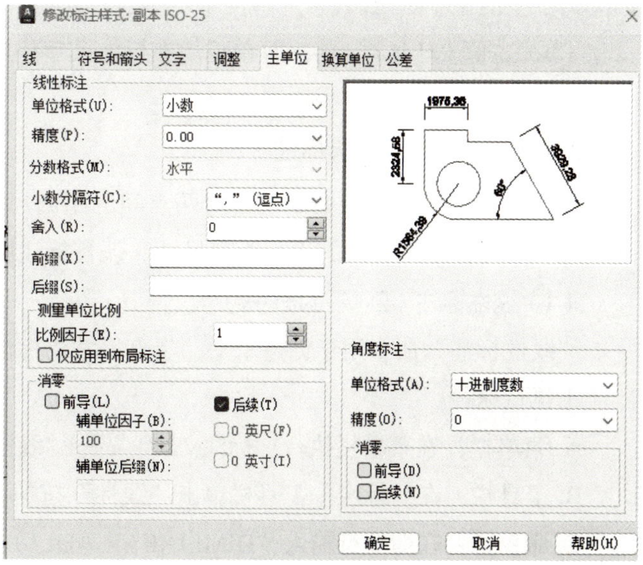

图 2-65 “主单位”选项卡

（f）前缀（X）、后缀（S）：在标注文字中包含指定的前缀或后缀。

（g）比例因子（E）：设置线性标注测量值的比例因子。例如，如果输入 2，则 1 mm 直线的尺寸将显示为 2 mm。

（h）仅应用到布局标注：仅将测量比例因子应用于在布局视口中创建的标注。

（i）消零。

前导（L）：不输出所有十进制标注中的前导零。例如，0.10 变为 .10。

后续（T）：不输出所有十进制标注的后续零。例如，0.50 变成 0.5，1.00 变成 1。

b. 角度标注。

（a）单位格式（A）：设置角度的单位格式。

（b）精度（O）：设置角度标注的小数位数。

F. “换算单位”选项卡如图 2-66 所示。其用于设置标注测量值中的换算单位，并设定其格式和精度。

a. 显示换算单位（D）：向标注文字添加换算测量单位。

换算单位倍数（M）：设置一个倍数，作为主单位和换算单位之间的转换因子。例如，要将英寸转换为毫米，输入 25.4。此值对角度标注没有影响，而且不会应用于舍入值或正、负公差值。

b. 位置：控制标注文字中换算单位的位置

（a）主值后（A）：将换算单位放在标注文字中的主单位之后。

（b）主值下（B）：将换算单位放在标注文字中的主单位下面。

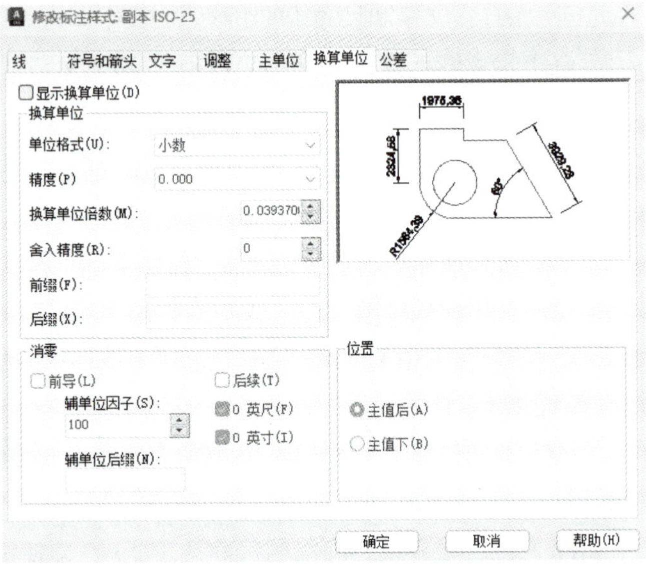

图 2-66　“换算单位”选项卡

3. 线性、对齐、弧长标注

线性标注和对齐标注命令都是对两点间的距离尺寸进行标注，前者标注两点间的水平或垂直距离尺寸，后者标注两点间的平行距离尺寸。弧长标注则是用于标注圆弧的弧长。

（1）线性标注（DIMLINEAR）

“线性标注”命令用于创建水平、竖直尺寸的标注。

①执行途径。

A. 菜单栏：在菜单栏执行“标注（N）”→“线性（L）”命令。

B. 工具栏：在“标注”工具栏单击“线性”按钮。

C. 命令行：在命令行输入“DIMLINEAR（DLI）”。

D. 选项卡：“默认”选项卡→“注释”面板→“线性”（“草图与注释”空间）。

②命令提示。

命令：DIMLINEAR↙
指定第一个尺寸界线原点或 <选择对象>：
指定第二条尺寸界线原点：
指定尺寸线位置或 [多行文字（M）/ 文字（T）/ 角度（A）/ 水平（H）/ 垂直（V）/ 旋转（R）]：

③选项和参数说明。

A. 指定第一个尺寸界线原点：提示输入第一条尺寸界线的原点。

B. 指定第二条尺寸界线原点：提示输入第二条尺寸界线的原点。

C. 指定尺寸线位置：指定点定位尺寸线并确定绘制尺寸界线的方向。

D. 多行文字（M）：编辑标注文字。

E. 文字（T）：自定义标注文字。

F. 角度（A）：修改标注文字的角度。

G. 水平（H）：创建水平线性标注。

H. 垂直（V）：创建垂直线性标注。

I. 旋转（R）：创建旋转线性标注。

（2）对齐标注（DIMALIGNED）

“对齐标注”命令用于创建与指定位置或对象平行的标注。

①执行途径。

A. 菜单栏：在菜单栏执行“标注（N）”→“对齐（G）”命令。

B. 工具栏：在“标注”工具栏单击“对齐”按钮。

C. 命令行：在命令行输入“DIMALIGNED（DAL）”。

D. 选项卡：“默认”选项卡→“注释”面板→“对齐”（“草图与注释”空间）。

②命令提示。

命令：DIMALIGNED↙
指定第一个尺寸界线原点或 <选择对象>：
指定第二条尺寸界线原点：
指定尺寸线位置或 [多行文字（M）/ 文字（T）/ 角度（A）]：

③选项和参数说明。

A. 指定第一个尺寸界线原点：提示输入第一条尺寸界线的原点。

B. 指定第二条尺寸界线原点：提示输入第二条尺寸界线的原点。

C. 指定尺寸线位置：指定点定位尺寸线并确定绘制尺寸界线的方向。

D. 多行文字（M）：编辑标注文字。

E. 文字（T）：自定义标注文字。

F. 角度（A）：修改标注文字的角度。

（3）弧长标注（DIMARC）

“弧长标注”命令用于测量圆弧或多段线圆弧段上的距离。

①执行途径。

A. 菜单栏：在菜单栏执行“标注（N）”→“线性（H）”命令。

B. 工具栏：在“标注”工具栏单击“弧长”按钮。

C. 命令行：在命令行输入“DIMARC（DAR）”。

D. 选项卡：“默认”选项卡→“注释”面板→弧长（“草图与注释”空间）。

②命令提示。

命令：DIMARC↙
选择弧线段或多段线圆弧段：
指定弧长标注位置或 [多行文字（M）/ 文字（T）/ 角度（A）/ 部分（P）/ 引线（L）]：

③选项和参数说明。

A. 选择弧线段或多段线圆弧段：指定要标注的圆弧或圆弧多段线。

B. 指定弧长标注位置：指定尺寸线的位置并确定尺寸界线的方向。

C. 部分（P）：缩短弧长标注的长度。

D. 引线（L）：添加引线对象。当圆弧（或圆弧段）大于 90° 时才会显示此选项。引线是按径向绘制的，指向所标注圆弧的圆心。

2.7.3 任务训练

根据本任务所学内容，按照项目 2 绘制建筑平面图中的绘制要求，完成某校宿舍楼一层平面图尺寸标注，具体要求见下。

①打开某校宿舍楼一层平面图“图层”工具栏，单击“图层特性管理器”命令按钮，单击“尺寸及标注”图层，然后单击“置为当前”按钮，将当前图层设置为“尺寸及标注”图层。

②文字样式设置。

尺寸标注样式名为“标注 100”。文字样式选用“非汉字”，箭头大小为 1.2 mm，尺寸界线超出尺寸线 2 mm，尺寸界线起点偏移量 5 mm，文字高度 3 mm，使用全局比例为 100。

③图纸内尺寸标注。结果如图 2-67 所示。

尺寸标注

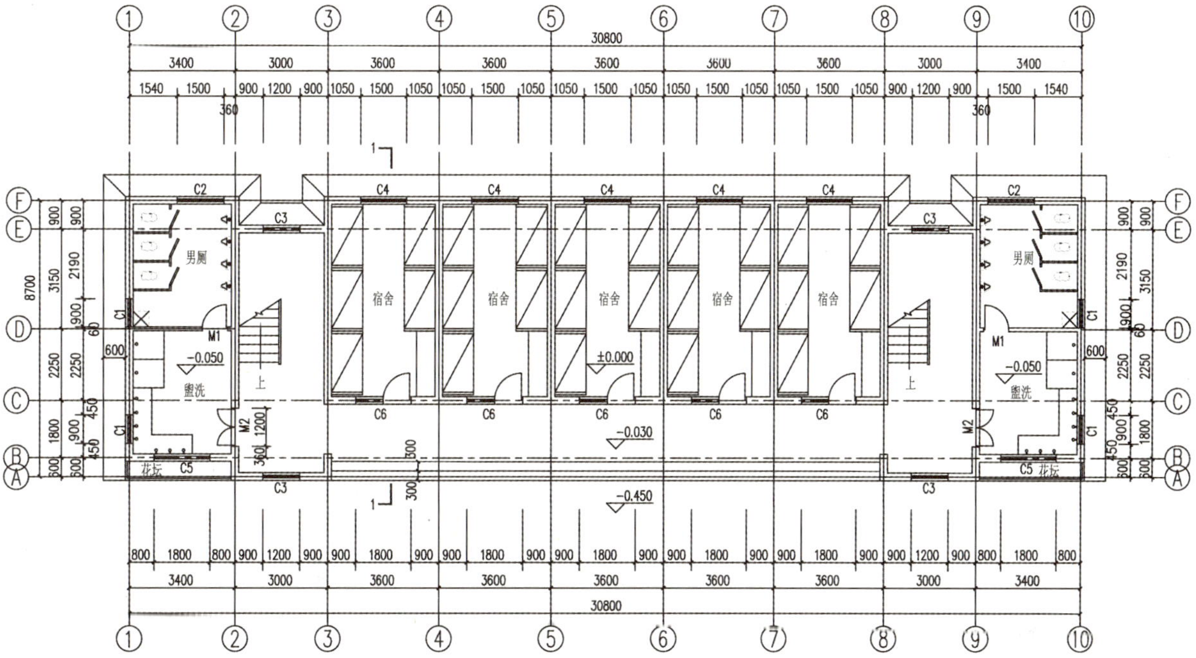

图 2-67　尺寸标注

◎ 综合实训一

1. 实训任务

根据本任务书及《房屋建筑制图统一标准》（GB/T 50001—2017）规范要求，绘制 A3 横式图框。

2. 实训目的

正确使用绘图命令进行图框的绘制，并在练习过程中学会合理分配右手、左手的操作。建立规范化操作的认知，培养学生良好的学习和软件操作习惯，培养学生的观察和总结能力。

3. 实训要求

按任务书要求绘制图框幅面线、图框线、标题栏（具体尺寸见标题栏详图）。

①采用横式幅面，绘制 A3 图框。

②图框基本线宽取值 1.0 mm。

③标题栏具体尺寸如图 2-68 所示。

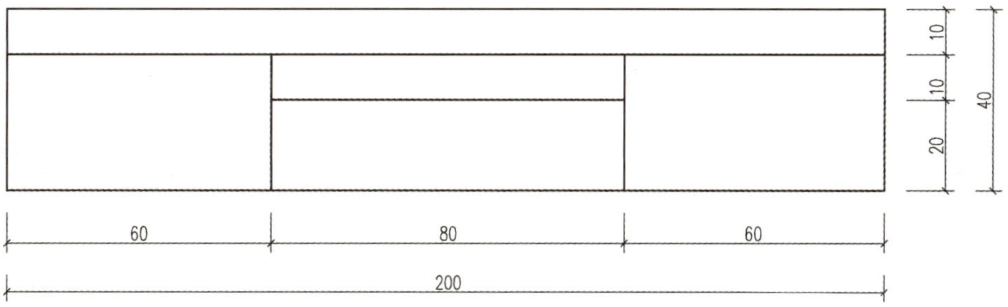

图 2-68　标题栏详图

④理论知识。

A. 规范幅面及图框尺寸。《房屋建筑制图统一标准》（GB/T 50001—2017）3.1.1 章节要求幅面及图框尺寸应符合表 2-6 中规定。

表 2-6 幅面及图框尺寸 单位：mm

尺寸代号	幅面代号				
	A0	A1	A2	A3	A4
$b \times L$	841 × 1 189	594 × 841	420 × 594	297 × 420	210 × 297
c	10			5	
a	25				

注：表中 b 为幅面短边尺寸，L 为幅面长边尺寸，c 为图框线与幅面线间宽度，a 为图框线与装订边间宽度。

B. 图框构成要素及其含义。《房屋建筑制图统一标准》（GB/T 50001—2017）3.2.1 章节中 A3 横式图框构成要素如图 2-69 所示。

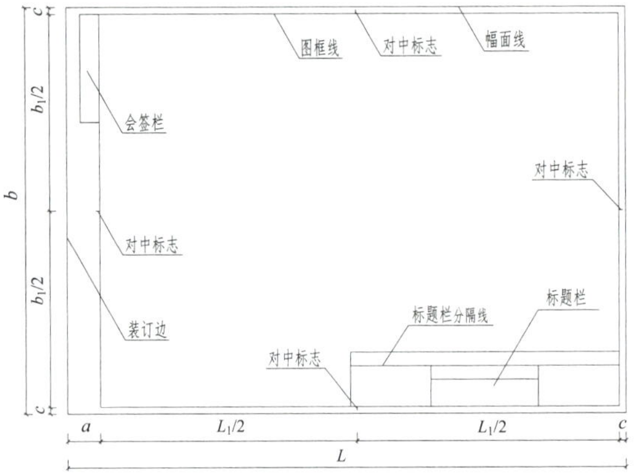

图 2-69 A3 横式幅面

C. 图框线宽选用原则。《房屋建筑制图统一标准》（GB/T 50001—2017）4.0.1 章节要求图框和标题栏线宽要符合下列规定。

图线的基本线宽 b 宜按照图纸比例及图纸性质从 1.4 mm、1.0 mm、0.7 mm、0.5 mm 线宽系列中选取。每个图样应根据复杂程度与比例大小，先选定基本线宽 b，再选用表 2-7 中相应的线宽组。

表 2-7 图框和标题栏线的宽度 单位：mm

幅面代号	图框线	标题栏外框线对中标志	标题栏分隔线幅面线
A0、A1	b	$0.5b$	$0.25b$
A2、A3、A4	b	$0.7b$	$0.35b$

⑤理论引导。根据图 2-70 所示，回答问题。

图中，A 代表 ____________，B 代表 ____________，C 代表 ____________。

A3 图框中：b 的长度为 __________ mm，L 的长度为 __________ mm，a 的长度为 __________ mm，c 的长度为 __________ mm。

若图框基本线宽 b 取值 1.0 mm，则 B 线宽为 __________ mm，A、D 线宽为 __________ mm，C 线宽为 __________ mm。

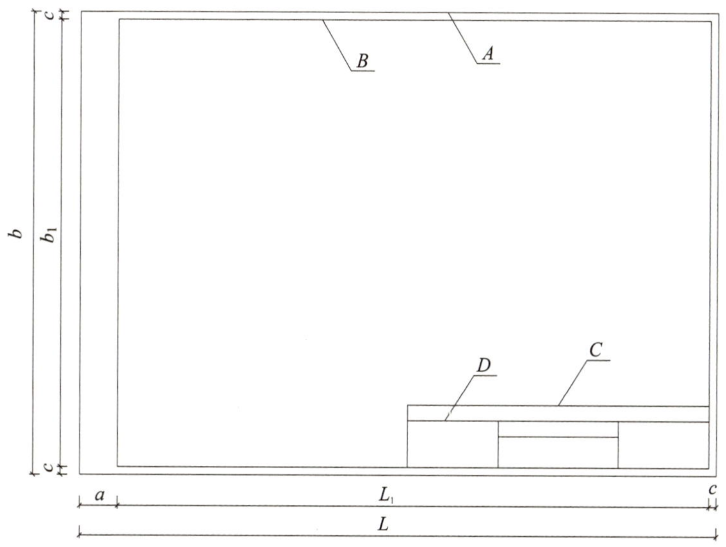

图 2-70 A3 图框示意图

◎ 综合实训二

1. 实训任务

参考附录 B“某学校一层平面图”图纸，根据《房屋建筑制图统一标准》（GB/T 50001—2017）规范要求，抄绘一层平面图。

2. 实训目的

正确使用相关命令绘制平面图，提高识图能力，增强规范操作意识，并在练习过程中逐渐提高绘图速度。

3. 实训要求

绘图比例 1 : 1，出图比例 1 : 100。其余要求如下，未明确部分按现行制图标准绘制。

（1）图层设置

图层设置见表 2-8。

表 2-8 图层设置

图层名称	颜色	线型	线宽
轴线	1	CENTER	0.15
墙体	2	连续	0.5
门窗	4	连续	0.2

续表

图层名称	颜色	线型	线宽
楼梯	5	连续	0.2
尺寸及标注	3	连续	0.2
汉字	7	连续	0.2
图框	135	连续	0.25
其他细线	8	连续	0.2

（2）文字样式设置

设置文字样式名为“汉字”，字体名为“仿宋”，宽度因子 0.7。

设置文字样式名为“非汉字”，字体名为“Simplex.shx”，宽度因子 0.7。

图纸内注释文字高度为 3.5 mm，图名文字高度为 7 mm。

（3）尺寸标注样式设置

尺寸标注样式名为“标注 100”；文字样式选用“非汉字”；箭头大小为 1.2 mm；尺寸界线超出尺寸线 2 mm；尺寸界线起点偏移量 5 mm；文字高度 3 mm；全局比例为 100。

（4）图框绘制

绘制完成后，套入 A3 横式图框。图框线宽要求细线 0.25 mm，中粗 0.5 mm，粗线 1.0 mm，细线的“线宽控制”随层，中粗线和粗线均采用“线宽控制”设置线宽。标题栏文字（属图框层）采用“汉字”样式，字高 3.5 mm。

项目3 建筑立面图的绘制

XIANGMU 3 JIANZHU LIMIANTU DE HUIZHI

【项目目标】

1. 素质目标

①培养学生遵循制图规范、严谨绘图的习惯。

②培养学生逻辑思维，确保绘图过程条理清晰。

③培养学生的责任心，保证图纸绘制质量。

2. 知识目标

①正确识读建筑立面图。

②掌握正确绘制建筑立面图的方法。

3. 能力目标

①能够结合平面图识读立面图有效尺寸信息，为绘制立面图做准备。

②能够熟练应用相关命令绘制建筑立面图。

【项目导入】

1. 项目概况

某校宿舍楼为一栋4层框架结构建筑，房屋层高3.3 m，主体总高度13.65 m，每层建筑面积268 m^2，总建筑面积1 072 m^2，占地面积310 m^2。每层有5间宿舍，每间宿舍开间3.3 m，进深6.0 m，建筑面积22.7 m^2，宿舍楼道两端分别设置楼梯及公共卫生间和盥洗室。

2. 绘制内容

某校宿舍楼立层平面图如图3−1所示，正确识读图纸，确定绘图内容，按照下列要求抄绘⑩～①轴立面图。

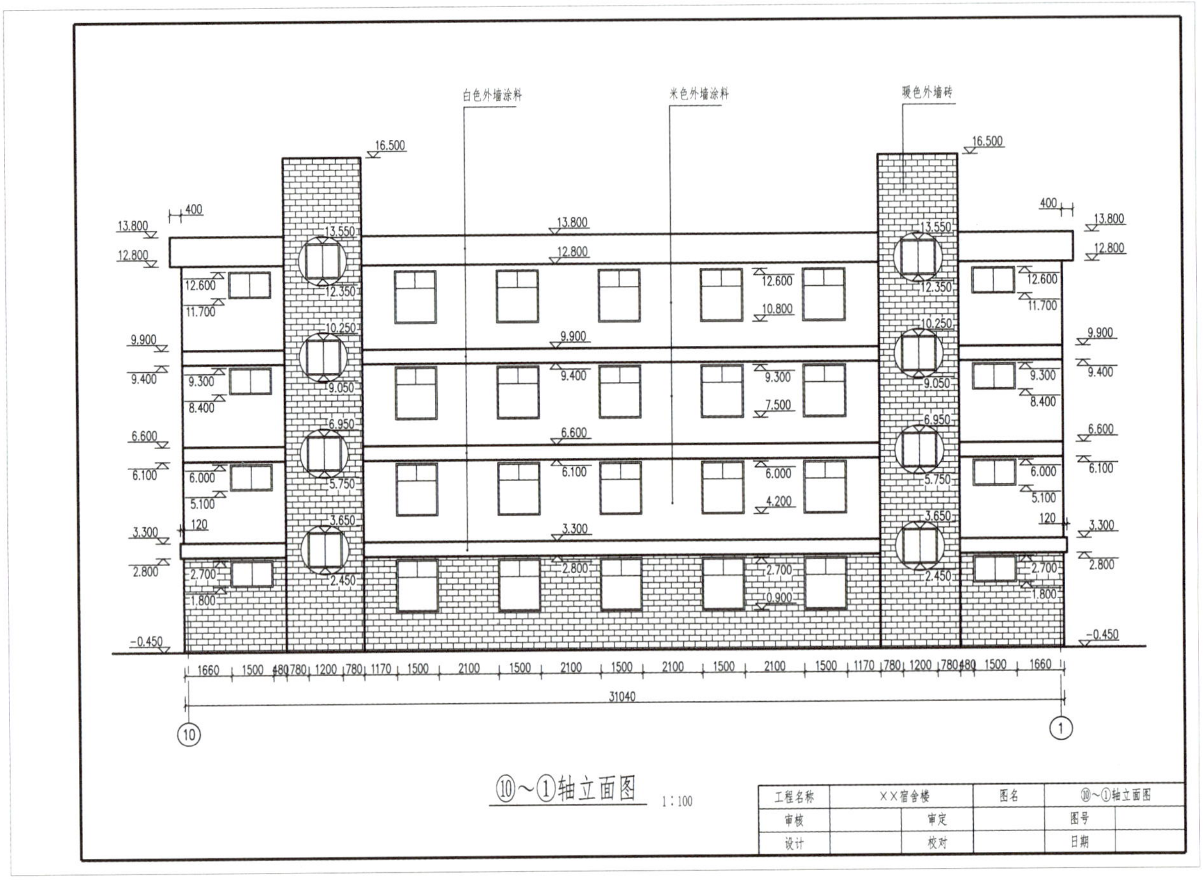

图 3-1　某校宿舍楼⑩～①轴立面图

3. 绘制要求

①绘图比例 1 : 1，出图比例 1 : 100。

②图层设置见表 3-1。

表 3-1　图层设置要求

图层名称	颜色	线型	线宽
轴线	1	CENTER	0.15
轮廓线	2	连续	0.5
门窗	4	连续	0.2
尺寸及标注	3	连续	0.2
汉字	7	连续	0.2
图框	135	连续	0.25
其他细线	8	连续	0.2

③文字样式设置。

设置文字样式名为“汉字”，字体名为“仿宋”，宽度因子 0.7。

设置文字样式名为“非汉字”，字体名为“Simplex.shx”，宽度因子 0.7。

图纸内注释文字高度为 3.5 mm，图名文字高度为 7 mm。

④尺寸标注样式设置。尺寸标注样式名为“标注100”；文字样式选用“非汉字”；箭头大小为1.2 mm；尺寸界线超出尺寸线2 mm；尺寸界线起点偏移量5 mm；文字高度3 mm；全局比例为100。

⑤图框绘制。

绘制完成后，套入A3横式图框。图框线宽要求细线0.25 mm，中粗0.5 mm，粗线1.0 mm，细线的“线宽控制”随层，中粗线和粗线均采用“线宽控制”设置线宽。

标题栏文字（属图框层）采用“汉字”样式，字高3.5 mm。

【项目分析】

1. 建筑立面图的地位作用

从建筑物的前后、左右等方向对建筑物各个立面所作的正投影图，称为建筑立面图，简称立面图。建筑立面图主要反映建筑物的立面外貌、各构配件的形状和相互关系，同时反映房屋的高度、层数，屋顶的形式，外墙面装饰的色彩、材料和做法，门窗的形式、大小和位置以及窗台、阳台、雨篷、檐口、勒脚、台阶等构造和配件各部位的标高等。

在施工过程中，建筑立面图主要用于室外装修，以表现房屋立面造型的处理。它是建筑及外装饰施工的重要图样。

2. 对接的赛证考核点

绘制建筑立面图是“建筑工程识图职业技能等级考试”和“全国职业院校技能大赛”必考题型，通常在第二题出现，题目通常会提供其他几个立面的立面图，通过识图和分析，绘制出要求部位的立面图。

3. 实施流程

实施流程为：细审题目→识读图纸→绘制图纸。

（1）细审题目

明确绘图内容，绘图要求等内容。

①问题1：题目中要求的绘图内容包含哪些？

____

____

②问题2：题目中对哪些绘图设置进行了要求？

____

____

③注意事项。

____

____

（2）识读图纸

识读定位轴线间距、外墙尺寸、门窗尺寸及定位、标高等内容。

①问题 1：立面图中各构件的尺寸？

②问题 2：立面图中各构件的位置？

③注意事项。

（3）绘制图纸

绘制定位轴线、地坪线和外轮廓线、门窗、外墙装修做法、台阶、标高等内容。

①流程 1：立面图绘制顺序？

②流程 2：图层如何设置？

③流程 3：定位轴线如何绘制？

④流程 4：门窗如何绘制？用到哪些命令？

⑤流程 5：尺寸标注和文字标写如何设置？

任务 3.1　绘制地坪线和外形轮廓线

3.1.1　任务目标

学习要求：通过本任务的学习，学生应掌握地坪线和外形轮廓线的绘制方法。
学习重点：外形轮廓线的绘制方法。
学习难点：绘制外形轮廓线。

3.1.2　任务指导

根据项目要求抄绘⑩ ~ ①轴立面图，首先要创建图层，然后采用直线命令、偏移命令绘制轴线、地平线和外轮廓线。

1. 创建图层

创建图层，详见本书 2.1.2 任务指导。

2. 绘制轴线、地平线和外轮廓线

详见本书 2.2.2 任务指导中直线命令、偏移命令操作方法。

»【小贴士】

在绘制立面图时要特别注意两点。

①定位轴线要绘制正确。定位轴线是绘制后续图形的基础，定位轴线间的距离一定要绘制正确，不然会导致整个立面图尺寸错误。

②清楚轮廓线与定位轴线的关系。轮廓线是要绘制的建筑物的外部轮廓线，定位轴线不能当作建筑物两侧的外轮廓线，外轮廓线还应在定位轴线的基础上加上半个外墙厚度。

3.1.3 任务训练

根据本任务所学内容，按照项目 3 绘制建筑立面图中的任务要求，绘制地平线和外轮廓线，绘制具体要求如下。

1. 图层创建

单击“图层”工具栏中的“图层特征管理器”按钮，参照“任务要求”中图层设置要求（具体要求见表 3-1），在对话框中设置立面图所需图层，如图 3-2 所示。

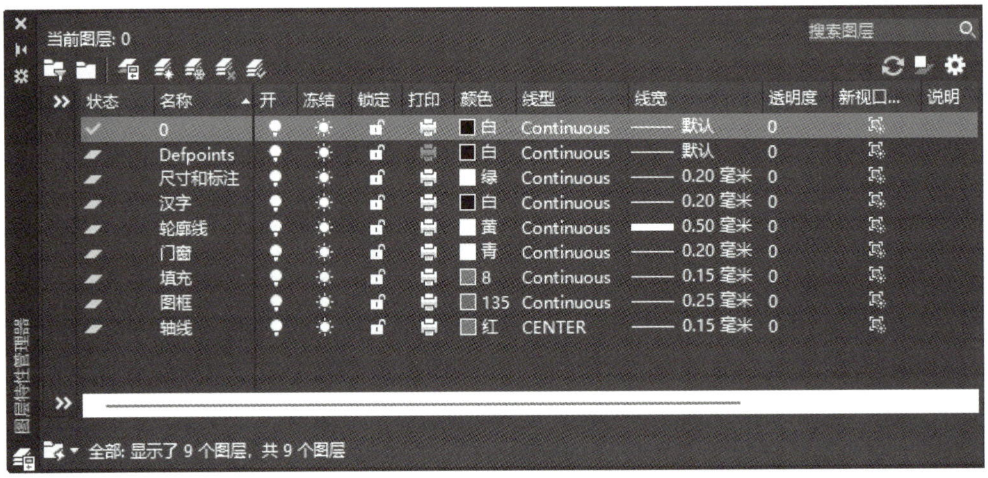

图 3-2 图层的创建

2. 地坪线和外形轮廓线绘制

由于建筑立面图是以人站在室外看建筑物的视角所绘制的图形，所以立面图首先要绘制室外地坪线及建筑物的外形轮廓线，具体步骤如下。

（1）绘制定位轴线

①打开某校宿舍楼建筑立面图“图层”工具栏，单击“图层特性管理器”命令按钮，单击“轴线”图层，然后单击“置为当前”按钮，将当前图层设置为“轴线”图层，如图 3-3 所示。

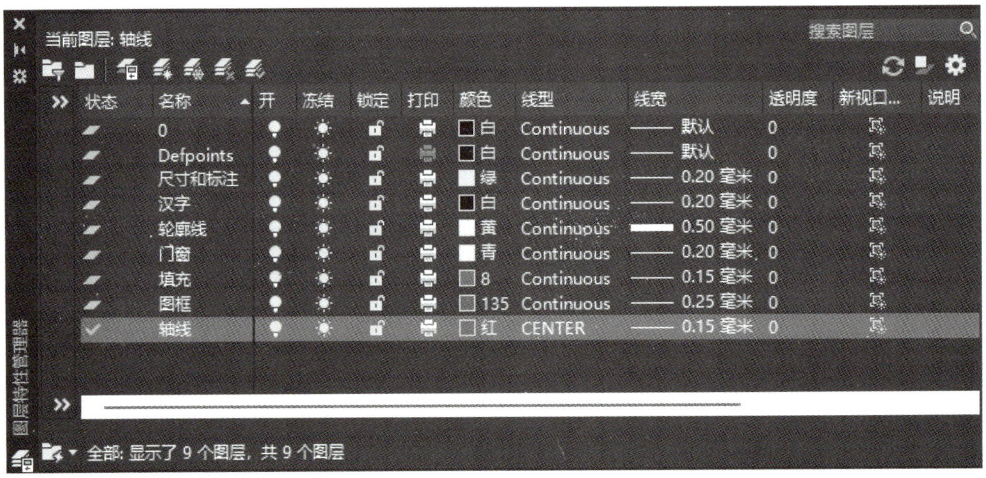

图 3-3 绘制轴线图层设置

②采用“直线”命令（快捷键“L”），在绘图区域任意绘制一条竖向直线作为⑩号轴线，查阅建筑平面图可知⑩～①轴之间距离为 30 800 mm，采用“偏移”命令（快捷键“O”），在⑩号轴线的基础上向右侧偏移 30 800 mm 生成①号轴线，如图 3-4 所示。

图 3-4　绘制定位轴线

（2）绘制地坪线

①打开某校宿舍楼建筑立面图“图层”工具栏，单击“图层特性管理器”命令按钮，单击“轮廓线”图层，然后单击“置为当前”按钮，将当前图层设置为“轮廓线”图层，如图 3-5 所示。

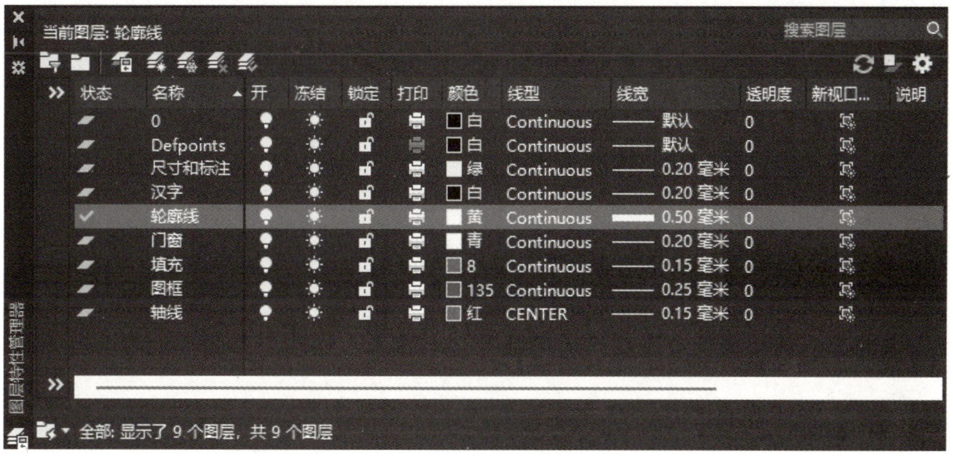

图 3-5　绘制地坪线图层设置

②采用“直线”命令（快捷键“L”），在绘图区域任意绘制一条水平直线作为地坪线，地坪线绘制长度可在⑩～①轴之间距离的基础上适当增长即可，例如：由建筑平面图可知⑩～①轴之间距离为 30 800 mm，考虑外墙墙厚及室外地坪线示意长度等因素，地坪线长度在此基础上增加 6 000 mm，即地坪线绘制长度为 36 800 mm，如图 3-6 所示。

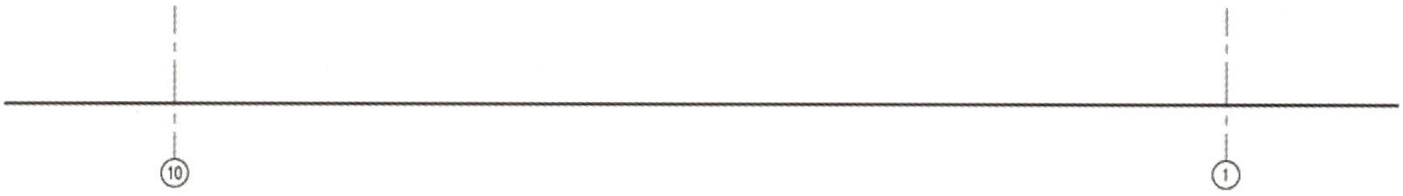

图 3-6　绘制地坪线

（3）绘制轮廓线

①从建筑平面图可知，宿舍楼外墙厚度为 240 mm，采用“直线”命令（快捷键“L”），根据⑩轴、①轴定位轴线位置，绘制两侧轮廓线。

②根据图示尺寸，采用“直线（L）”“偏移（O）”“修剪（TR）”等命令绘制其他轮廓线，如图 3-7 所示。

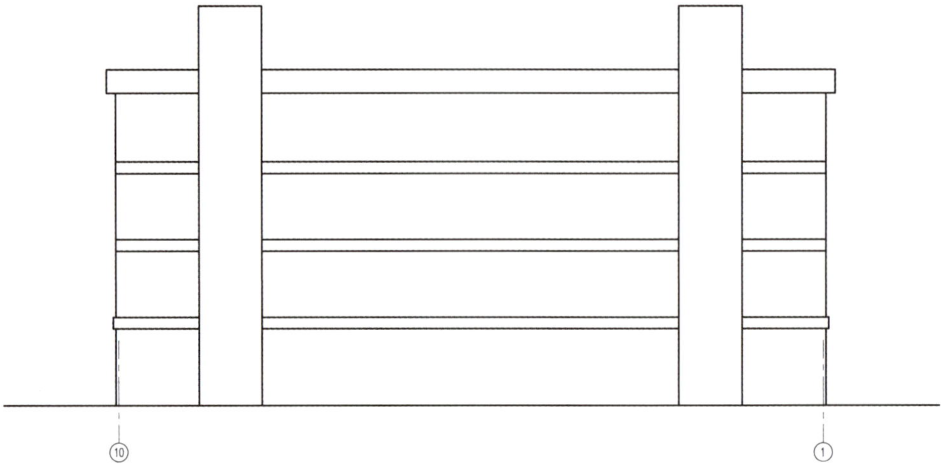

图 3-7 绘制轮廓线

绘制立面图轮廓线

任务 3.2 绘制门窗

3.2.1 任务目标

学习要求：通过本任务的学习，学生应掌握立面图中门窗的绘制方法。

学习重点：“阵列”命令中关于阵列距离的确定。

学习难点：运用“阵列”命令绘制门窗。

3.2.2 任务指导

1. 阵列命令

本项目中窗户的尺寸大小和排列均有一定规律，对于这种呈矩形均匀分布的相同图形，不用逐一绘制，可以通过“阵列”命令快速生成。根据阵列形状的不同，阵列可分为矩形阵列、环形阵列、路径阵列。

(1) 执行命令

①菜单栏：在菜单栏执行“修改（M）”→“阵列”命令。

②工具栏：在“修改”工具栏中单击“矩形阵列”按钮。

③命令行：在命令行输入“ARRAY（AR）”。

(2) 矩形阵列

矩形阵列将选定对象按指定行数、列数、间距形成矩形状的阵列图形，具体步骤如下。

①绘制阵列对象：通常绘制左下、左上、右下、右上四个角位的任意一个对象将其作为阵列对象。

②选择阵列对象：执行矩形阵列命令，依次对阵列列数、行数进行设置，并在设置后输入列偏移和行偏移。

»【小贴士】

在“列偏移”输入框中如果输入正值为向右阵列，如果输入负值为向左阵列；在“行偏移”输入框中如果输入正值为向上阵列，如果输入负值为向下阵列。

（3）环形阵列

环形阵列将选定对象均匀围绕中心点分布形成环形状的阵列图形，具体步骤如下。

①绘制阵列对象：通常绘制一个容易绘制的对象作为阵列对象，要保证该对象与中心点的位置关系正确。

②选择阵列对象：执行环形阵列命令，选择旋转中心点并设置环形阵列项目数量。

（4）应用示例

①利用“矩形阵列”命令，绘制如图 3-8 所示图形。

图 3-8　电视墙立面图

绘图过程命令行内容如图 3-9 所示。

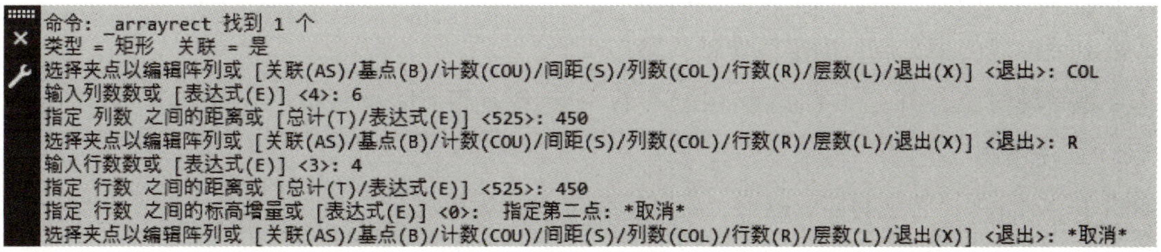

```
命令: _arrayrect 找到 1 个
类型 = 矩形  关联 = 是
选择夹点以编辑阵列或 [关联(AS)/基点(B)/计数(COU)/间距(S)/列数(COL)/行数(R)/层数(L)/退出(X)] <退出>: COL
输入列数数或 [表达式(E)] <4>: 6
指定 列数 之间的距离或 [总计(T)/表达式(E)] <525>: 450
选择夹点以编辑阵列或 [关联(AS)/基点(B)/计数(COU)/间距(S)/列数(COL)/行数(R)/层数(L)/退出(X)] <退出>: R
输入行数数或 [表达式(E)] <3>: 4
指定 行数 之间的距离或 [总计(T)/表达式(E)] <525>: 450
指定 行数 之间的标高增量或 [表达式(E)] <0>:  指定第二点: *取消*
选择夹点以编辑阵列或 [关联(AS)/基点(B)/计数(COU)/间距(S)/列数(COL)/行数(R)/层数(L)/退出(X)] <退出>: *取消*
```

图 3-9　矩形阵列命令行内容

②利用“环形阵列”命令，绘制如图 3-10 所示图形。

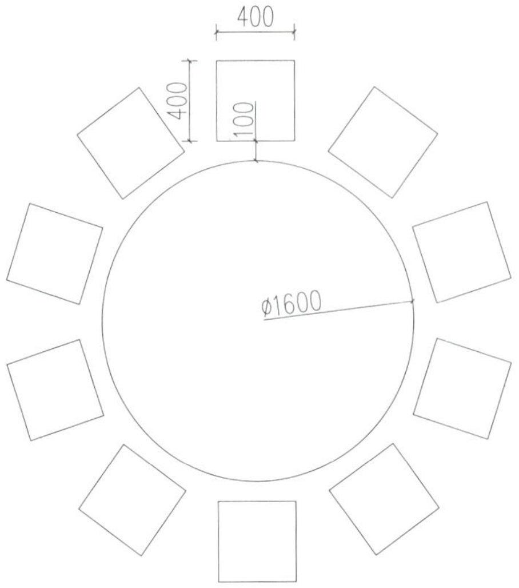

图 3-10　餐桌餐椅平面图

绘图过程命令行内容如图 3-11 所示。

```
命令: _arraypolar 找到 1 个
类型 = 极轴  关联 = 是
指定阵列的中心点或 [基点(B)/旋转轴(A)]:
选择夹点以编辑阵列或 [关联(AS)/基点(B)/项目(I)/项目间角度(A)/填充角度(F)/行(ROW)/层(L)/旋转项目(ROT)/退出(X)] <退出>: I
输入阵列中的项目数或 [表达式(E)] <6>: 10
选择夹点以编辑阵列或 [关联(AS)/基点(B)/项目(I)/项目间角度(A)/填充角度(F)/行(ROW)/层(L)/旋转项目(ROT)/退出(X)] <退出>:
选择夹点以编辑阵列或 [关联(AS)/基点(B)/项目(I)/项目间角度(A)/填充角度(F)/行(ROW)/层(L)/旋转项目(ROT)/退出(X)] <退出>: *取消*
```

图 3-11　环形阵列命令行内容

2. 镜像命令

对于对称的图形，可以只绘制一半，然后采用“镜像”命令生成与其对称的另一部分，提高绘图效率。

（1）执行命令

①菜单栏：在菜单栏执行“修改（M）”→“镜像（I）”命令。

②工具栏：在“修改”工具栏中单击“镜像”按钮。

③命令行：在命令行输入“MIRROR（MI）”。

（2）选项和参数说明

①指定镜像线的第一点：确定镜像轴的第一点。

②指定镜像线的第二点：确定镜像轴的第二点。

③要删除源对象吗 ?[是（Y）/ 否（N）]<N>：选择是否删除源对象，Y 为删除，N 为保留。

（3）应用示例

如图 3-12 所示，已绘制部分图形，将其镜像复制成完整图形。

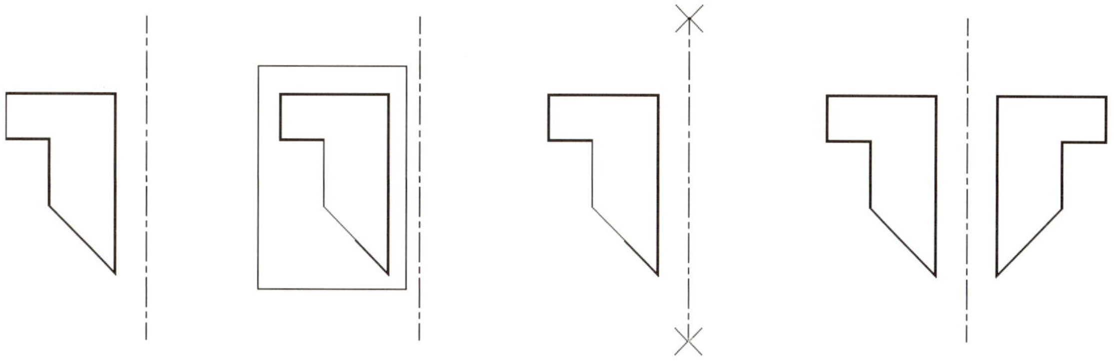

（a）已绘图形　（b）选择对象　（c）指定镜像线　（d）镜像结果

图 3-12　镜像复制对象

操作提示如下。

①执行“直线”命令，绘制图 3-12（a）中所示图形。

②选择左侧图形（图 3-12（b）），执行“镜像”命令。

③指定镜像线的两个端点（图 3-12（c）），得到如图 3-12（d）所示图形。

»【小贴士】

在熟练掌握“镜像”命令后，可利用图上现有特征点作为镜像线的端点，无需画出镜像线即可完成“镜像”命令。

3. 复制命令

对图形中相同的对象，只需绘制完成一个，可以通过复制命令生成其他相同的对象。

（1）执行命令

①菜单栏：在菜单栏执行“修改（M）”→“复制（Y）”命令。

②工具栏：在“修改”工具栏中单击“复制”按钮。

③命令行：在命令行输入“COPY（CO/CP）”。

（2）选项和参数说明

①指定基点：复制对象的参考点。

②位移（D）：源对象和目标对象之间的位移矢量。

③模式（O）：设置单一复制或多重复制。

④指定第二个点：指定第二个点来确定位移矢量，第一点为基点。

⑤退出（E）：结束操作。

⑥放弃（U）：放弃前一次复制。

（3）应用示例

已绘制出一个圆形，按照图示尺寸，复制出其他圆形，如图 3-13 所示。

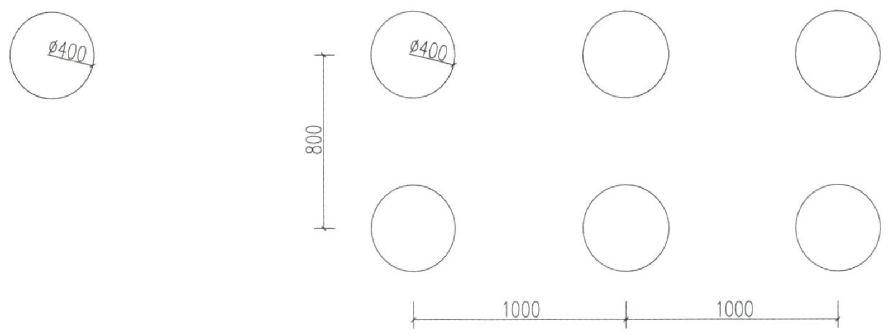

(a) (b)

图 3-13 复制命令应用

操作提示如下。

①执行“圆”命令，绘制图 3-13（a）所示直径为 400 的圆。

②选择该圆形，执行“复制”命令，选择任意一点为复制基点。

③向该圆右侧进行复制，输入复制距离 1 000，再将绘制出的圆向下侧复制，输入复制距离 800，得到如图 3-13（b）所示图形。

4. 移动命令

使用“移动”命令可将所选择对象移动到指定位置。

（1）执行命令

①菜单栏：在菜单栏执行“修改（M）”→“移动（V）”命令。

②工具栏：在“修改”工具栏中单击移动按钮。

③命令行：在命令行输入“MOVE（M）”。

（2）选项和参数说明

①指定基点：指定移动的起点。

②指定第二点：指定移动的第二点，系统以从基点到第二点的矢量作为位移矢量平移对象。当用鼠标指针在屏幕上指定第二点时，屏幕上会显示拖曳线。

③位移：指定移动的相对距离和方向。若在“指定第二点：”提示后按 Enter 键“↙”，则以从原点到基点的矢量作为位移矢量平移对象。

（3）应用示例

将圆形移动到矩形中心，要求圆心与矩形型心重合，如图 3-14 所示。

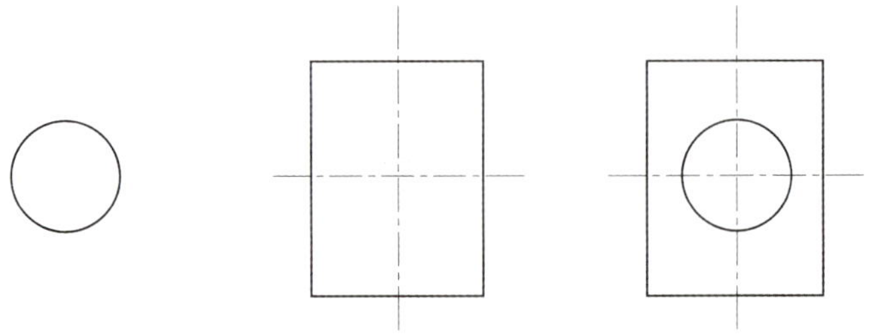

(a)选择对象指定基点　(b)指定第二点　(c)平移结果

图 3-14 对象的移动

操作提示如下。

①选择图 3-14（a）中的圆形，执行“移动”命令，选择该圆圆心为移动基点。

②指定图 3-14（b）矩形的中心点为移动的第二点，即将图 3-14（a）中圆形移动到图 3-14（b）矩形的中心点上。

③退出“移动”命令，得到图 3-14（c）所示图形。

»【小贴士】

在“复制”和“移动”命令中，选择合理的基点可以起到事半功倍的效果。

3.2.3　任务训练

根据本任务所学内容，按照项目 3 绘制建筑立面图中的任务要求，绘制窗户，绘制具体要求如下。

①结合平面图和立面图的信息，用直线、偏移、圆命令绘制窗，如图 3-15 所示。

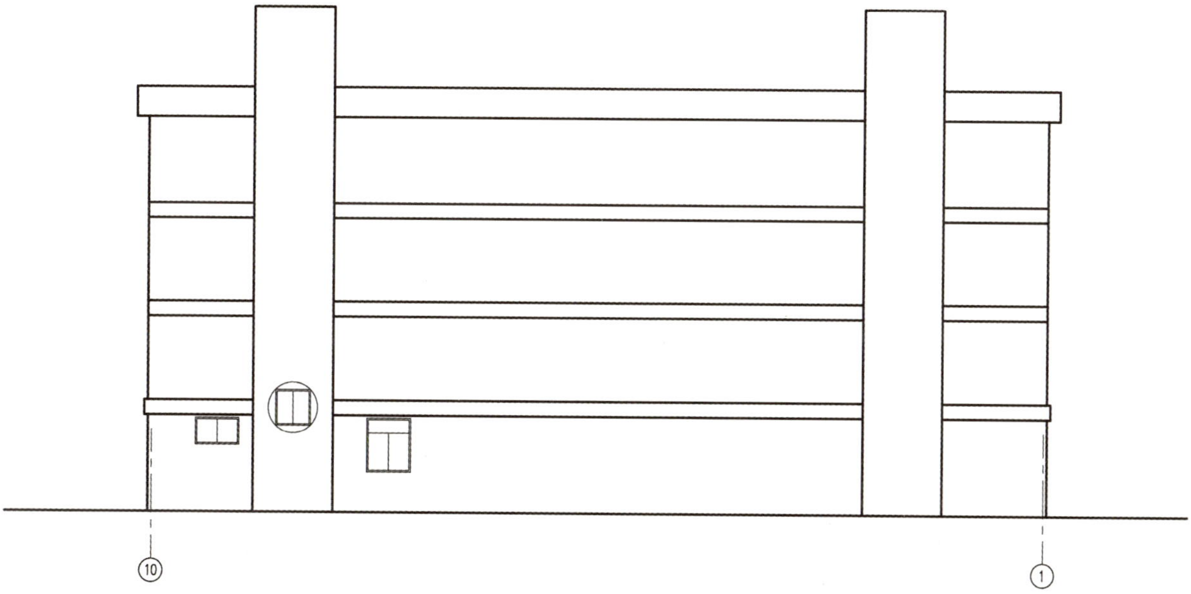

图 3-15　绘制窗（1）

②使用“矩形阵列”命令生成其余窗，如图 3-16 所示。

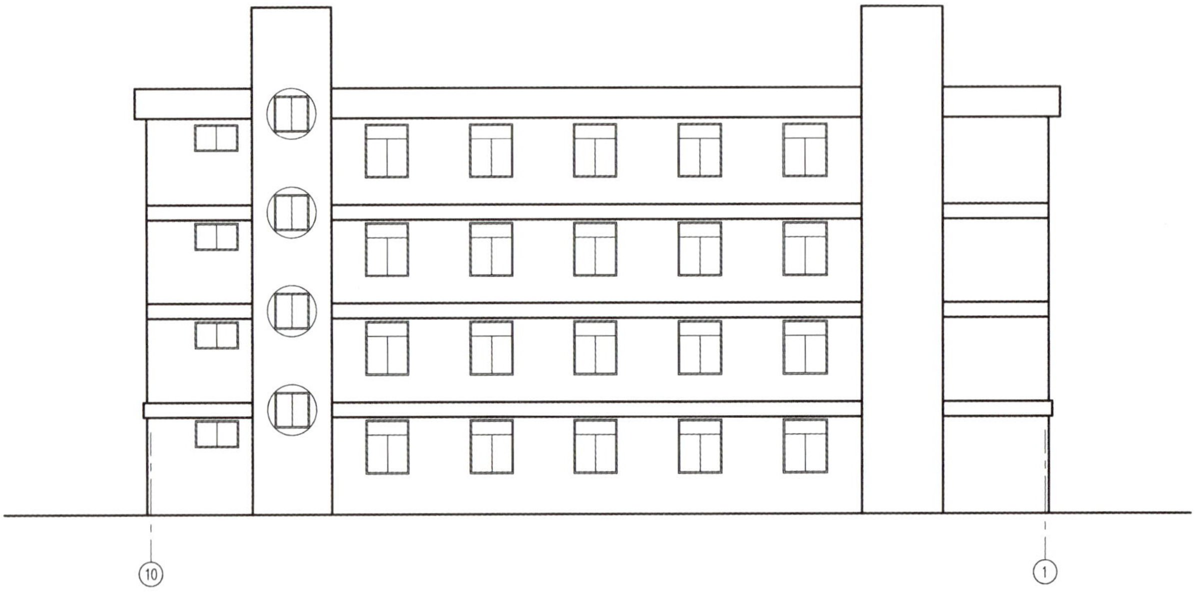

图 3-16 绘制窗（2）

③使用“镜像”命令、生成其余窗，如图 3-17 所示。

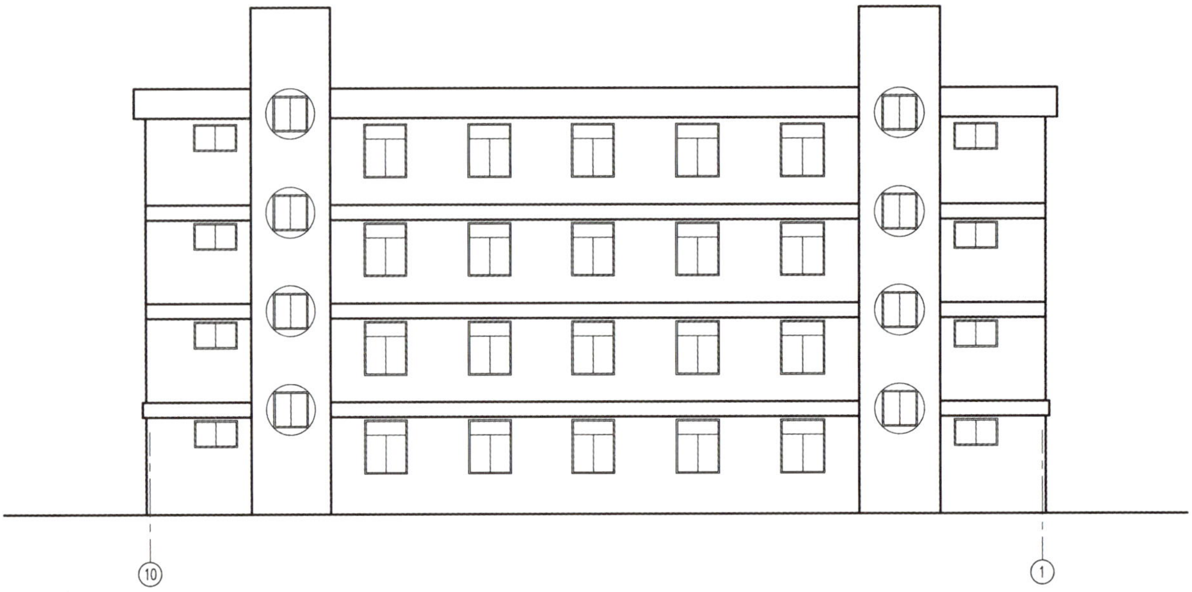

图 3-17 立面图中窗的绘制

绘制立面图窗

任务 3.3　标高注写

3.3.1　任务目标

学习要求：通过本任务的学习，学生应掌握创建和编辑图块的方法，能够创建并利用图块快速绘制图形；掌握图块的插入方法。

学习重点：创建和编辑图块的方法。

学习难点：创建和利用图块快速绘制图形。

3.3.2　任务指导

1. 旋转命令

旋转命令可将某一对象绕指定基点（旋转中心）旋转到一定角度或参照对象进行旋转。

（1）执行命令

①菜单栏：在菜单栏执行“修改（M）”→“旋转（R）”命令。

②工具栏：在“修改”工具栏中单击“旋转”按钮。

③命令行：在命令行输入“ROTATE（RO）”。

（2）选项和参数说明

①指定基点：指定旋转中心。

②指定旋转角度：输入角度值或者在屏幕上指定一点。当输入角度值时，正值表示按逆时针方向旋转对象，负值表示按顺时针方向旋转对象。当在屏幕上指定一点时，基点到指定点连线的倾斜角度即为旋转角度。

③参照：参照需要指定绝对角度（参照角），将对象从指定旋转角度旋转到指定的绝对角度。

④指定参照角：如果采用参照方式，需指定参照角。指定参照角时可直接输入角度值，也可指定两点由两点连线的角度确定参照角的值。

⑤指定新角度 [点（P）]：如果输入新角度值，该值为指定的旋转绝对角度值。如果输入点坐标或单击确定点位置，则以指定参照角的第一个点到该点连线的角度作为新角度。

⑥复制：使用该选项时，需要将要旋转的选定对象进行复制，再将复制对象进行旋转。

（3）应用示例

使用“旋转”命令将图 3-18（a）所示图形变换成图 3-18（b）所示图形。

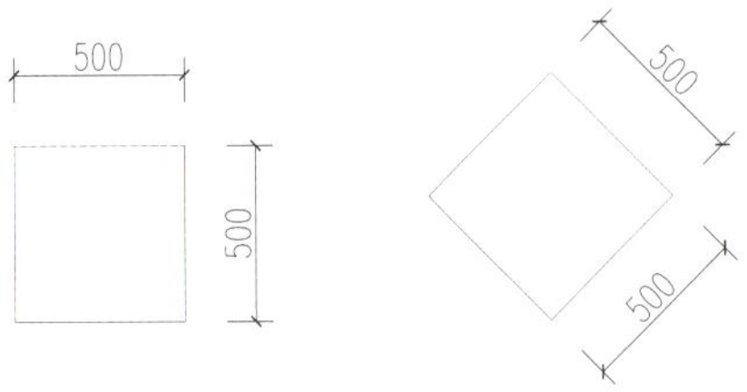

（a）　　（b）

图 3-18　“旋转”命令应用实例

操作提示如下。

①执行“矩形”命令，绘制图 3-18（a）所示矩形。

②选择该矩形，执行“旋转”命令，并指定矩形右下角为旋转基点。

③输入旋转角度为 −45°（此处为顺时针旋转），即得到图 3-20 所示图形。

2. 图块命令

图块是一组图形对象的集合，一组图形对象组合成图块，则组对象就被赋予一个块名，用户可以根据作图需要用这个块名将该组对象插入到图中任意指定的位置，而且在插入时还可以指定不同的比例系数和旋转角度。

在工程制图中，经常要画一些常用的图形符号，比如标高。如果将这些经常出现的图形定义成块，存放在一个图形库中，在绘制图形时，就可以用插入块的方法绘制这些图形，这样可以避免大量的重复工作，提高绘图的速度与质量。

（1）创建图块

①执行命令。

A. 菜单栏：在菜单栏执行“绘图（D）”→“块（K）”→“创建（M）”命令。

B. 工具栏：在“绘图”工具栏单击“创建块”按钮。

C. 命令行：在命令行输入“BLOCK”。

执行该命令后，AutoCAD 将打开“块定义”对话框，如图 3-19 所示。

②操作说明。

该对话框中包含块的名称、基点区、对象区、方式区、设置区、说明等。

③选项和参数说明。

A.“名称（N）”下拉列表：输入将要定义的块的名称，或从当前图形中所有的块名列表中选择一个。块名可长达 255 个字符，名称中可包含字母、数字、空格、和“$”“—”“-”等在 Windows 和 AutoCAD 中无其他用途的特殊字符。

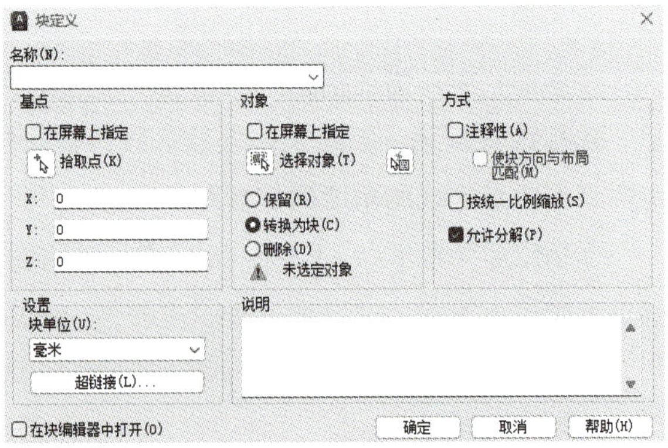

图 3-19　“块定义”对话框

B.“基点”选项组：在该选项组中指定块插入时的基点。用户可以直接在 X、Y 和 Z 文本框中输入插入基点的坐标值，也可以单击“拾取点（K）”按钮，切换到绘图窗口，在“指定插入基点：”的提示下指定一点作为块插入的基点后，AutoCAD 便又返回到“块定义”对话框。

块插入的基点既是块插入时的基准点，也是块插入时旋转或缩放的中心点。为了作图的方便，基点一般选在块的中心、左下角或其他特征点。

C.“对象”选项组：该选项组用于指定组成块的对象及其处理方式。选择对象有以下两种方式。

a.“选择对象（T）”按钮：单击此按钮，AutoCAD 临时切换到绘图窗口，用户可用各种对象选择方法选择要定义成块的对象。选择结束后，按 Enter 键返回到“块定义”对话框。

b.“快速选择”按钮：单击“选择对象（T）”右侧的“快速选择”按钮，AutoCAD 将弹出“快速选择”对话框。

对已选择的组成块的原始对象有以下 3 种处理方式。

（a）“保留（R）”单选按钮：选择此按钮，AutoCAD 将在图形中保留已组成块的原始对象。

（b）“转换为块（C）”单选按钮：选择此按钮，AutoCAD 将把组成块的原始对象转换成图块并保留在图形中。

（c）“删除（D）”单选按钮：选择此按钮，AutoCAD 将在图形中删除已组成块的原始对象。

D.“方式”选项组：指定组成块的对象的显示方式。

a.“注释性（A）”复选框：指定块为注释性，用来适应不同比例的视口。

b.“按统一比例缩放（S）”复选框：该复选框如果被选中，则强制在 3 个坐标方向采用相同的比例因子插入块，否则允许沿各坐标轴方向采用不同比例缩放块图形。

c.“允许分解（P）”复选框：该复选框如果被选中，则插入块的同时块被分解，即分解成组成块的各基本对象。

E.“设置”选项组：设置块的基本属性。

a.“块单位（U）”下拉列表：指定插入块时的插入单位。

b.“超链接（L）...”按钮：单击此按钮，AutoCAD 将打开“插入超链接”对话框，通过此建立一个超链接，并与块定义相关联。

F.“说明”文本框：用户可以在此编辑区中，输入一些与块定义相关的描述信息，供显示和查找使用。

④应用示例。

绘制如图 3-20 的标高符号。

绘制要求：绘制标高符号，其图形中等腰直角三角形 H=3 mm。

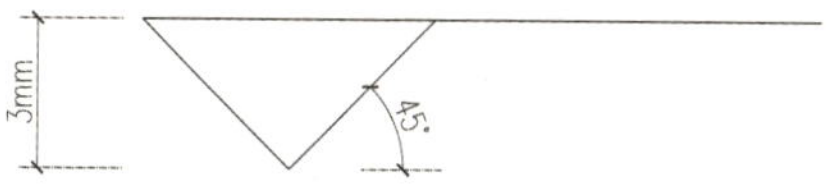

图 3-20　标高符号

操作提示如下。

A. 打开“极轴追踪”功能，并将“增量角”设置为 45°。

B. 执行“直线”命令，绘制与水平呈 45° 的斜线。

C. 执行“直线”命令，绘制等腰直角三角形的高 H=3 mm，然后再绘制三角形的底边，结果如图 3-20 所示。

（2）定义属性

①执行命令。

A. 菜单栏：在菜单栏执行“绘图（D）”→“块（B）”→“定义属性（D）”命令。

B. 命令行：在命令行输入“ATTDEF（ATT）”

执行该命令后，AutoCAD 将打开“属性定义”对话框，如图 3-21 所示。

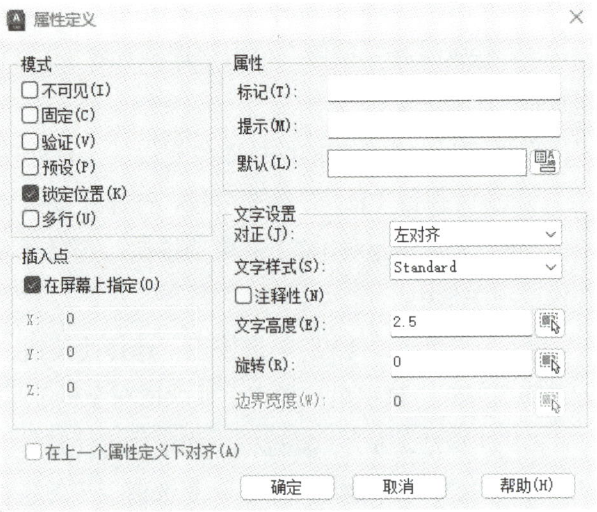

图 3-21 “属性定义”对话框

②选项说明。

A.“模式”选项组。该选项组用于设置属性的模式。

a.“不可见（I）”复选框：该选项设置属性为不可见方式，即块插入后，属性值在图中不显示出来。

b.“固定（C）”复选框：该选项设置属性为恒值方式，即属性值在属性定义时给定，并且不能被修改。

c.“验证（V）”复选框：该选项设置属性为验证方式，即块插入时输入属性值后，AutoCAD 会要求用户再确认一次输入值的正确性，重要的属性值须设成“验证”。

d.“预设（P）”复选框：该选项设置属性值为预置方式，当插入块时，不请求输入属性值，而是自动填写其缺省值。与“固定（C）”选项类似，不同之处在于用户可以修改属性值。

e.“锁定位置（K）”复选框：该选项设置块的定位方式，即固定插入块的坐标位置。

f.“多行（U）”复选框：该选项设置属性为多段文字方式，即用多段文字来标注块的属性值。

B.“属性”选项组。该选项组用于确定属性的标记、提示及缺省值。

a.“标记（T）”文本框：输入属性标记。标记就是属性提取时用的标识，类似数据库系统中的字段名，如房号、粗糙度、图名等。

b.“提示（M）”文本框：输入属性提示，在插入块时，AutoCAD 提示用户输入属性值的提示信息。

c.“默认（L）”文本框：输入属性插入时的默认值。

C.“插入点”选项组。该选项组用于确定属性值的插入点，即属性文字排列的参考点。指定插入点后，AutoCAD 以该点为参考点，按照在“文字设置”选项区中“对正”下拉列表框确定的文字对齐方式设置属性值。用户可以直接在 X、Y、Z 文本框中输入参考点的坐标值，也可以选中“在屏幕上指定（O）”复选框，以便通过图形显示窗口指定参考点。

D.“文字设置”选项组。

a.“对正（J）”下拉列表：确定属性文本在“插入点”选项区中确定的参考点的排列形式。用户可通过下拉列表选择各种文字对齐方式。

b.“文字样式（S）”下拉列表：确定属性文本的样式。

c.“注释性（N）”复选框：指定属性为注释性，如果块是注释性的，则属性则与块的方向相匹配。

d.“文字高度（E）”文本框及按钮：确定属性文本字符的高度。

e.“旋转（R）”文本框及按钮：确定属性文本行的倾斜角度。

E.“在上一个属性定义下对齐（A）”复选框。当定义多个属性时，选中该复选框，表示当前属性将采用上一个属性的文字样式、字高及倾斜角度，且另起一行按上一个属性对正方式排列。选中该复选框后，“插入点”与“文字设置”选项区均已灰色显示，即不能再通过它们进行设置了。

（3）创建标高符号块

①执行命令。

执行“BLOCK”命令，AutoCAD 打开“块定义”对话框，如图 3-22 所示。

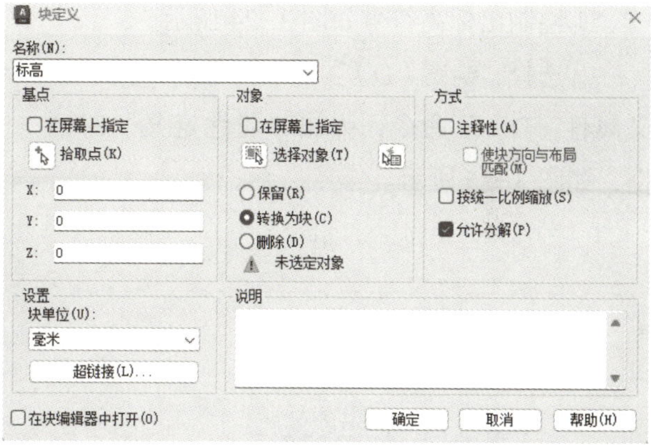

图 3-22 “块定义”对话框的设置

②选项说明。

A. 在“名称（N）”下拉列表框输入块名“标高”。

B. 在“基点”选项区单击“拾取点（K）”按钮，然后拾取点 A，确定了基点的位置。

C. 在“对象”选项组中选择“转换为块（C）”单选按钮，再单击“选择对象（T）”按钮，选择标高符号图形，按键返回到“块定义”对话框。

D. 在“块单位（U）”下拉列表中选择“毫米”选项，将单位设置为毫米。

E. 设置完毕，单击“确定”按钮，完成定义。

（4）插入块

插入块是指将块或已有的图形插入当前文件，在插入的同时还可以改变插入图形的比例因子和旋转角度。

执行命令如下。

①菜单栏：在菜单栏执行“插入（I）”→“块（B）”命令。

②按钮：在“绘图”工具栏单击“插入块”按钮。

③命令：在命令行输入“INSERT”。

执行该命令后，AutoCAD 将打开“插入”对话框，如图 3-23 所示。

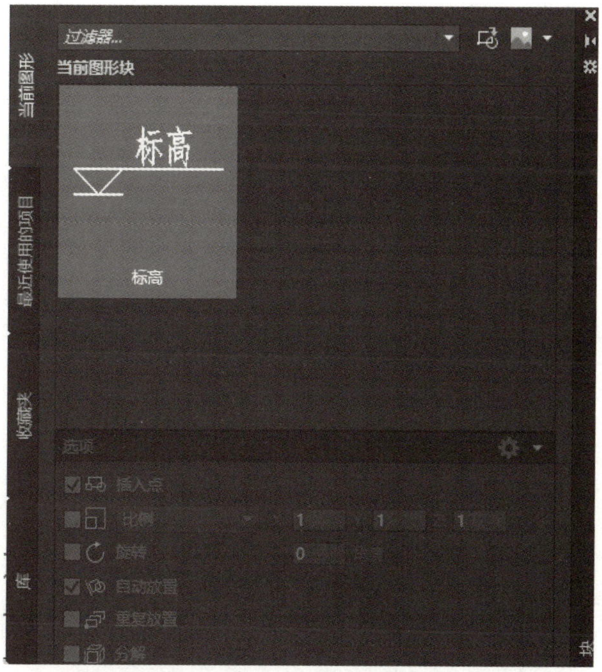

图 3-23 “插入”对话框

»【小贴士】

为达到图纸美观的目的，标高中数字的字体及字高应与图面上的其他数字相统一。

3.3.3 任务训练

根据本任务所学内容，按照项目 3 绘制建筑立面图中的任务要求，进行标高注写，具体要求如下。

①绘制出标高符号如图 3-24 所示。

②选择“绘图（D）”→“块（K）”→“定义属性（D）”命令，弹出“属性定义”对话框，如图 3-25 所示。

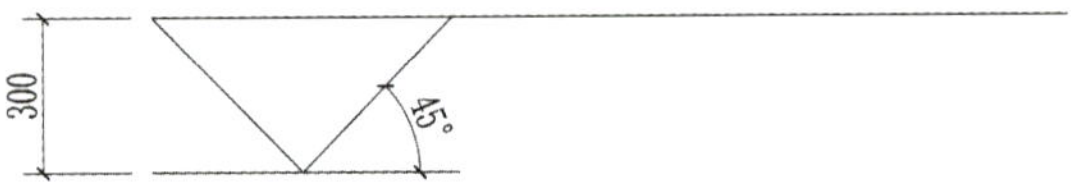

图 3-24 绘制标高符号

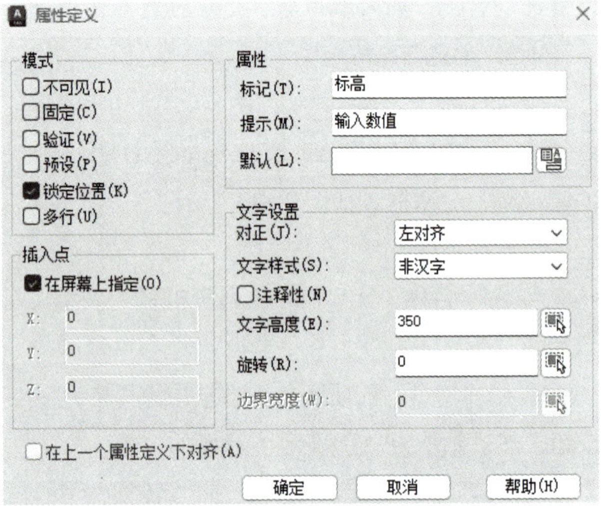

图 3-25 “属性定义”对话框

③设置完成后单击“确定”按钮，命令行会提示指定起点，拾取图形起点为文字插入点，如图 3-26 所示。

④创建图块，工程图中都有标高标注，将其创建为外部块保存，如图 3-27 所示。

图 3-26 创建属性

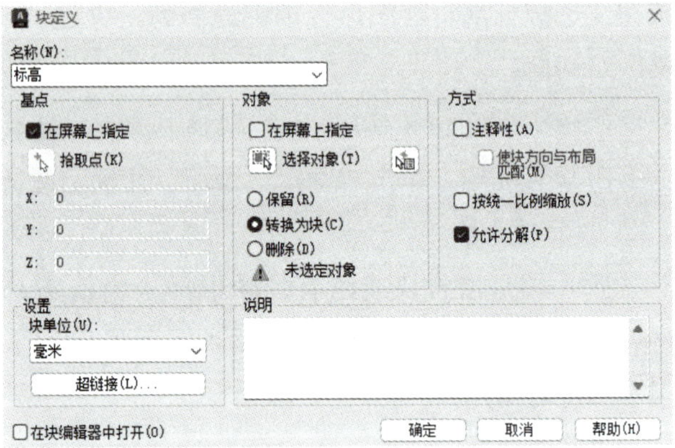

图 3-27 创建“标高”图块

⑤单击“确定”按钮，弹出“编辑属性”对话框，单击“确定”按钮，完成图块的创建，如图 3-28 所示。

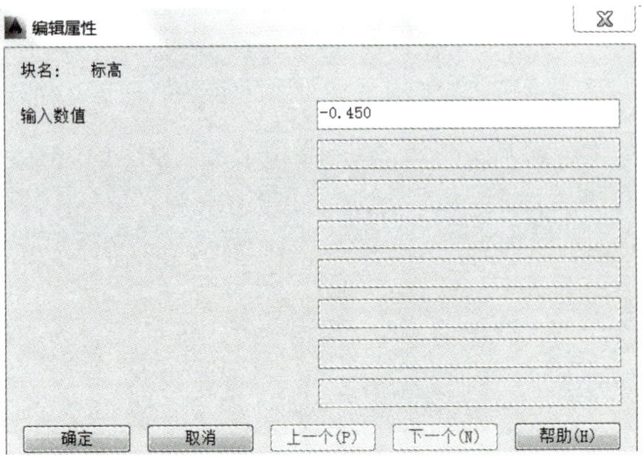

图 3-28 完成标高图块创建

按照项目 3 绘制建筑立面图中的绘制要求，完成标高注写。如图 3-29 所示。

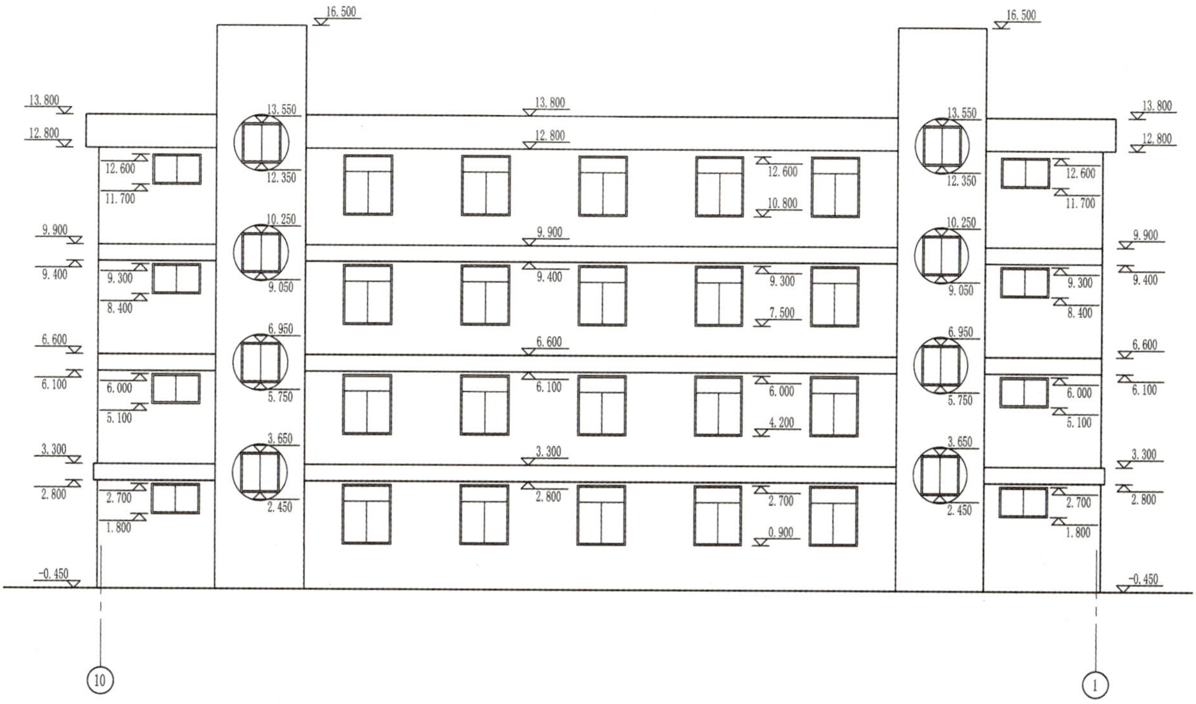

图 3-29　完成立面图标高注写

立面图标高注写

任务 3.4　外墙填充、文字注写、尺寸标注

3.4.1　任务目标

学习要求：通过本任务的学习，学生应掌握图案填充的方法。

学习重点：图案填充的方法以及编辑填充图案的方法。

学习难点：图案填充。

3.4.2　任务指导

图案填充一般需要先创建填充边界，以确定填充区域；然后根据工程实际要求选择不同的图案进行区域填充。“HATCH”命令可以设置填充边界和选择填充图案。

1. 执行命令

①菜单栏：在菜单栏执行“绘图（D）”→“图案填充（H）”命令。

②工具栏：在“绘图”工具栏单击“图案填充”按钮。

③命令行：在命令行输入“HATCH（H）”。

2. 选项说明

执行“HATCH”命令，系统将弹出“图案填充和渐变色”对话框，如图 3-30 所示。

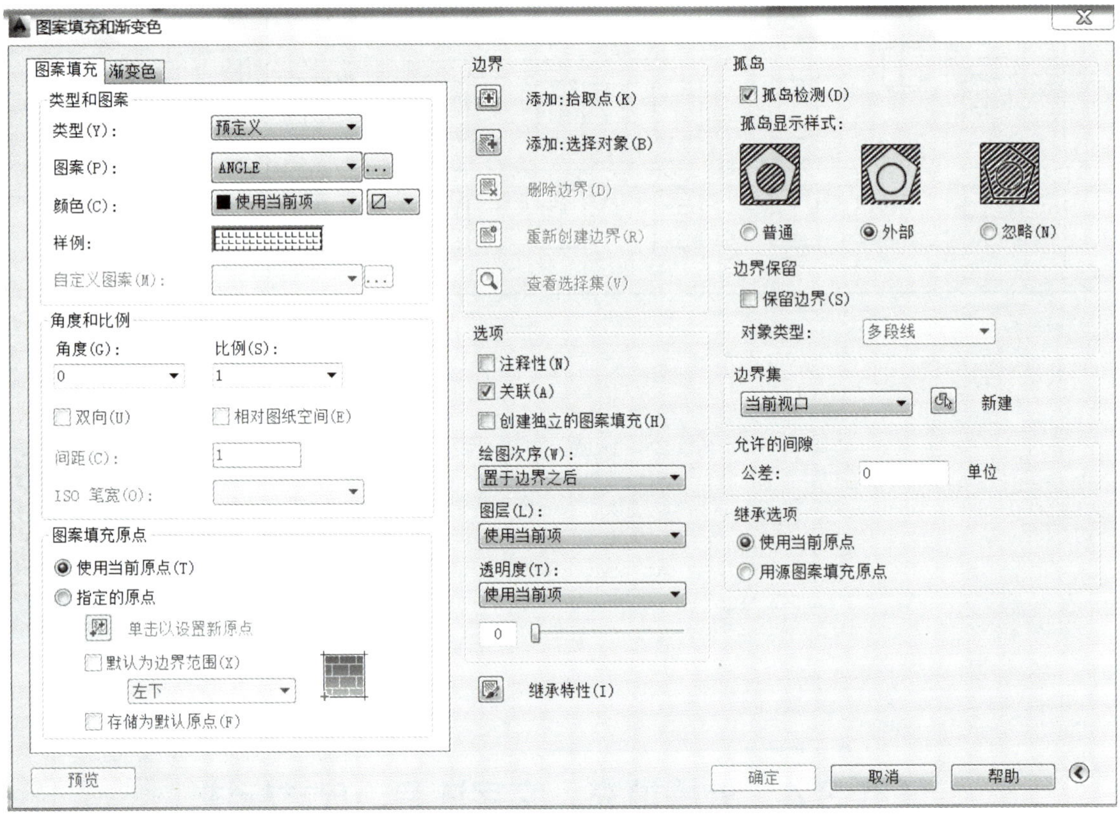

图 3-30 “图案填充和渐变色”对话框

（1）“类型和图案”选项组

在选项组中用于指定填充图案的类型和具体图案，各选项功能如下。

①“类型（Y）”下拉列表：设置图案的类型。列表中有“预定义”“用户定义”和“自定义”三个选项。其中“预定义”图案是 AutoCAD 提供的图案，这些图案存储在图案文件 acad.pad 或 acadiso.pat 中（图案定义文件的扩展名为 .pat）。“用户定义”图案由一组平行线或相互垂直的两组平行线组成，其线型采用当前图形中的线型。“自定义”图案表示使用在自定义图案文件（用户可以单独定义图案文件）中定义的图案。

②“图案（P）”下拉列表：列出了有效的预定义图案，供用户选择。只有在“类型（Y）”下拉列表中选择“预定义”选项，该下拉列表才可使用。用户可以从该下拉表框中根据图案名来选择图案，也可以单击其后的按钮，在打开的“填充图案选项板”对话框（图 3-31）中选择要填充的图案。预览图标的图像就是图案的形状，同时显示了该图案的名称。

③“颜色（C）”下拉列表：选择使用填充图案的颜色。

④“样例”预览窗口：显示所选定图案的预览图像。单击该框，也会打开如图 3-31 所示的“填充图案选项板”对话框。

⑤“自定义图案（M）”下拉列表：列表中列出可用的自定义图案，供用户选择。列表顶部将显示 6 个最近使用的自定义图案。只有在“类型（Y）”下拉列表框中选择了“自定义”选项，“自定义图案”下拉列表框才有效。

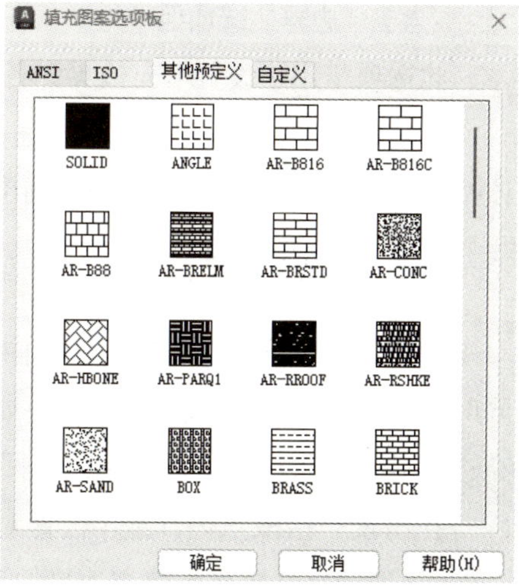

图 3-31 填充图案选项板

（2）“角度和比例”选项组

此选项组用于设置用户定义类型的图案填充的角度和比例参数，各选项功能如下。

①“角度（G）”下拉列表：设置图案填充时的图案旋转角度，用户可以直接输入角度值，也可从对应的下拉列表中选择。

②“比例（S）”下拉列表框：设置图案填充时的图案比例值，即放大或缩小填充的图案。用户可以直接输入比例值，也可从对应的下拉列表中选择。

③“双向（U）”复选框：当在“类型（Y）”下拉列表框中选择“用户定义”选项时，选中该复选框，可以使用相互垂直的两组平行线填充图形区域，否则为一组平行线。

④“相对图纸空间（E）”复选框：用于确定是否相对于图纸空间单位来确定填充图案的比例值。

⑤“间距（C）”文本框：设置填充平行线之间的距离。只有在“类型（Y）”下拉列表框中选择“用户定义”选项时，该选项才有效。

⑥“ISO 笔宽（O）”下拉列表框：设置笔的宽度，当填充图案采用 ISO 图案时，该选项才有效。

» 【小贴士】

利用现有填充图案旋转特定的角度，可以得到新的填充图案。

（3）“图案填充原点”选项组

此选项组用于确定生成填充图案时的起始位置。因为某些图案填充（如砖块图案）需要与图案填充边界上的一点对齐，各选项功能如下。

①“使用当前原点（T）”：是默认情况，即使用存储在系统变量“HPORIGIN”中的图案原点，与当前“UCS”有关。

②“指定的原点”：选中该选项，可以通过指定点作为图案填充原点。其中，单击“单击以设置新原点”选项，可以从图形显示视口中选择某一点作为图案填充原点；选择“默认为边界范围（X）”复选框，可以以填充边界的左下角、右下角、右上角、左上角或圆心作为图案填充原点；选择“存储为默认原点（F）”复选框，可以将指定的点存储为默认的图案填充原点。

（4）“边界”选项组

此选项组用于设置填充边界，各选项功能如下。

①“添加：拾取点（K）”按钮：根据围绕指定点所构成封闭区域的现有对象来确定边界。单击该按钮，AutoCAD 临时切换到绘图屏幕，并提示以下内容。

```
拾取内部点或 [ 选择对象（S）/ 删除边界（B）]:
```

此时，在希望填充的封闭区域内任意处拾取一点，AutoCAD 会自动确定出包围该点的封闭边界，同时，以虚线形式显示这些边界（如果设置了允许间隙，实际的填充边界则可以不封闭）。指定填充边界后按 Enter 键，AutoCAD 返回到“图案填充和渐变色”对话框。

在出现“拾取点内部或 [选择对象（S）/ 删除边界（B）]：”提示时，还可以通过“选择对象（S）”选项来选择作为填充边界的对象；通过“删除边界（B）”选项可以取消选择的填充边界。

②“添加：选择对象（B）”按钮：根据构成封闭区域的决定对象来确定边界。单击该按钮，AutoCAD 临时切换到绘图屏幕，并提示以下内容。

```
选择对象拾取内部点或 [ 拾取内部点（K）/ 删除边界（B）]:
```

此时，可以直接选择作为填充边界的对象，还可以通过“拾取内部点（K）”选项以拾取点的方式确定填充边界对象；通过“删除边界（B）”选项可以取消选择的填充边界。确定填充边界后按 Enter 键，AutoCAD 返回到“图案填充和渐变色”对话框。

在希望填充的封闭区域内任意处拾取一点，AutoCAD 会自动确定出包围该点的封闭边界，同时，以虚线形式显示这些边界（如果设置了允许间隙，实际的填充边界则可以不封闭）。指定填充边界后按 Enter 键。

③“删除边界（D）”按钮：从已确定的填充边界中取消系统自动计算或由用户指定的边界。单击该按钮，AutoCAD 临时切换到绘图屏幕，并提示以下内容。

```
选择对象或 [ 添加边界（A）]:
```

此时，可以删除要删除的边界对象，也可以通过“添加边界（A）”选项确定新边界。删除或添加填充边界后按 Enter 键，AutoCAD 返回到“图案填充和渐变色”对话框。

④“重新创建边界（R）”按钮：重新创建图案填充边界。

⑤“查看选择集（V）”按钮：查看已定义的填充边界。单击该按钮，AutoCAD 临时切换到绘图屏幕，将已定义的填充边界显亮。

（5）“选项”选项组

此选项组用于控制几个常用的图案填充设置，各选项功能如下。

①“注释性（N）”复选框：指定图案填充为注释性。此特性会自动完成缩放注释过程，从而使注释能够以正确的大小在图纸上打印或显示。

②“关联（A）”复选框：控制所填充的图案与填充边界是否建立关联。一旦建立了关联，当通过某些编辑命令修改填充边界后，对应的填充图案会给予更新，以与边界相适应。

③“创建独立的图案填充（H）”复选框：当定义了几个独立的闭合边界时，是通过它们创建单一的图案填充对象（在各个填充区域的填充图案属于一个对象），还是创建多个图案填充对象。

④ “绘图次序（W）”下拉列表框：为填充图案指定绘图次序。填充的图案可以放在所有其他对象之后、所有其他对象之前、图案填充边界之后或图案填充边界之前等。

⑤“图层（L）”下拉列表框：为指定的图层指定新图案填充对象，替代当前图层。

⑥“透明度（T）”下拉列表框：设定新图案填充的透明度，替代当前对象的透明度。

（6）“继承特性（I）”按钮

选择图形中已有的填充图案作为当前填充图案。单击该按钮，AutoCAD 临时切换到绘图屏幕，并提示以下内容。

选择图案填充对象：
集成特性：名称 <ANGLE>，比例 <1>，角度 <0>
拾取内部点或 [选择对象（S）/ 删除边界（B）]:

在此提示下可继续确定填充边界。如果按 Enter 键，AutoCAD 将返回到“图案填充和渐变色”对话框。

»【小贴士】

“继承特性”功能，能够利用图形中已有填充图案快速进行图案填充，且能保证填充图案一致。

（7）“孤岛”选项组

当存在“孤岛”时需确定图案填充方式。填充图案时，将位于填充区域内的封闭区域称为“孤岛”。当以拾取点的方式确定填充边界后，AutoCAD 会自动确定出包围该点的封闭填充边界，同时，还会自动确定出对应的孤岛边界，如图 3-32 所示。

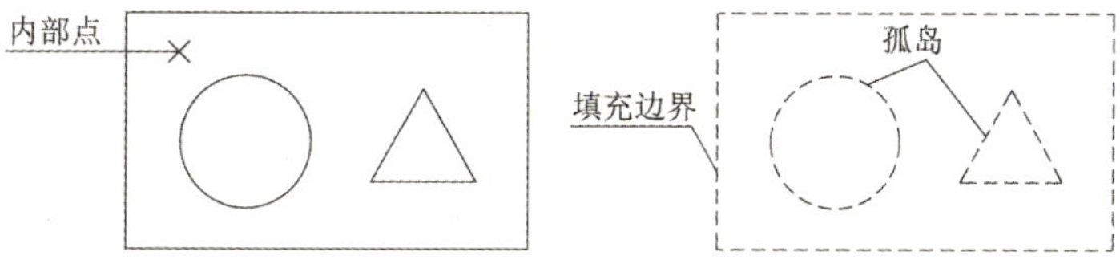

图 3-32　封闭边界与孤岛

①“孤岛检测（D）”复选框：用于确定是否进行孤岛检测及孤岛检测的方式，选中该复选框表示要进行孤岛检测。位于“孤岛检测”复选框下面的 3 个图像形象地说明了孤岛显示样式。

A.“普通”方式是默认方式，从外部边界向内填充。此方式将不填充孤岛，但是孤岛中的孤岛将被跳序，如图 3-33 所示。

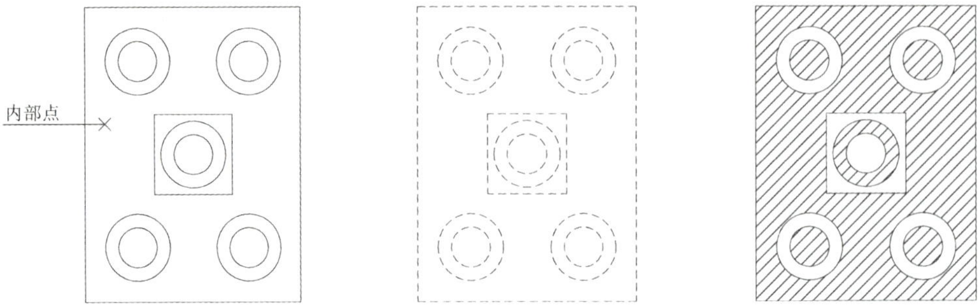

图 3-33 “普通”填充方式

B.“外部”方式也是从外部边界向内填充，并在下一个边界处停止。

C.“忽略（N）”填充方式将忽略内部边界，填充整个区域。

“普通”“外部”和“忽略”3 种填充方式效果如图 3-34 所示。

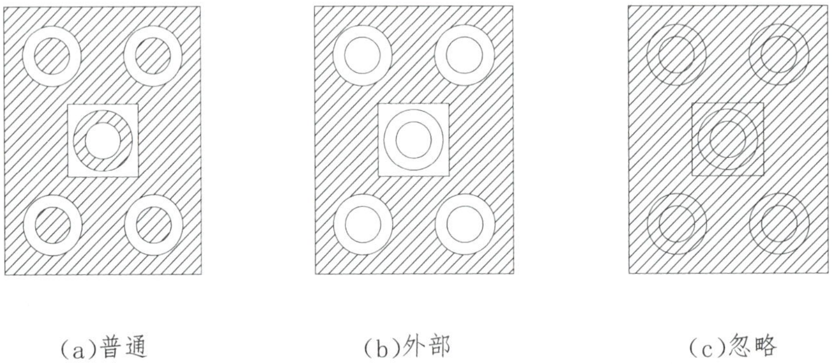

图 3-34 种填充方式效果

（8）“边界保留”选项组

该选项组用于指定是否将填充边界保留为对象。如果保留，还可以确定对象的类型。其中，“保留边界（S）”复选框表示将根据图案填充再创建一个边界对象，并将它们添加到图形中。“对象类型”下拉列表控制新边界对象的类型，可通过下拉列表在“面域”或“多段线”之间选择。

（9）“边界集”选项组

当以拾取点的方式确定填充边界时，该选项组用于定义使 AutoCAD 确定填充边界的对象集，即 AutoCAD 将根据对象来确定填充边界。

（10）“允许的间隙”选项组

AutoCAD 2024 允许将实际上并没有完全封闭的边界作为填充边界。如果在“允许的间隙”选项组文本框中设置了值，该值就是 AutoCAD 确定填充边界时可以忽略的最大间隙，即如果边界有间隙，且各间隙均小于等于设置的允许值，那么这些间隙都会被忽略。AutoCAD 将对应的边界视为封闭边界。

如果在“允许的间隙”选项组中设置了值（允许值为 0 ~ 5 000），当通过“拾取点”按钮指定的填充边界为非封闭边界，且边界间隔小于或等于设定的值时，AutoCAD 会弹出“开放边界警告”对话框，选择继续，将填充边界按封闭边界处理。

如果没有设置允许的间隙，当通过“添加：拾取点”或“添加：选择对象”按钮选择没有完全封闭的边界时，AutoCAD 会显示“边界定义错误”提示信息。

（11）“继承选项”选项组

当利用“继承特性”选项组创建图案填充时，可控制图案填充原点的位置。

①“使用当前原点”按钮：使用当前的图案填充原点进行填充。

②“用源图案填充原点”按钮：使用源图案的填充原点进行填充。

3. 应用示例

将图 3-35（a）所绘的基础图形进行图例填充，效果如图 3-35（d）所示。

操作提示如下。

单击“图案填充”按钮，在“图案填充和渐变色”对话框中，点击“样例”预览窗口，选择图案“ANSI31”，输入“比例”10，单击“添加：拾取点”按钮，在图形内框区域内任意处单击，返回对话框，单击“确定”按钮，填充效果如图 3-35（b）所示。

按照上述方法，继续单击“图案填充”按钮，在“图案填充和渐变色”对话框中，点击“样例”预览窗口，选择图案“AR-CONC”，选择比例“0.5”，填充混凝土图例，填充效果如图 3-35（c）所示。

再单击“图案填充”按钮，在“图案填充和渐变色”对话框中，点击“样例”预览窗口，选择图案“GRAVEL”，设定比例为“10”，填充效果如图 3-35（d）所示。

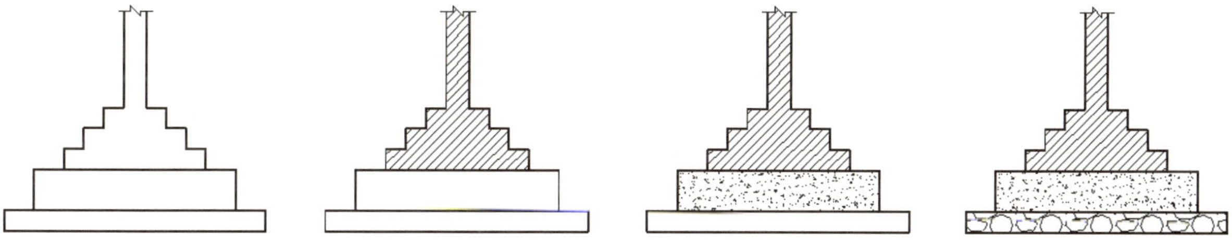

（a）　（b）　（c）　（d）

图 3-35　基础图例填充

3.4.3　任务训练

根据本任务所学内容，按照项目 3 绘制建筑立面图中的绘制要求，进行图案填充、文字注写和尺寸标注，具体要求见下。

①填充图案选择“AR-B816”，设定比例为“1”，填充后如图 3-36 所示。

立面图填充、标高注写、尺寸标注

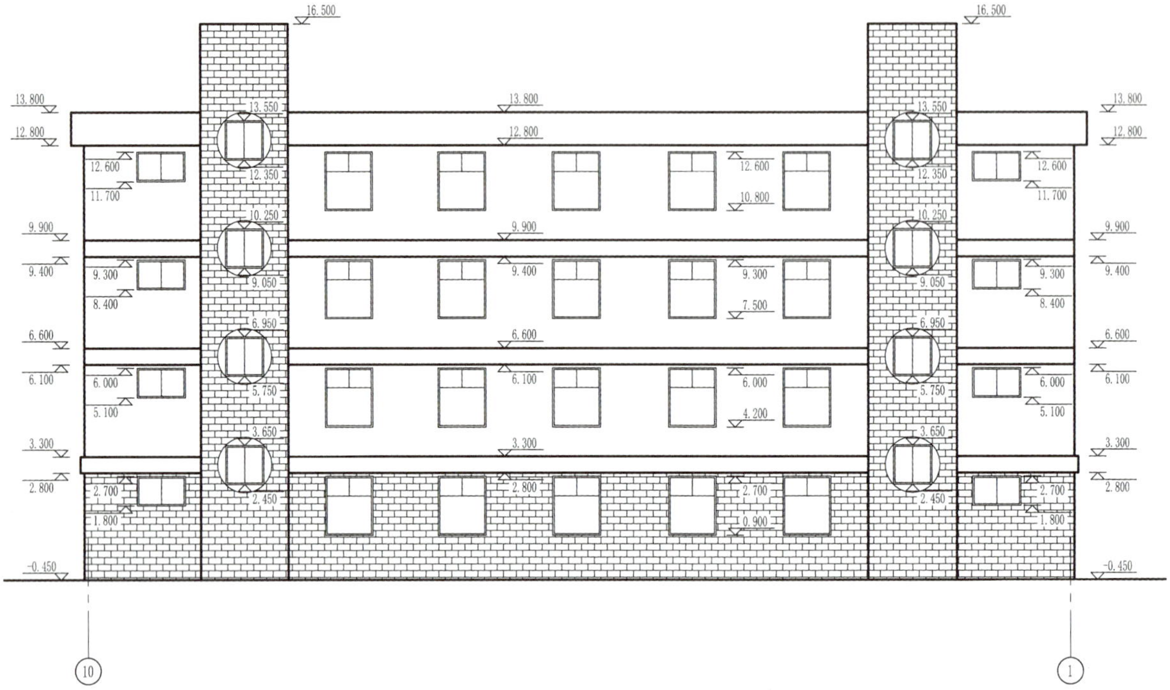

图 3-36　立面图外墙填充

②按照项目 3 绘制建筑立面图中的绘制要求，对立面图进行文字注写和尺寸标注，并且按要求绘制 A3 图框，如图 3-37 所示。

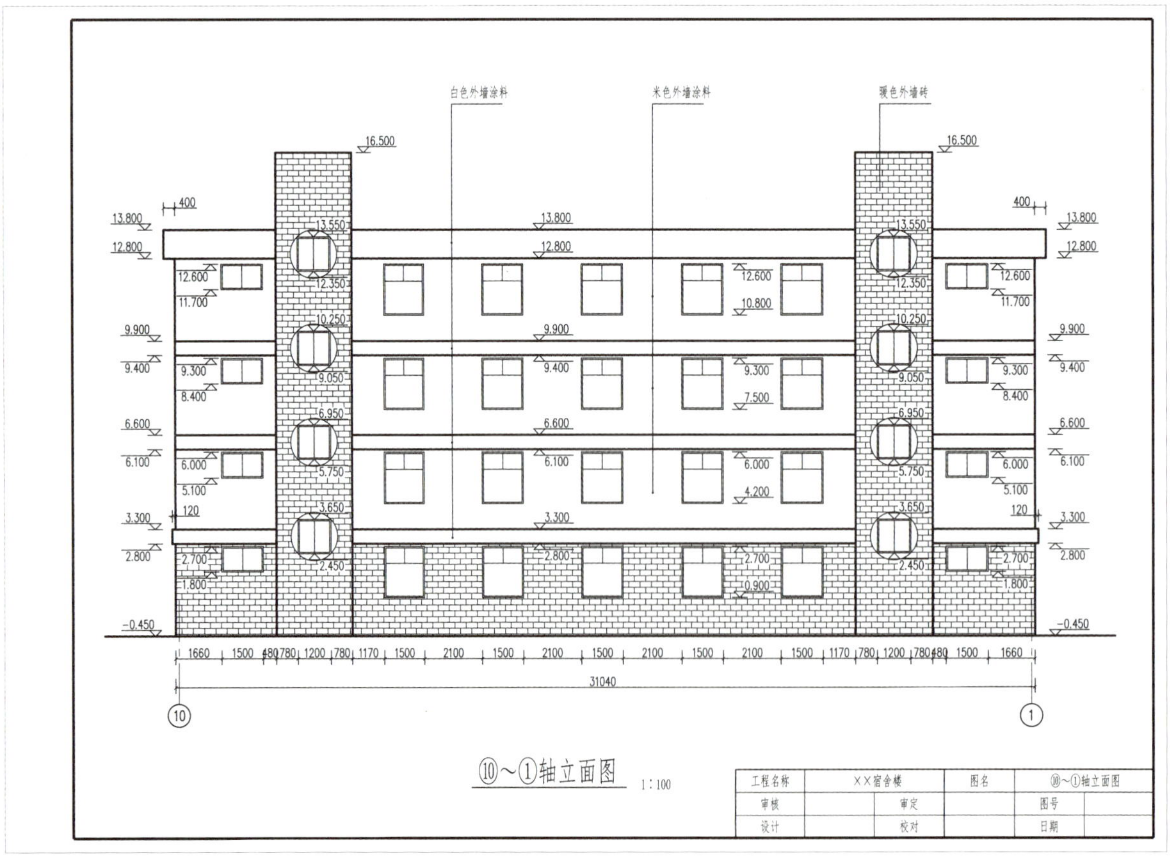

图 3-37　宿舍楼立面图

◎ 综合实训

1. 实训任务

参考附录 B“某学校①～⑧轴立面图”图纸，根据《房屋建筑制图统一标准》（GB/T 50001—2017）规范要求，抄绘①～⑧轴立面图。

2. 实训目的

正确使用相关命令绘制立面图，提高识图能力，增强规范操作意识，并在练习过程中逐渐提高绘图速度。

3. 实训要求

绘图比例 1∶1，出图比例 1∶100。其余要求如下，未明确部分按现行制图标准绘制。

（1）图层设置

图层设置见表 3-1。

（2）文字样式设置

设置文字样式名为“汉字”，字体名为“仿宋”，宽度因子 0.7。

设置文字样式名为“非汉字”，字体名为“Simplex.shx”，宽度因子 0.7。

图纸内注释文字高度为 3.5 mm，图名文字高度为 7 mm。

（3）尺寸标注样式设置

尺寸标注样式名为“标注 100”；文字样式选用“非汉字”；箭头大小为 1.2 mm；尺寸界线超出尺寸线 2 mm；尺寸界线起点偏移量 5 mm；文字高度 3 mm；全局比例为 100。

（4）图框绘制

绘制完成后，套入 A3 图框。图框线宽要求细线 0.25 mm，中粗 0.5 mm，粗线 1.0 mm，细线的“线宽控制”随层，中粗线和粗线均采用“线宽控制”设置线宽。标题栏文字（属图框层）采用“汉字”样式，字高 3.5 mm。

项目 4 建筑剖面图的绘制

XIANGMU 4 JIANZHU POUMIANTU DE HUIZHI

【项目目标】

1. 素质目标

①培养学生独立思考和解决问题的能力。

②培养学生对建筑设计原理、构造知识的理解。

③培养学生的细节把控与严谨态度。

2. 知识目标

①掌握正确识读建筑剖面图的方法。

②掌握正确绘制建筑剖面图的方法。

3. 能力目标

①能够结合平面图和立面图识读剖面图有效尺寸信息，为绘制剖面图做准备。

②能够熟练应用相关命令绘制建筑剖面图。

【项目导入】

1. 项目概况

某校宿舍楼为一栋 4 层框架结构建筑，房屋层高 3.3 m，主体总高度 13.65 m，每层建筑面积 268 m^2，总建筑面积 1 072 m^2，占地面积 310 m^2。每层有 5 间宿舍，每间宿舍开间 3.3 m，进深 6.0 m，建筑面积 22.7 m^2，宿舍楼道两端分别设置楼梯及公共卫生间和盥洗室。

2. 绘制内容

某校宿舍楼 1—1 剖面图如图 4-1 所示，正确识读图纸，确定绘图内容，抄绘 1—1 剖面图。

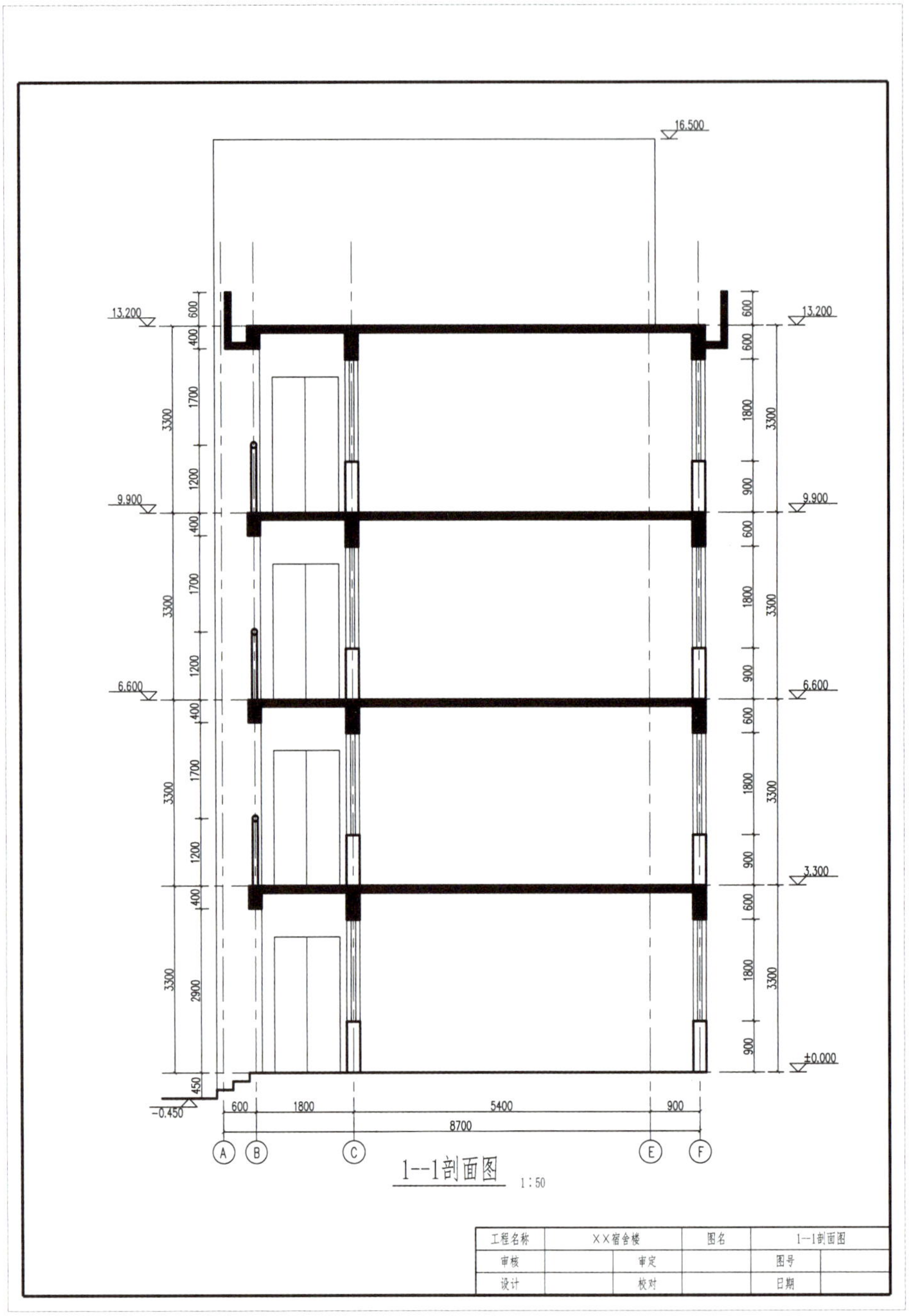

图 4-1　1—1 剖面图

3. 绘制要求

①绘图比例 1：1，出图比例 1：50。

②图层设置见表 4-1。

表 4-1　图层设置要求

图层名称	颜色	线型	线宽
轴线	1	CENTER	0.15
剖切到的构件线	2	连续	0.5

表 4-1（续）

图层名称	颜色	线型	线宽
剖切到的门窗	4	连续	0.2
尺寸和标注	3	连续	0.2
汉字	7	连续	0.2
填充	8	连续	0.15
图框	135	连续	0.25
其他投影可见线	5	连续	0.2

③文字样式设置。

设置文字样式名为“汉字”，字体名为“仿宋”，宽度因子 0.7。

设置文字样式名为“非汉字”，字体名为“Simplex.shx”，宽度因子 0.7。

图纸内注释文字高度为 3.5 mm，图名文字高度为 7 mm。

④尺寸标注样式设置。

尺寸标注样式名为“标注 50”；文字样式选用“非汉字”；箭头大小为 1.2 mm；尺寸界线超出尺寸线 2 mm；尺寸界线起点偏移量 5 mm；文字高度 3 mm；全局比例为 50。

⑤构件尺寸。

墙体厚度为 240 mm；主梁尺寸为 240 mm × 600 mm；楼板厚度 120 mm。

⑥图框绘制。

绘制完成后，套入 A3 横式图框。图框线宽要求细线 0.25 mm，中粗 0.5 mm，粗线 1.0 mm，细线的“线宽控制”随层，中粗线和粗线均采用“线宽控制”设置线宽。

标题栏文字（属图框层）采用“汉字”样式，字高 3.5 mm。

【项目分析】

1. 建筑剖面图的地位作用

建筑剖面图，简称剖面图，指的是用假想的一个或多个垂直于外墙轴线的铅垂剖切面，将房屋剖开，所得的投影图。

剖面图用以表示房屋内部的结构或构造形式、分层情况和各部位的联系、材料及其高度等，是与平、立面图相互配合的不可缺少的重要图样之一。

2. 对接的赛证考核点

绘制建筑剖面图是“建筑工程识图职业技能等级考试”和“全国职业院校技能大赛”必考题型，通常在第三题出现，题目通常会提供一个与所绘剖面平行的剖面图，通过识图和分析，绘制出要求位置的剖面图。

3. 实施流程

实施流程为：细审题目→识读图纸→绘制图纸。

（1）细审题目

明确绘图内容、绘图要求等内容。

①问题 1：题目中要求的绘图内容包含哪些？

②问题 2：题目中对哪些绘图设置进行了要求？

③注意事项。

（2）识读图纸

识读定位轴线间距、外墙尺寸、层高、门窗尺寸及定位、标高等内容。

①问题 1：剖面图中定位轴线的间距？

②问题 2：剖面图中各构件的尺寸？

③问题 3：剖面图中各构件的位置？

④注意事项。

（3）绘制图纸

绘制定位轴线、墙体、门窗、楼板、梁等内容。

①流程 1：剖面图绘制顺序？

②流程 2：图层如何设置？

③流程 3：定位轴线如何绘制？

④流程 4：墙体、门窗如何绘制？用到哪些命令？

⑤流程 5：尺寸标注和文字标写如何设置？

⑥流程 6：图框如何绘制？

任务 4.1 绘制定位轴线

4.1.1 任务目标

学习要求：通过本任务的学习，学生应掌握剖面图定位轴线的识图和绘制方法。

学习重点：定位轴线的识读。

学习难点：绘制定位轴线。

4.1.2 任务指导

根据项目要求抄绘 1—1 剖面图，首先要创建图层，然后采取直线命令、偏移命令绘制定位轴线。

1. 创建图层

创建图层，详见本书 2.1.2 任务指导。

2. 绘制定位轴线

绘制定位轴线，详见本书 2.2.2 任务指导中直线命令、偏移命令操作方法。

4.1.3 任务训练

1. 图层创建

单击“图层”工具栏中的“图层特征管理器”按钮，参照“任务要求”中图层设置要求（具体要求见表 4-1），在对话框中设置剖面图所需图层，如图 4-2 所示。

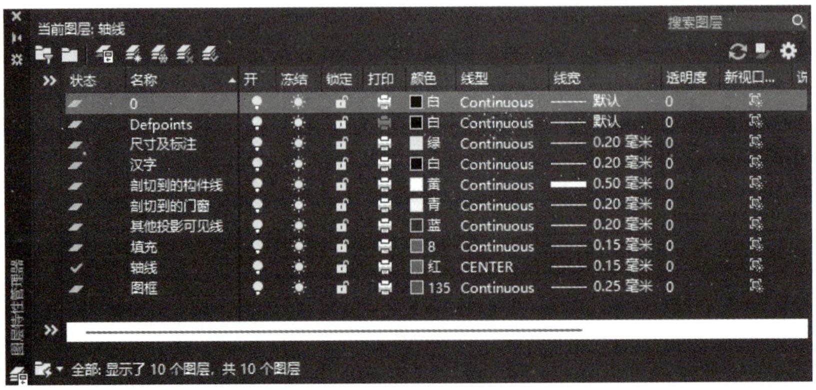

图 4-2 图层创建

2. 定位轴线绘制

（1）打开某校宿舍楼建筑剖面图“图层”工具栏，单击“图层特性管理器”命令按钮，单击“轴线”图层，然后单击“置为当前”按钮，将当前图层设置为“轴线”图层，如图 4-2 所示。

（2）采用“直线”命令（快捷键“L”），在绘图区域任意绘制一条竖向直线作为轴线 A，查阅建筑平面图可知 A 轴、B 轴、C 轴、E 轴、F 轴之间距离分别为 600 mm、1 800 mm、5 400 mm、900 mm，采用“偏移”命令（快捷键“O”），在轴线 A 的基础上向右侧偏移 600 mm、1 800 mm、5 400 mm、900 mm，生成 B 轴、C 轴、E 轴、F 轴轴线，如图 4-3 所示。

（3）采用“直线”命令（快捷键“L”），在 A 轴 ~ F 轴底部绘制水平直线作为室内地坪线（±0.000），查阅建筑立面图可知每层层高均为 3 300 mm，采用“偏移”命令（快捷键“O”），在，室内地坪线的基础上向上方偏移 3 300 mm 得到各层层高定位轴线。

图 4-3 绘制定位轴线

绘制剖面图定位轴线

任务 4.2 绘制墙体、梁板轮廓线

4.2.1 任务目标

学习要求：通过本任务的学习，学生应掌握剖面图中墙体、梁板的绘制方法。

学习重点：运用适合的命令绘制构件轮廓线。

学习难点：构件轮廓线的定位。

4.2.2 任务指导

根据项目要求抄绘 1—1 剖面图，在绘制定位轴线之后，要明确构件尺寸，然后采取直线命令、偏移命令绘制墙体、梁板轮廓线。

1. 构件尺寸

识读图纸，明确墙体厚度、主梁尺寸、楼板厚度以及台阶踏步高宽。

2. 绘制墙体、梁板轮廓线

详见本书 2.2.2 任务指导中直线命令、偏移命令操作方法。

4.2.3 任务训练

1. 明确尺寸

通过识读图纸，明确主要构件尺寸：墙体厚度为 240 mm；主梁尺寸为 240 mm × 600 mm；楼板厚度 120 mm；台阶踏步宽 300 mm，高 150 mm。

2. 绘制一层构件轮廓线

设置“剖切到的构件线”为当前图层，采用“直线”“偏移”等命令，绘制一层墙体、楼板等构件轮廓线，如图 4-4 所示。

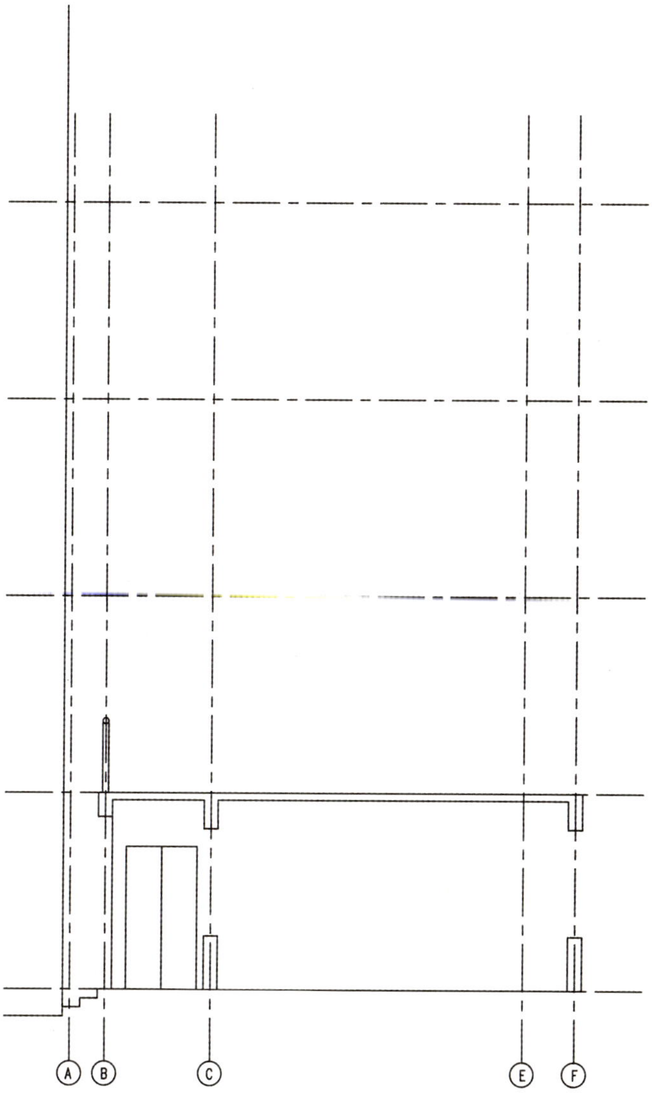

图 4-4　一层墙体、楼板剖面图

3. 绘制剩余层数构件轮廓线

由于本宿舍楼每层层高均为 3 300 mm，且每层梁板构件尺寸不变，采用“复制”命令，绘制其余层墙体、楼板等构件轮廓线，如图 4-5 所示。

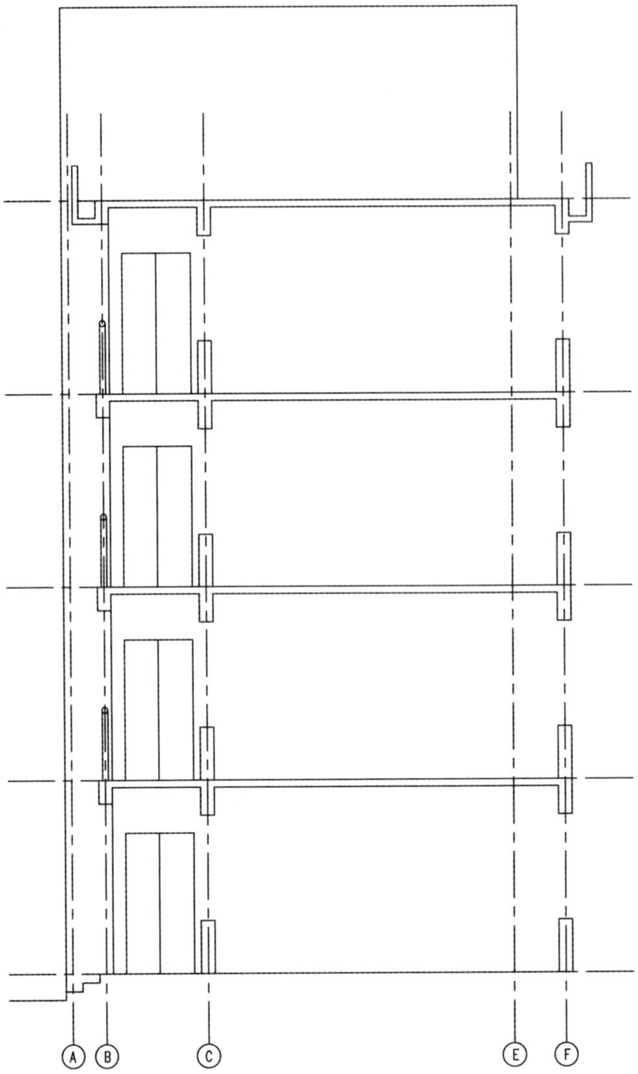

图 4-5　墙体、楼板剖面图

»【小贴士】

剖面图的绘图顺序一般按照建筑物施工的顺序进行绘制，即由下至上绘制。

绘制剖面图墙体、梁板轮廓线

任务 4.3　绘制门窗及细部构件

4.3.1　任务目标

学习要求：通过本任务的学习，学生应掌握剖面图中门窗的绘制方法。

学习重点：运用适合的命令绘制门窗轮廓线。

学习难点：构件轮廓线的定位。

4.3.2　任务指导

根据项目要求抄绘 1—1 剖面图，在绘制完墙体、梁板轮廓线之后，结合项目实际情况选择“剖切到的门窗”图层以及“其他投影可见线”图层，然后识读图纸明确门窗构件尺寸后绘制门窗等细部构件，并进行填充。

1. 构件尺寸

识读图纸，明确门窗构件尺寸。

2. 绘制门窗轮廓线

选择相应图层为当前图层，采用“直线”“偏移”等命令，绘制门窗轮廓线。详见 2.2.2 任务指导中直线命令、偏移命令操作方法。

3. 图案填充

详见本书 3.4.2 任务指导中图案填充操作方法。

4.3.3　任务训练

1. 绘制门窗

本图中窗为可以剖切到的构件，选择“剖切到的门窗”图层；门为没剖切到的构件，选择“其他投影可见线”图层；

通过识读图纸，明确门窗主要构件尺寸：门尺寸 1 200 mm × 2 400 mm。

选择相应图层为当前图层，采用“直线”“偏移”等命令，绘制门窗轮廓线，如图 4-6 所示。

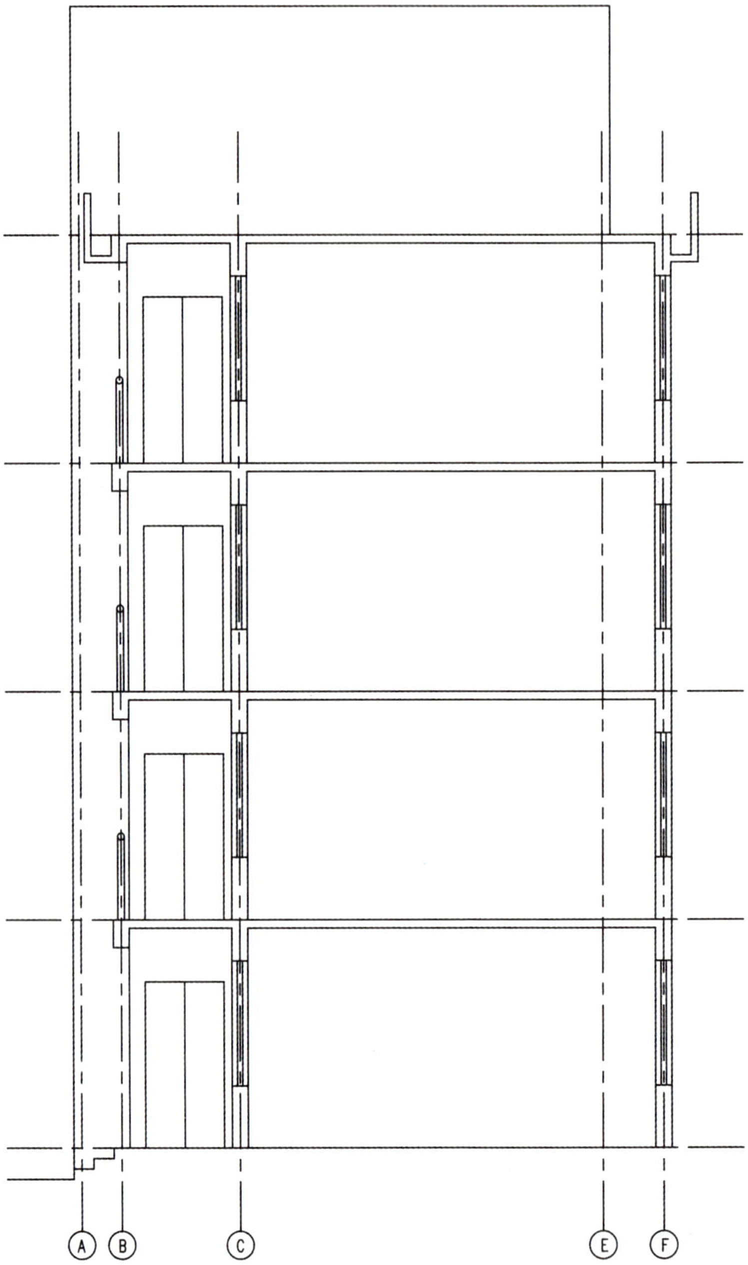

图 4-6 门窗剖面图

2. 梁及楼板填充绘制

采用“填充”命令，将剖切到的梁及楼板内部填充，如图 4-7 所示。

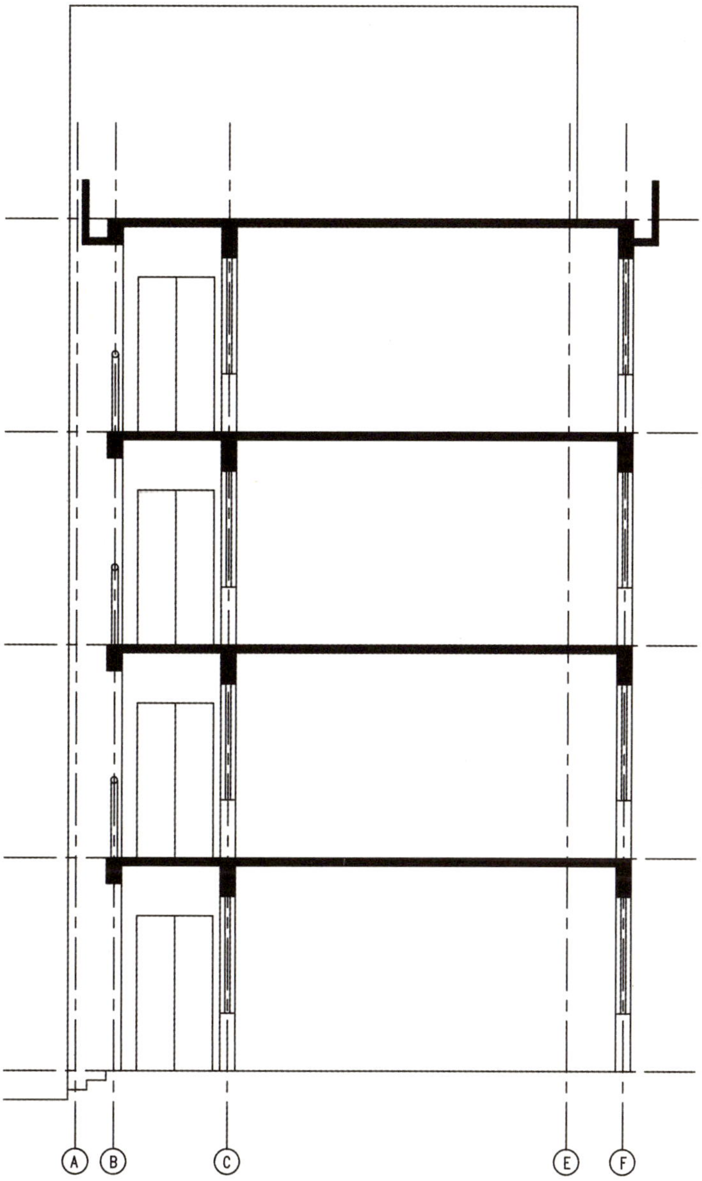

图 4-7　梁、楼板填充

任务 4.4 尺寸标注、标高注写

4.4.1 任务目标

学习要求：通过本任务的学习，学生应掌握剖面图中尺寸及标高标注方法。

学习重点：标注样式的设置。

学习难点：绘图比例与出图比例的关系。

4.4.2 任务指导

根据项目要求抄绘 1—1 剖面图，在绘制完墙体、梁板、门窗等构件后，要进行尺寸标注和标高注写。在进行尺寸标注和标高注写前，首先要明确标注样式，然后再进行尺寸标注和标高注写。最后将绘制好的剖面图放置在图框内。

1. 设置标注样式

在进行尺寸标注前，应先按要求设置标注样式。文字标注及尺寸标注样式的设置方法详见 2.6.2 任务指导中“创建文字样式”“修改文字样式”，2.7.2 任务指导中“标注样式设置”。

2. 尺寸标注、标高注写

尺寸标注、标高注写方法详见 2.6.2 任务指导中“注写文字”，2.7.2 任务指导中“线性、对齐、弧长标注”。

3. 绘制图框

图框绘制方法具体详见项目 2 综合实训一。

4. 绘图比例和出图比例

①绘图比例为画图时采用的比例，例如：要求绘制一条 1 000 mm 长的直线，绘图比例为 1 : 1，则采用“直线”命令绘制直线，直线长度输入“1000”，因为在 AutoCAD 中默认的单位为“mm”。

②为将所绘制图纸通过缩小相应比例后放置到相应图框里，相应缩小的比例即为出图比例。

»【小贴士】

通常情况下，绘制的图纸在出图的时候要缩小相应比例才能放到图框里，也就是所说的比例尺，例如 1∶100 的比例尺，就要将图形缩小 100 倍。如果题目中要求绘图比例采用 1∶1，出图比例采用 1∶100，则需将文字注写高度、标高图形、图框等图元放大 100 倍，才能与图纸匹配。

4.4.3 任务训练

根据本任务所学内容，按照项目 4 绘制建筑剖面图中的绘制要求，对剖面图进行尺寸标注、标高注写、图框绘制，并将剖面图放置图框内，具体要求如下。

1. 设置标注样式

（1）文字样式设置

设置文字样式名为“汉字”，字体名为“仿宋”，宽度因子 0.7。

设置文字样式名为“非汉字”，字体名为“Simplex.shx”，宽度因子 0.7。

图纸内注释文字高度为 3.5 mm，图名文字高度为 7 mm。

（2）尺寸标注样式设置

尺寸标注样式名为“标注 50”；文字样式选用“非汉字”；箭头大小为 1.2 mm；尺寸界线超出尺寸线 2 mm；尺寸界线起点偏移量 5 mm；文字高度 3 mm；全局比例为 50。

2. 尺寸标注、标高注写

对图 4-7 进行尺寸标注、标高注写，效果如图 4-8 所示。

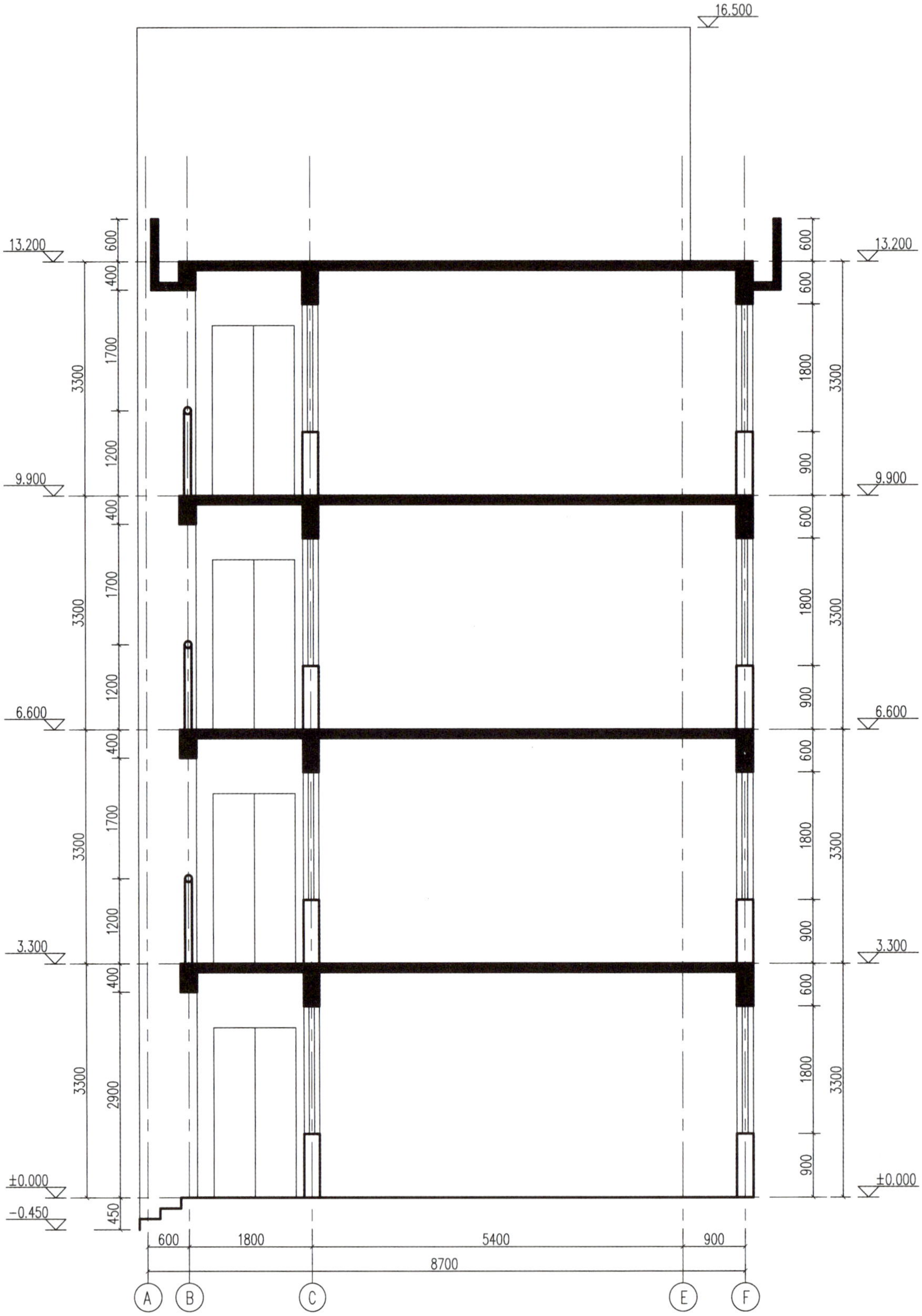

图 4-8 尺寸标注、标高注写

3. 绘制图框

绘制 A3 图框，将剖面图放置图框内，如图 4-9 所示。

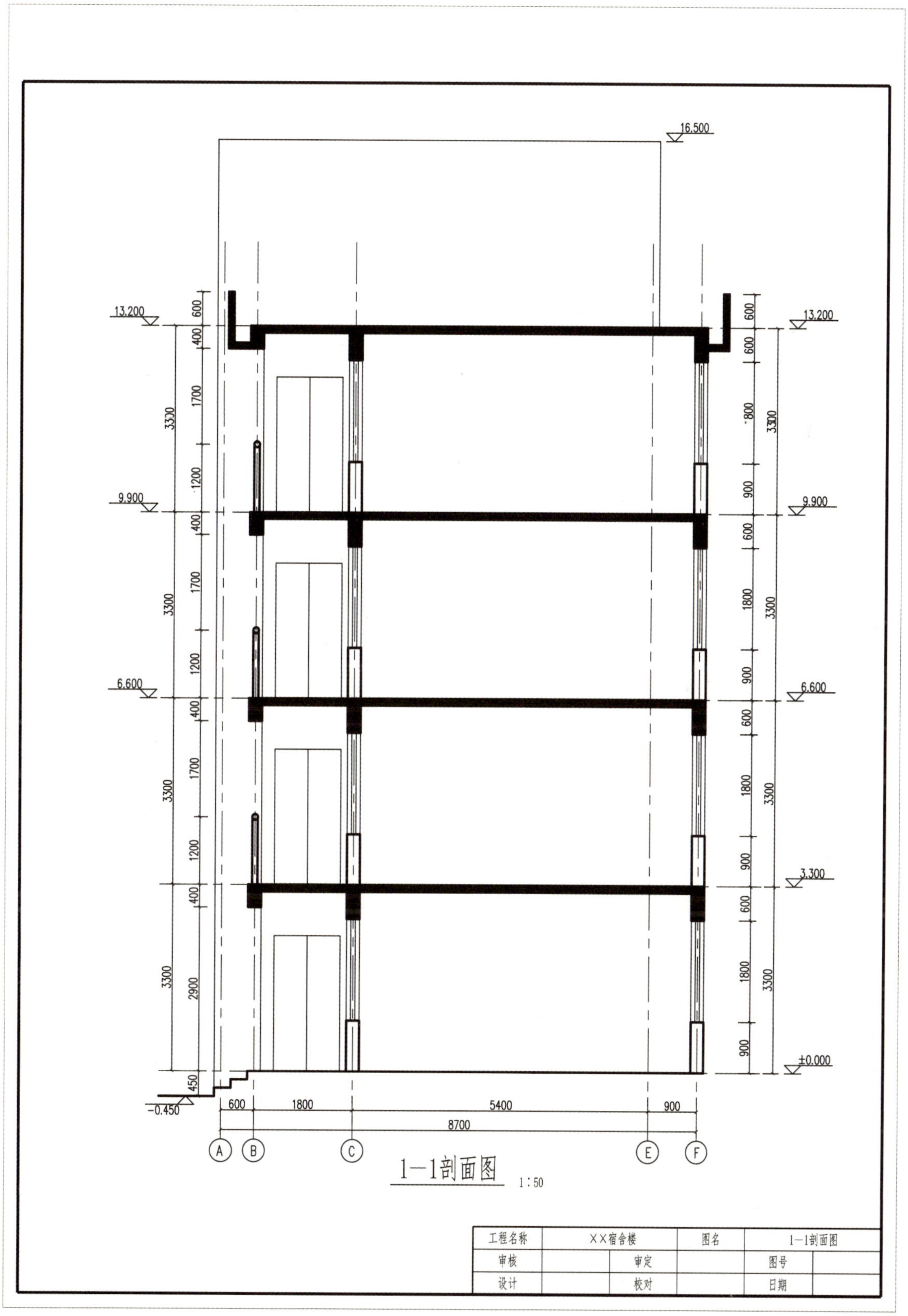

图 4-9　1—1 剖面图

◎ 综合实训

1. 实训任务

参考附录 B“某学校 1-1 剖面图”图纸，根据《房屋建筑制图统一标准》（GB/T 50001—2017）规范要求，抄绘 1—1 剖面图。

2. 实训目的

正确使用相关命令绘制剖面图，提高识图能力，增强规范操作意识，并在练习过程中逐渐提高绘图速度。

3. 实训要求

绘图比例 1：1，出图比例 1：100。其余要求如下，未明确部分按现行制图标准绘制。

①图层设置见表 4-1。

②文字样式设置。

设置文字样式名为“汉字”，字体名为“仿宋”，宽度因子 0.7。

设置文字样式名为“非汉字”，字体名为“Simplex.shx”，宽度因子 0.7。

图纸内注释文字高度为 3.5 mm，图名文字高度为 7 mm。

③尺寸标注样式设置。

尺寸标注样式名为“标注 100”；文字样式选用“非汉字”；箭头大小为 1.2 mm；尺寸界线超出尺寸线 2 mm；尺寸界线起点偏移量 5 mm；文字高度 3 mm；全局比例为 100。

④图框绘制。

绘制完成后，套入 A3 图框。图框线宽要求细线 0.25 mm，中粗 0.5 mm，粗线 1.0 mm，细线的“线宽控制”随层，中粗线和粗线均采用“线宽控制”设置线宽。标题栏文字（属图框层）采用“汉字”样式，字高 3.5 mm。

项目 5 建筑详图的绘制

XIANGMU 5 JIANZHU XIANGTU DE HUIZHI

【项目目标】

1. 素质目标

①培养学生对建筑构件的微观认知。

②培养学生对建筑材料、构配件及构造知识的深入理解能力。

③培养学生在绘图细节上精益求精的精神，并树立高度负责的责任心。

2. 知识目标

①掌握正确识读建筑墙身节点详图的方法。

②掌握正确绘制建筑墙身节点详图的方法。

3. 能力目标

①能够正确设置图层、标注样式、文字样式、多线样式等绘图环境。

②能够熟练应用相关命令绘制建筑墙身节点详图。

【项目导入】

1. 项目概况

某校宿舍楼为一栋 4 层框架结构建筑，房屋层高 3.3 m，主体总高度 13.65 m，每层建筑面积 268 m^2，总建筑面积 1 072 m^2，占地面积 310 m^2。每层有 5 间宿舍，每间宿舍开间 3.3 m，进深 6.0 m，建筑面积 22.7 m^2，宿舍楼道两端分别设置楼梯及公共卫生间和盥洗室。建筑墙身厚 240 mm，内外抹灰 20 mm 厚，楼板及散水做法见详图。

2. 绘制内容

某校宿舍楼墙身节点详图和楼梯平面图、剖面图，如图 5-1 ~图 5-3 所示，正确识读图纸，按照下列要求抄绘墙身节点详图、楼梯平面图和剖面图。

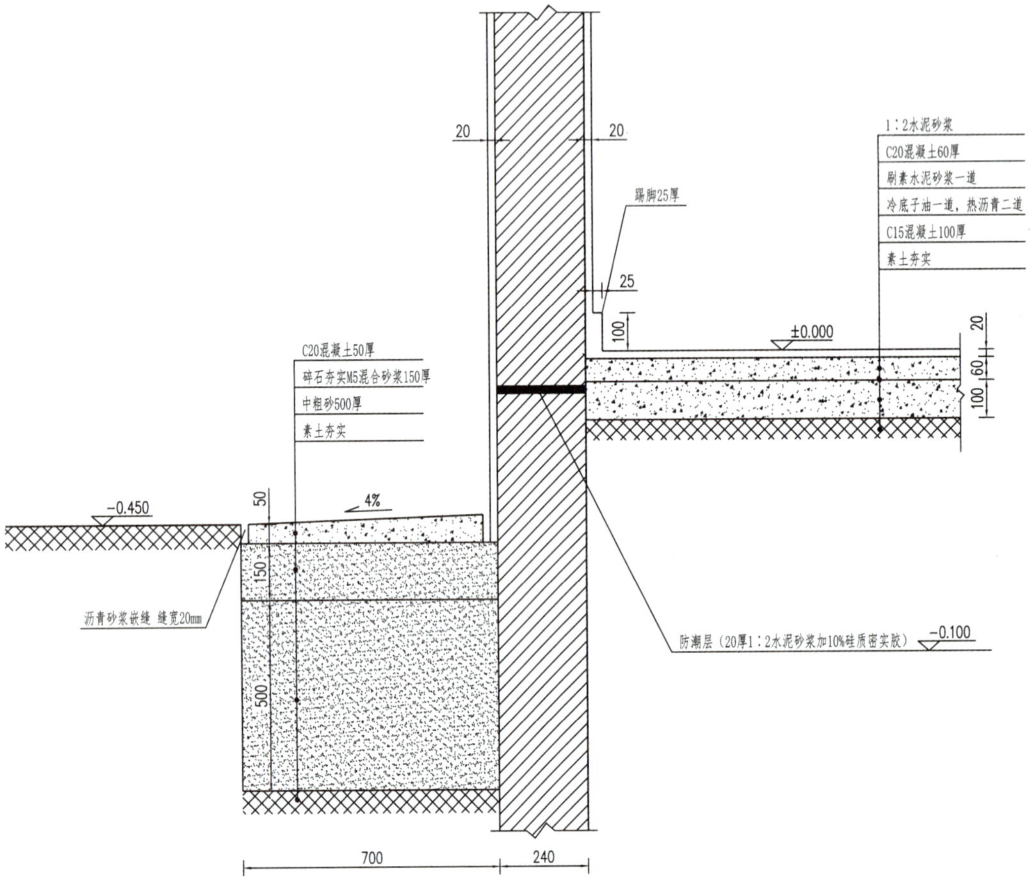

图 5-1　某校宿舍楼墙身节点详图

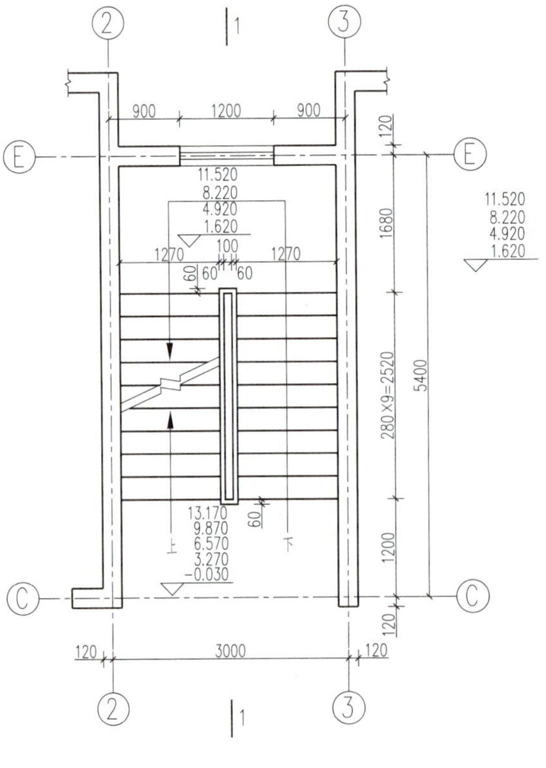

图 5-2　某校宿舍楼楼梯平面图

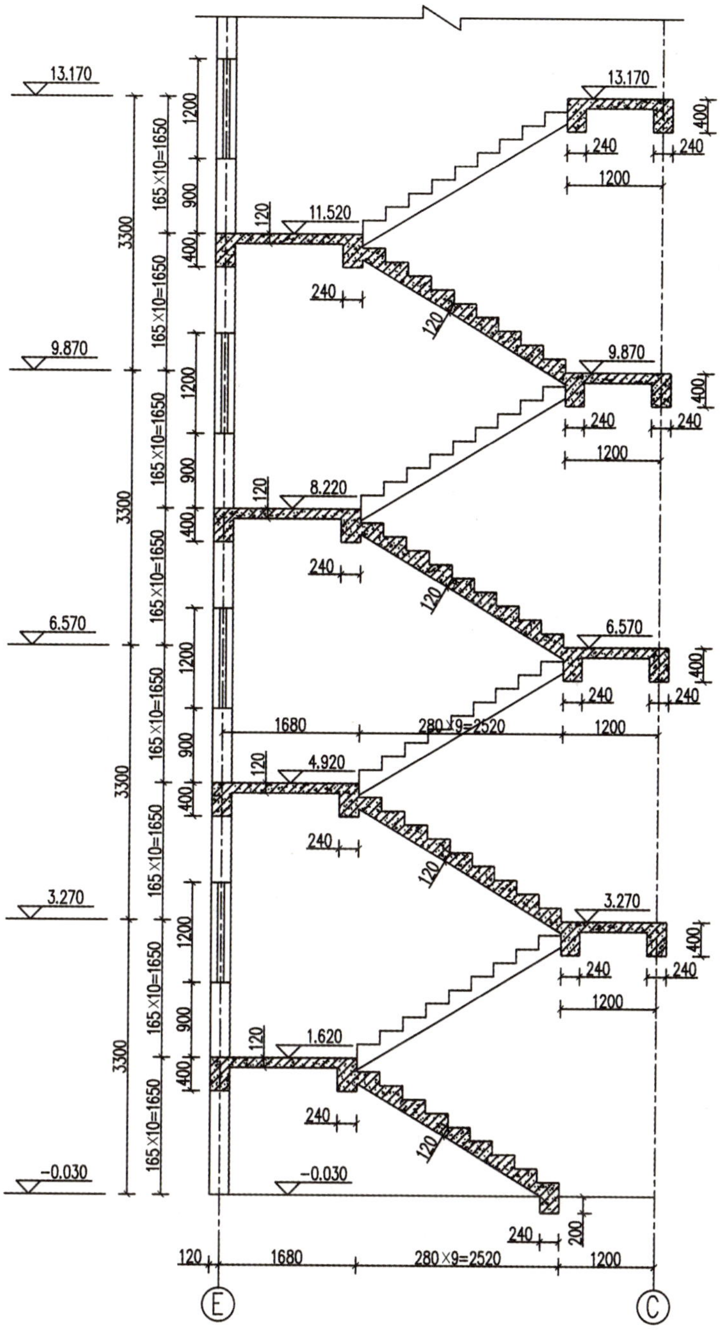

图 5-3　楼梯 1—1 剖面图

3. 绘制要求

①绘图比例 1∶1，出图比例 1∶10。

②图层设置见表 5-1。

表 5-1　图层设置要求

图层名称	颜色	线型	线宽
轴线	1	CENTER	0.15
墙体	7	连续	0.5

续表

图层名称	颜色	线型	线宽
尺寸及标注	3	连续	0.2
散水及楼板	7	连续	0.2
图案填充	7	连续	0.2
门窗	7	连续	0.2
汉字	6	连续	0.2
其他细线	7	连续	0.2
图框	7	连续	0.25

③文字样式设置。

设置文字样式名为“汉字”，字体名为“仿宋”，宽度因子 0.7。

设置文字样式名为“非汉字”，字体名为“Simplex.shx”，宽度因子 0.7。

图纸内注释文字高度为 3.5 mm，图名文字高度为 7 mm。

④尺寸标注样式设置。

尺寸标注样式名为“标注 100”。文字样式选用“非汉字”，箭头大小为 1.2 mm，尺寸界线超出尺寸线 2 mm，尺寸界线起点偏移量 5 mm，文字高度 3 mm，使用全局比例为 10。

⑤图框绘制。

绘制完成后，套入 A3 图框。图框线宽要求细线 0.25 mm，中粗 0.5 mm，粗线 1.0 mm，细线的“线宽控制”随层，中粗线和粗线均采用“线宽控制”设置线宽。

标题栏文字（属图框层）采用“汉字”样式，字高 3.5 mm。

【项目分析】

1. 建筑详图的地位和作用

建筑详图或大样图是为详细表达建筑节点及建筑构、配件的形状、材料、尺寸及作法，而用较大的比例画出的图形。建筑详图是建筑细部的施工图，是建筑平面图、立面图、剖面图的补充。因为立面图、平面图、剖面图的比例尺较小，建筑物上许多细部构造无法表示清楚，根据施工需要，必须另外绘制比例尺较大的图样才能表达清楚。

建筑详图的作用：详细表达建筑细部的形状、层次、尺寸、材料和做法等，是建筑施工、工程预算的重要依据。

2. 对接的赛证考核点

绘制建筑墙身节点详图是“建筑工程识图职业技能等级考试”和“全国职业院校技能大赛”必考题型，通常在第四题出现，重点考查学生严谨细致的工作态度。

3. 实施流程

实施流程为：细审题目→识读图纸→绘制图纸。

（1）细审题目

明确绘图内容、绘图要求等内容。

①问题 1：题目中要求的绘图内容包含哪些？本图纸与哪几张图纸相关联？

②问题 2：题目中对哪些绘图设置进行了要求？

③注意事项。

（2）识读图纸

确定墙身与轴线关系，明确散水与楼面做法。

①问题 1：题目中要求的绘图内容包含哪些？本图纸与哪几张图纸相关联？

②问题 2：题目中对哪些绘图设置进行了要求？

（3）绘制图纸

绘制定位轴线、墙体、散水、楼面等内容。

①流程 1：建筑墙身节点详图绘制顺序。

②流程 2：图层如何设置？

____

____

③流程 3：定位轴线如何绘制？用到哪些命令？

____

____

④流程 4：材料填充应该如何绘制？怎样调整比例？

____

____

⑤流程 5：尺寸标注和文字标写如何设置？

____

____

任务 5.1 墙身节点详图绘制

5.1.1 任务目标

学习要求：通过本任务的学习，学生应掌握绘制节点详图时所使用的绘图技巧。

学习重点：节点详图的识读。

学习难点：节点详图的绘制。

5.1.2 任务指导

根据项目要求，绘制某校宿舍楼墙身节点详图，主要包括图层设置，墙体、散水、楼板轮廓绘制，图案填充，尺寸标注和文字注写。具体操作方法如下。

1. 创建图层

创建图层，详见本书 2.1.2 任务指导。

2. 绘制墙体、散水、楼板

详见本书 2.2.2 任务指导中直线命令、偏移命令操作方法。

3. 图案填充

详见本书 3.4.2 任务指导中图案填充操作方法。

4. 设置标注样式

在进行尺寸标注前，应先按要求设置标注样式。文字标注及尺寸标注样式的设置方法详见 2.6.2 任务指导中“创建文字样式”“修改文字样式”及 2.7.2 任务指导中“标注样式设置”。

5. 尺寸标注、标高注写

尺寸标注、标高注写方法详见 2.6.2 任务指导中“文字注写”及 2.7.2 任务指导中“线性、对齐、弧长标注”。

5.1.3　任务训练

1. 设置图层

打开“图层特性管理器”对话框，在对话框中根据需要设置相应图层，本案例中分别创建“尺寸标注”“汉字”“门窗”“其他细线”“墙体”“散水及楼板”“图案填充”“图框”“轴线”图层，结果如图 5-4 所示。

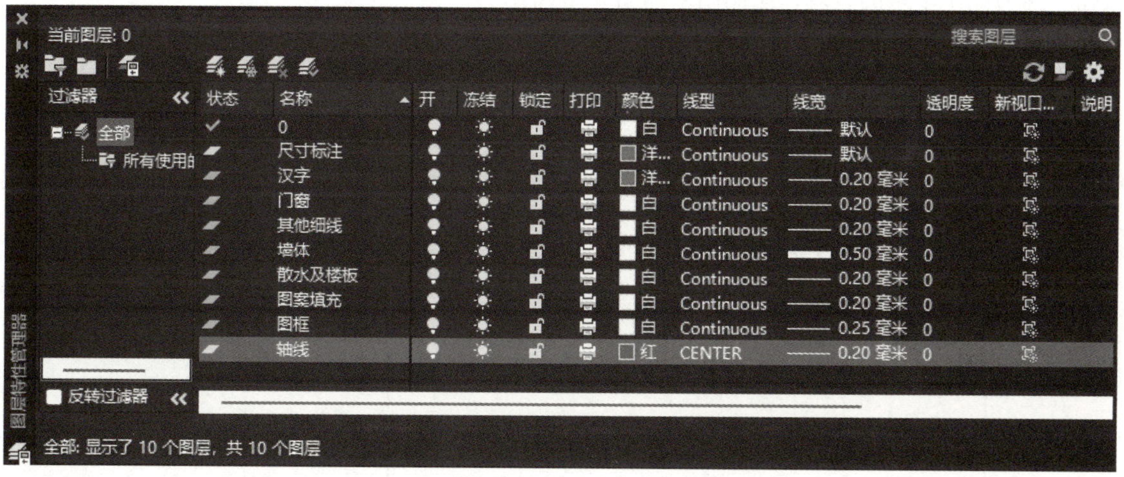

图 5-4　“图层特性管理器”对话框

2. 绘制墙体及楼板轮廓

单击“直线”命令按钮，绘制墙体轮廓线，绘制结果如图 5-5 所示。单击“偏移”命令按钮，将墙体轮廓线向外偏移“20”，完成抹灰层轮廓线绘制，绘制结果如图 5-6 所示。

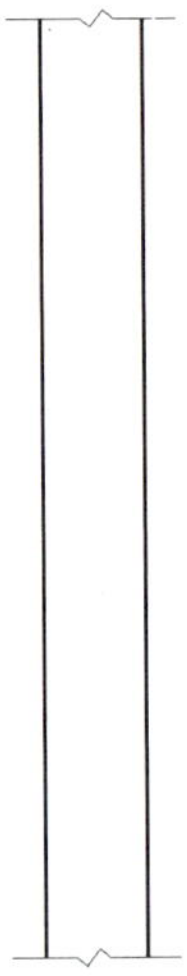

图 5-5 绘制墙体

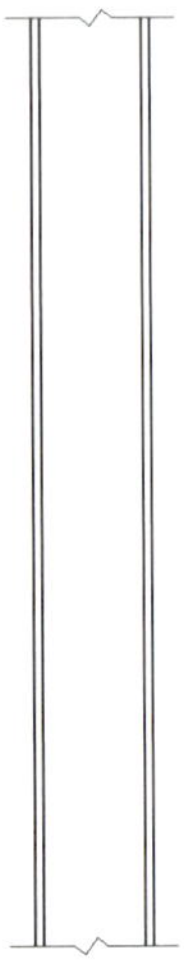

图 5-6 绘制抹灰

3. 绘制散水及楼板

单击“直线”命令按钮，分别绘制室内地坪轮廓线和室外地坪轮廓线，单击“偏移”命令按钮，将墙身右侧室内地坪轮廓线依次向下偏移“20”“60”“100”，得到室内地坪以下各层基础轮廓线。采用同样的方法绘制左侧室外地坪下及基础轮廓线，将墙身轮廓线向左偏移“700”得到散水边界线，结果如图 5-7 所示。

单击“旋转”命令按钮，将散水左上角作为基点进行旋转，旋转角度为 2°；单击“修剪”命令按钮，修剪图中多余的直线，绘制结果如图 5-8 所示。

图 5-7 绘制散水及楼板

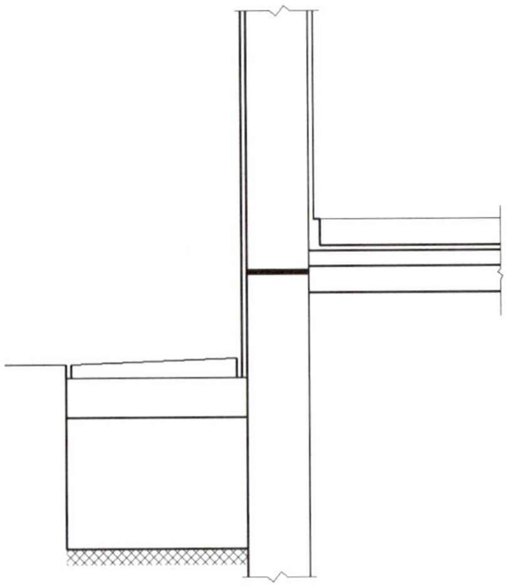

图 5-8 旋转直线

»【小贴士】

由于室内地坪标高为 ±0.000，为绘制方便，建议先绘制室内地坪轮廓线，再绘制室外地坪轮廓线及散水。

4. 图案填充

单击“图案填充”命令按钮，对散水及楼板依次填充各种材料图例，其中钢筋混凝土采用“ANSI31”和“ARCOMC”图案的叠加；砖墙采用“ANSI31”图案；素土采用“ANSI37”图案；素混凝土采用“ARCONC”图案，绘制结果如图 5-9 所示。

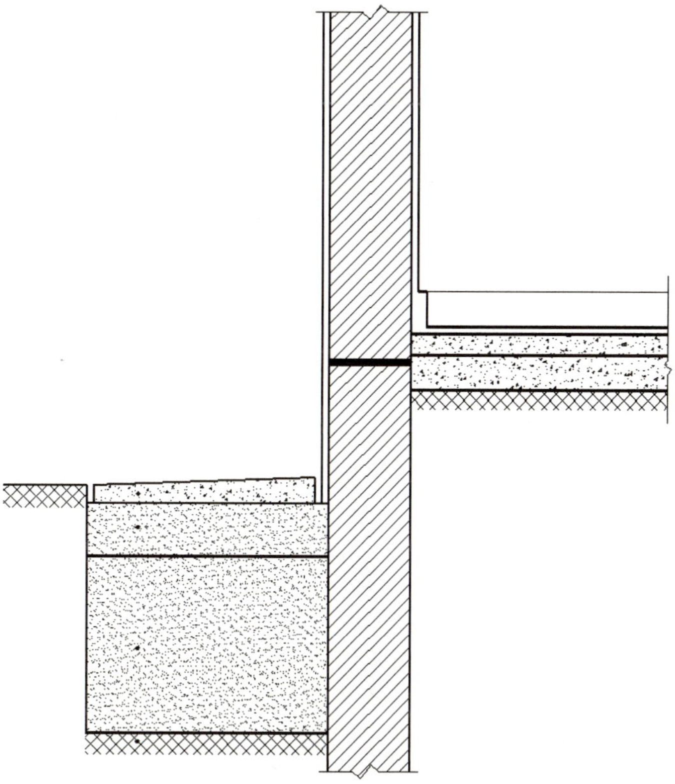

图 5-9　图案填充

5. 尺寸标注

单击“线性标注”命令按钮、“直线”命令按钮和“多行文字”命令按钮，进行尺寸标注，结果如图 5-10 所示。

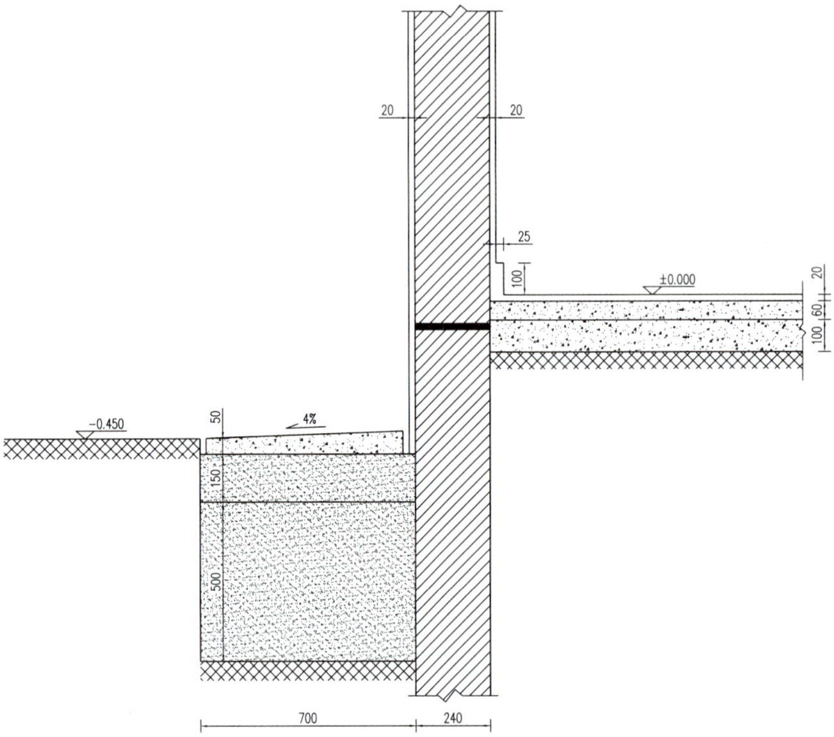

图 5-10　尺寸标注

6. 文字说明

单击“直线”命令按钮，绘制引出线，单击“多行文字”命令按钮，说明散水的多层次构造，最终完成墙身节点详图的绘制。绘制结果如图 5-11 所示。

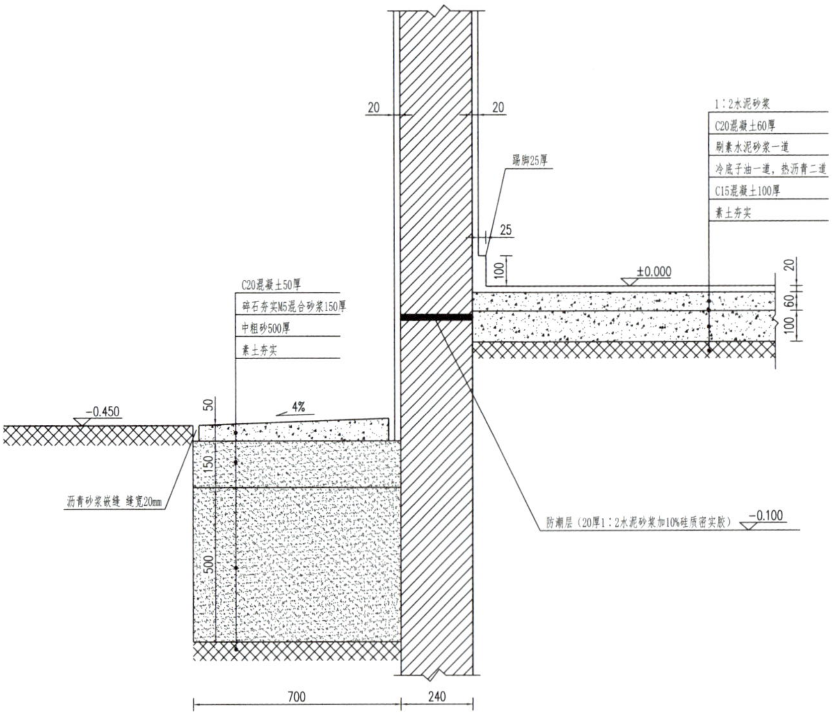

图 5-11　文字说明

任务 5.2　楼梯详图绘制

5.2.1　任务目标

学习要求：通过本任务的学习，学生应掌握楼梯绘制时所使用的绘图技巧。

学习重点：楼梯详图的识读。

学习难点：楼梯详图的绘制。

5.2.2　任务指导

1. 楼梯平面图绘制步骤

①设置图层。

②根据楼梯间的开间、进深尺寸画出墙身轴线、墙厚、门窗洞口的位置。

③画出平台宽度、楼梯长度及栏杆位置。其中，楼梯长度等于踏面宽度乘以踏面数（踏面数即踏步数减 1）。

④根据踏面宽度和踏步数绘制踏面，画箭头标注上下方向。

⑤注明标高、尺寸、比例、文字说明等。

2. 楼梯剖面图绘制步骤

①设置图层。

②绘制辅助线。

③绘制踏步。

④按照图示尺寸和位置，补充本层楼梯剖面图的其他轮廓线。

⑤在楼梯剖面图绘制完成的基础上绘制上层部分，将首层所绘制的图形进行部分复制，根据图示进行相应修改，并补充其他轮廓线。

⑥标注楼梯剖面图中的文字和尺寸。

3. 注意事项

①根据楼梯段之间的遮挡关系，用细线表示被遮挡部分，并将被遮挡部分删除。

②粗细线的控制方法有两种：一是采用图层线宽控制；二是利用多段线控制。用户可以根据需要自行选择。

5.2.3 任务训练

根据要求，正确识读图 5-2、图 5-3，按照要求抄绘某校宿舍楼楼梯平面图和楼梯剖面图。

1. 绘制楼梯标准层平面图

(1) 设置图层

单击“图层“命令按组，打开“图层特性管理器”对话框，在“图层特性管理器”对话框中分别创建“轴线”“墙体”“门窗”“细实线”“尺寸标注”“文字说明”“其他”等图层，如图 5-12 所示。

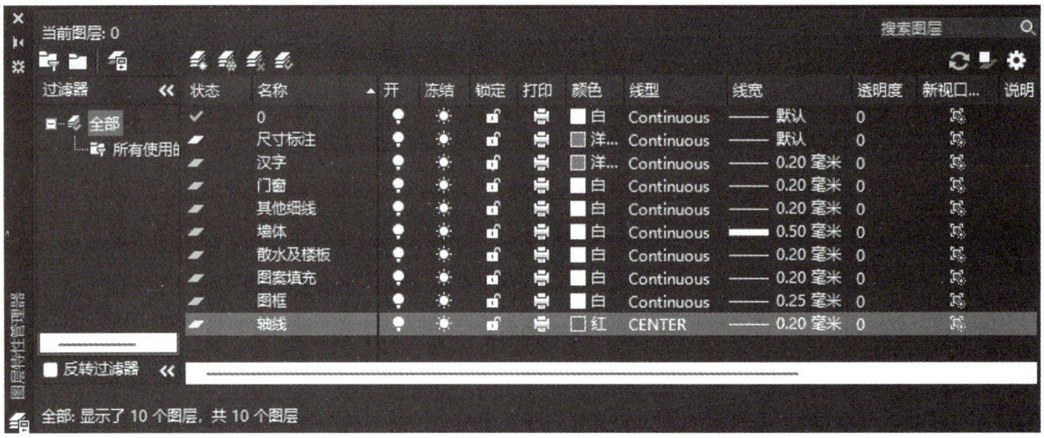

图 5-12 “图层特性管理器”对话框

(2) 绘制墙身轴线、墙厚及门窗洞口的位置

具体操作步骤如下。

①将“轴线”图层设置为当前图层，绘制轴线。

②将“墙体”图层设置为当前图层，在轴线的基础上画出墙线，修剪掉多余的部分。

③将“门窗”图层设置为当前图层，绘制门窗。

④设置“其他细线”图层为当前图层，补充其他线条，如折断线等。

绘制结果如图 5-13 所示。

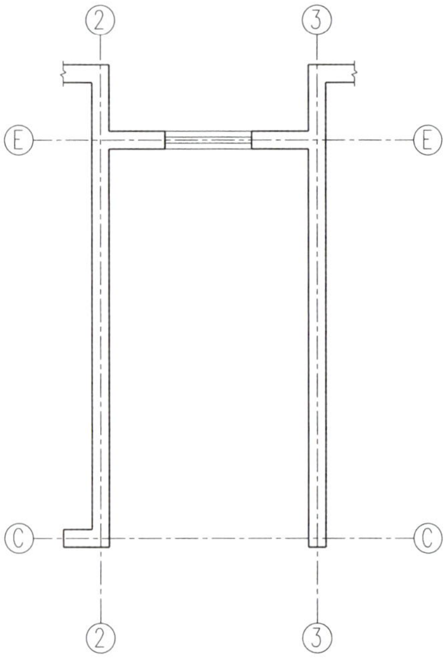

图 5-13 平面图绘制（1）

(3) 画出平台宽度、楼梯长度及栏杆位置

将“其他细线”图层设置为当前图层，用“偏移”命令在轴线、墙体的基础上绘制楼梯平台宽度、楼梯长度、楼梯井的位置等，绘制结果如图 5-14 所示。

(4) 根据踏面宽度和踏步数，绘制踏面

将“其他细线”图层设置为当前图层，根据踏面宽度和踏步数，在楼梯平台边界线的基础上，用“偏移”命令绘制踏面，并用“多段线”命令绘制楼梯上的箭头，并注明上下方向。绘制结果如图 5-15 所示。

（5）标注标高、尺寸、比例和文字说明等

具体操作步骤为：分别将“文字说明”和“尺寸标注”图层设置为当前图层，标注标准层平面图上的图文信息，如图 5-16 所示。

①文字标注。根据要求设置文字样式，将图层置为当前。使用“单行文字”命令标注标高、文字说明、轴线号和图纸名称等。

②尺寸标注。根据要求设置尺寸标注样式，将图层置为当前。首先使用“线性标注”命令，标注第一道尺寸线的第一个尺寸，然后使用“连续标注”命令标注第一道尺寸线的其他尺寸。对于尺寸数字需要修改的，可调用“对象特性”命令，在文字替代中修改尺寸数字。

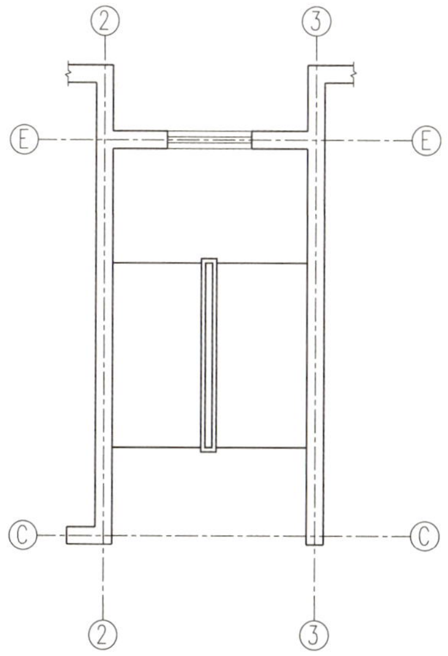

图 5-14　平面图绘制（2）

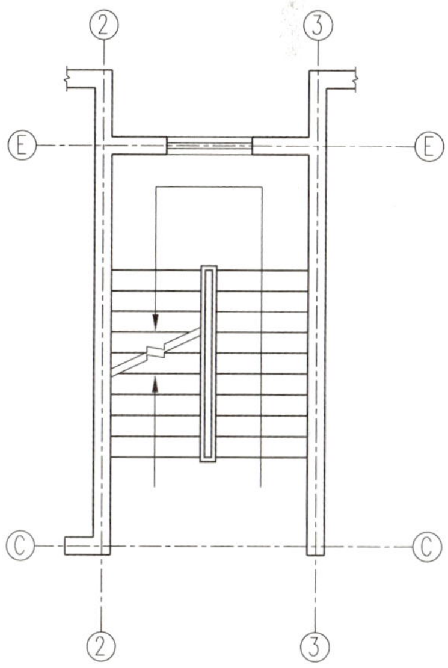

图 5-15　平面图绘制（3）

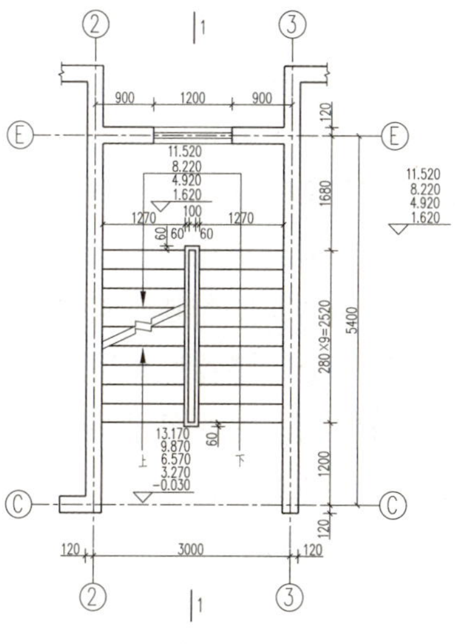

图 5-16　平面图绘制（4）

2. 绘制楼梯剖面图

假设用一个垂直剖切平面，沿着各层同一位置的楼梯段将楼梯剖切开，向剖切面的另一侧投影，由此绘制的剖面图即为楼梯剖面图。楼梯剖面图的作用是完整、清晰地表明各层楼梯段及休息平台的标高，楼梯的踏步数、踏面宽度及踢面高度，各种构件的搭接方法，楼梯栏杆的形式及高度，楼梯间各层门窗洞口的标高尺寸。

（1）设置图层

单击“图层”命令按钮，打开“图层特性管理器”对话框，在“图层特性管理器”对话框中分别创建“轴线”“墙体”“门窗”“其他细线”“尺寸标注”“文字说明”和“其他”等图层。

（2）绘制辅助线

将“轴线”图层设置为当前图层，使用“直线”和“偏移”命令，根据图 5-3 所示尺寸沿建筑物高度方向绘制底面线、平台线及楼面线等水平线，沿水平方向绘制轴线、台阶起步线、平台宽度线、墙体轮廓线等竖直线。绘制结果如图 5-17 所示。

（3）绘制踏步

根据楼梯踏步高 150、踏面宽 280，绘制第一步踏步，然后用“复制”命令复制出所有踏步，并绘制出平台和地面。绘制结果如图 5-18（a）所示。

以楼梯平台为镜像中心，将所有踏步镜像。绘制结果如图 5-18（b）所示。

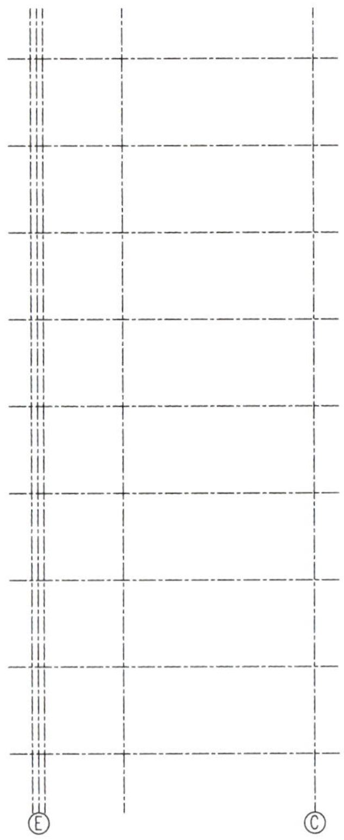

图 5-17 绘制楼梯剖面图辅助线

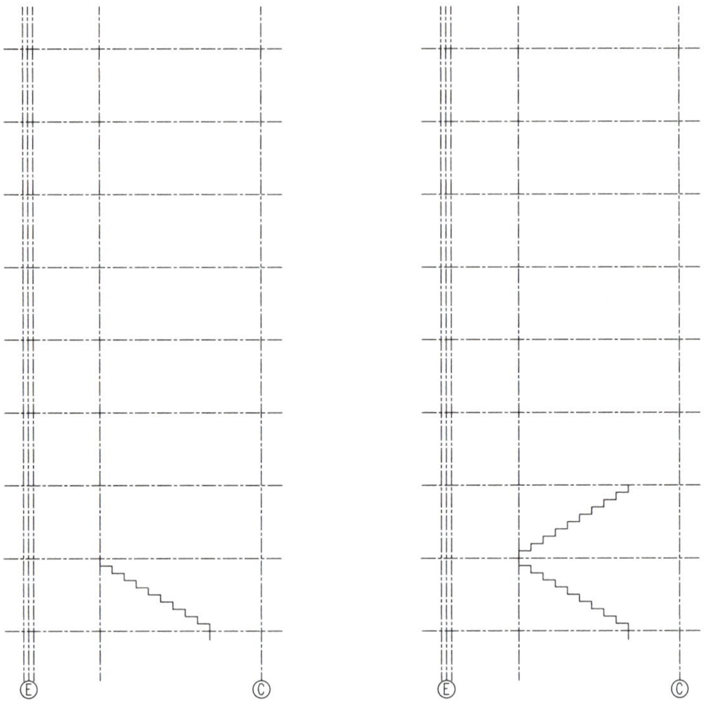

(a) (b)

图 5-18 绘制楼梯踏步

»【小贴士】

在绘制楼梯剖面图时，第一步踏步的定位尤其重要，直接关系到后续构件的绘制。

(4) 绘制其他轮廓线

按照图 5-3 所示的尺寸和位置，补充本层楼梯剖面图的其他轮廓线，如抹灰线、踏步底线，底面底线、平台底线和一层楼梯墙线等，然后在各轮廓线的基础上进行图案填充，绘制结果如图 5-19 所示。

(5) 绘制上层剖面

在楼梯剖面图绘制完成的基础上绘制上层部分，将首层所绘制的图形进行部分复制，根据图图 5-3 进行相应修改，并补充其他轮廓线。绘制结果如图 5-20 所示。

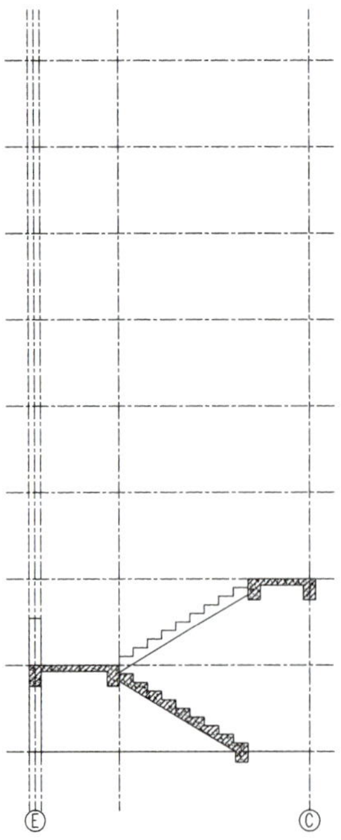

图 5-19 绘制其他轮廓线

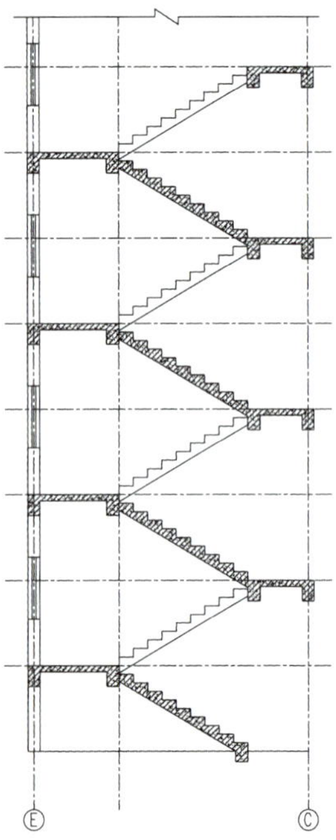

图 5-20 绘制上层剖面

（6）标注文字和尺寸

标注楼梯制面图中的文字和尺寸。绘制结果如图 5-21 所示。

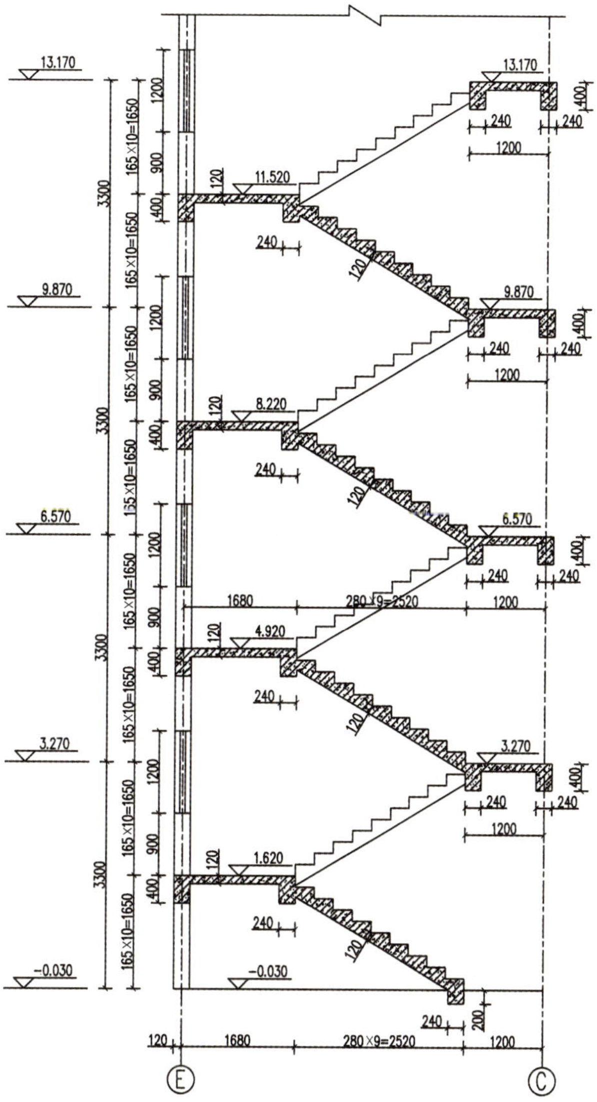

图 5-21 楼梯剖面图

»【小贴士】

楼梯剖面图的绘图顺序一般按照建筑物施工的顺序进行绘制，即由下至上绘制。

◎ 综合实训一

1. 实训任务

参考附录B“某学校墙身详图”图纸，根据《房屋建筑制图统一标准》（GB/T 50001—2017）规范要求，抄绘外墙身节点详图。

2. 实训目的

正确使用相关命令绘制节点详图，提高识图能力，增强规范操作意识，并在练习过程中逐渐提高绘图速度。

3. 实训要求

绘图比例 1∶1，出图比例 1∶100。其余要求如下，未明确部分按现行制图标准绘制。

①图层设置见表 5-1。

②文字样式设置。

设置文字样式名为“汉字”，字体名为“仿宋”，宽度因子 0.7。

设置文字样式名为“非汉字”，字体名为“Simplex.shx”，宽度因子 0.7。

图纸内注释文字高度为 3.5 mm，图名文字高度为 7 mm。

③尺寸标注样式设置。

尺寸标注样式名为“标注 100”。文字样式选用“非汉字”，箭头大小为 1.2 mm，尺寸界线超出尺寸线 2 mm，尺寸界线起点偏移量 5 mm，文字高度 3 mm，使用全局比例为 100。

④图框绘制。

绘制完成后，套入 A3 横式图框。图框线宽要求细线 0.25 mm，中粗 0.5 mm，粗线 1.0 mm，细线的“线宽控制”随层，中粗线和粗线均采用“线宽控制”设置线宽。标题栏文字（属图框层）采用“汉字”样式，字高 3.5 mm。

◎ 综合实训二

1. 实训任务

参考附录B“某学校楼梯详图”图纸，根据《房屋建筑制图统一标准》（GB/T 50001—2017）规范要求，抄绘楼梯标准层平面图以及 2-2 剖面图。

2. 实训目的

正确使用相关命令绘制节点详图，提高识图能力，增强规范操作意识，并在练习过程中逐渐提高绘图速度。

3. 实训要求

绘图比例 1∶1，出图比例 1∶100。其余要求如下，未明确部分按现行制图标准绘制。

①图层设置见表 5-1。

②文字样式设置。

设置文字样式名为“汉字”，字体名为“仿宋”，宽度因子 0.7。

设置文字样式名为“非汉字”，字体名为“Simplex.shx”，宽度因子 0.7。

图纸内注释文字高度为 3.5 mm，图名文字高度为 7 mm。

③尺寸标注样式设置。

尺寸标注样式名为“标注 100”；文字样式选用“非汉字”；箭头大小为 1.2 mm；尺寸界线超出尺寸线 2 mm；尺寸界线起点偏移量 5 mm；文字高度 3 mm；全局比例为 100。

④图框绘制。

绘制完成后，套入 A3 图框。图框线宽要求细线 0.25 mm，中粗 0.5 mm，粗线 1.0 mm，细线的“线宽控制”随层，中粗线和粗线均采用“线宽控制”设置线宽。标题栏文字（属图框层）采用“汉字”样式，字高 3.5 mm。

项目6　结构详图的绘制

XIANGMU 6 JIEGOU XIANGTU DE HUIZHI

【项目目标】

1. 素质目标

①培养学生遵守国家相关标准规范，形成规范绘图的习惯。

②培养学生空间想象能力，以理解结构构件之间的空间关系。

③增强学生职业素养，提高学生绘图效率和质量。

2. 知识目标

①了解绘制结构施工图的步骤和方法。

②熟悉结构构件构造详图要求。

③掌握结构施工图平法制图规则。

3. 能力目标

①能够正确识读结构施工图。

②能够熟练应用相关命令绘制结构详图。

【项目导入】

结构详图的主要内容包括以下几个方面。

①构件的名称或代号、绘图比例。

②构件的定位轴线及其编号。

③构件的形状、尺寸和构件的结构标高。

④钢筋的直径、尺寸和规格。

⑤施工说明等。

绘制钢筋混凝土结构详图时，通过假定混凝土是透明体，使混凝土内部的钢筋配置得以显露，由此形成的投影图称为配筋图。配筋图通常包括平面图、立面图、断面图等。必要时，还可以将构件中的每根钢筋抽出绘制钢筋大样图，同时列出钢筋表。

结构图采用正面投影法绘制，图中钢筋用粗实线绘制，钢筋的横截面用涂黑小圆点表示。构件的外轮廓线、尺寸线、尺寸界线、引出线等用细实线绘制。构件的名称采用代号表示，后跟阿拉伯数字表示该构件的编号或型号。构件对称时，可一半表示模板图一半表示钢筋图。构件的轴线及编号等应与建筑施工图保持一致。一般钢筋常用图例见表 6-1。

表 6-1　一般钢筋常用图例

序号	名称	图例	说明
1	钢筋横断面	●	—
2	无弯钩的钢筋端部		下图表示长、短钢筋投影重叠时，应在钢筋的端部用 45° 短画线表示
3	带半圆形弯钩的钢筋端部		—
4	带直钩的钢筋端部		—
5	带丝扣的钢筋端部		—
6	无弯钩的钢筋搭接		—
7	带半圆形弯钩的钢筋搭接		—
8	带直钩的钢筋搭接		—
9	花篮螺丝钢筋接头	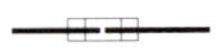	—
10	机械连接的钢筋接头		—

1. 项目概况

某校宿舍楼为一栋 4 层框架结构建筑，房屋层高 3.3 m，主体总高度 13.65 m，每层建筑面积 268 m^2，总建筑面积 1 072 m^2，占地面积 310 m^2。每层有 5 间宿舍，每间宿舍开间 3.3 m，进深 6.0 m，建筑面积 22.7 m^2，宿舍楼道两端分别设置楼梯及公共卫生间和盥洗室。

2. 绘制内容

①正确识读图 6-1 梁平法施工图，按照要求绘制 1—1、2—2、3—3、4—4 梁横剖面图。

②宿舍楼的基础采用独立基础，其中基础平面图及独立基础平面施工图如图 6-2、图 6-3 所示。根据基础平面图绘制独立基础竖向剖切钢筋图。

③宿舍楼的楼梯采用板式楼梯，其一梯段板平面注写施工图如图 6-4 所示，根据楼梯平法施工图绘制该梯段板的钢筋图。

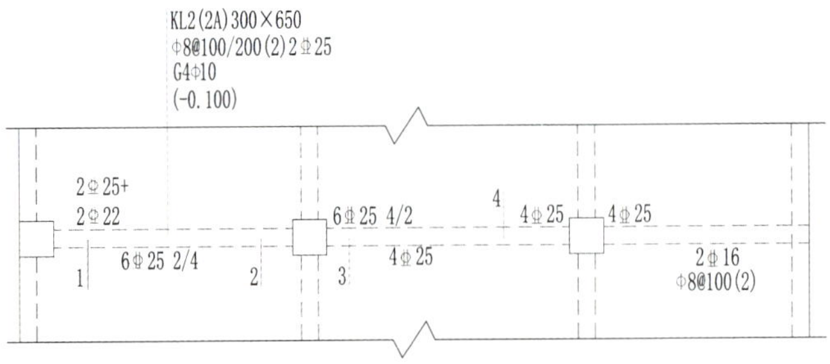

图 6-1　某校宿舍楼 KL2 梁平法施工图

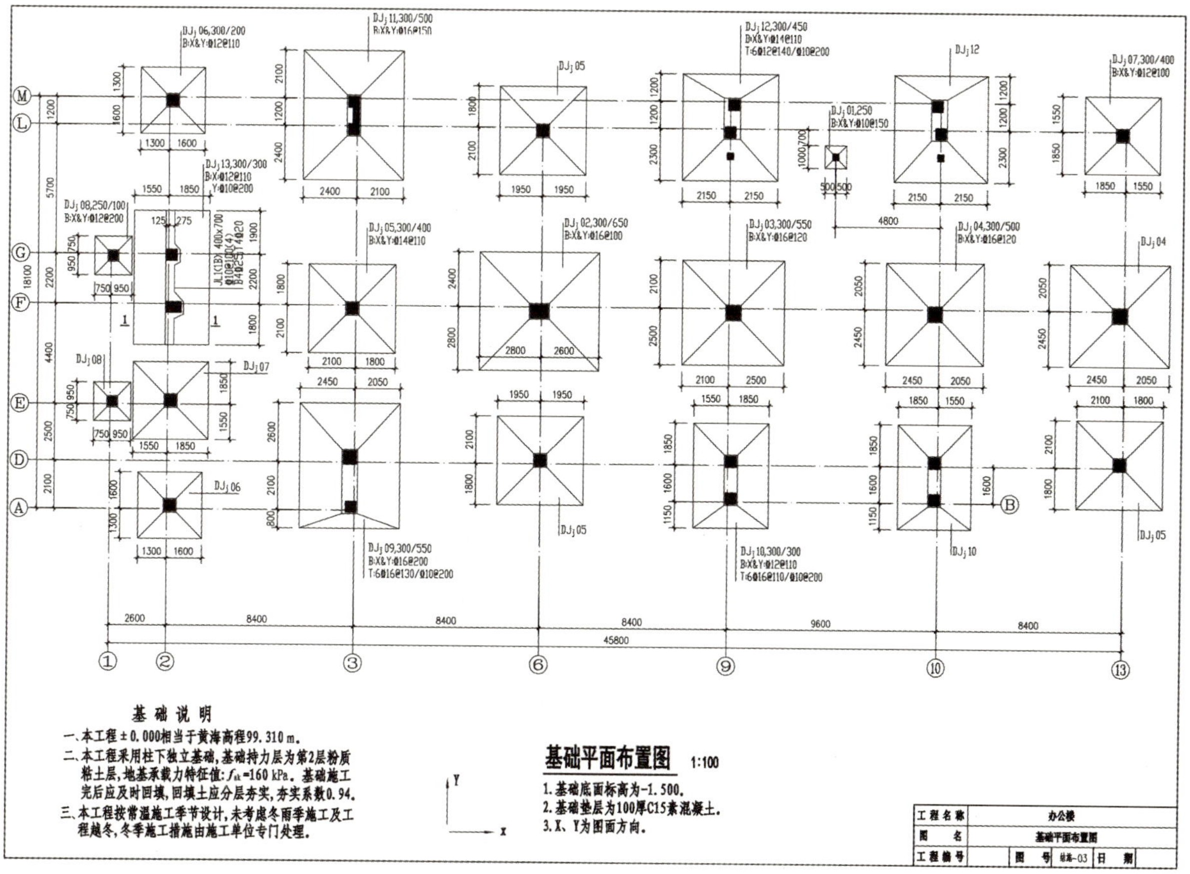

图 6-2　某校宿舍楼基础平面图

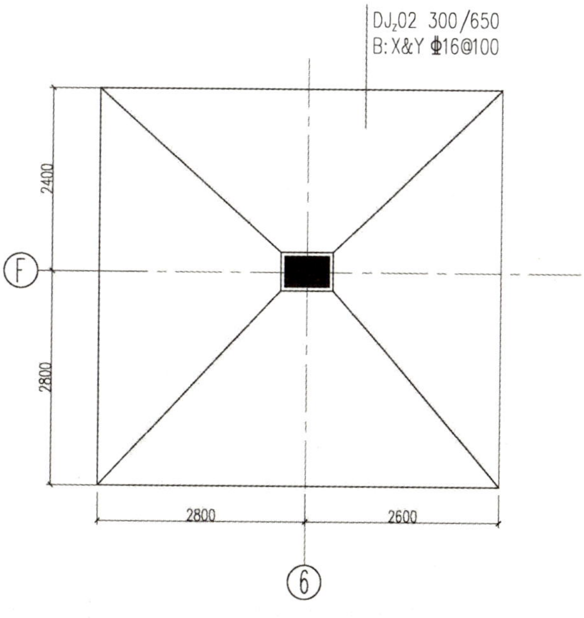

图 6-3　某校宿舍楼独立基础平面图

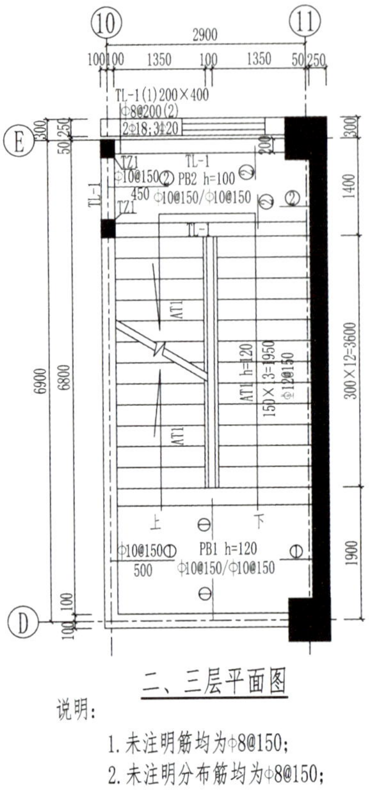

图 6-4　某楼梯平法施工图

3. 绘制要求

①绘图比例 1：1，出图比例 1：20。

②图层设置见表 6-2。

表 6-2　图层设置要求

图层名称	颜色	线型	线宽
轴线	红	CENTER	0.15
构建轮廓线	9	连续	0.2
钢筋	红	连续	0.3
尺寸及标注	绿	连续	0.2
汉字	白	连续	0.2
其他细线	白	连续	0.2

③文字样式设置。

设置文字样式名为“汉字”，字体名为“仿宋”，宽度因子 0.7。

设置文字样式名为“非汉字”，字体名为“Simplex.shx”，宽度因子 0.7。

图纸内注释文字高度为 1.2 mm，图名文字高度为 1.5 mm。

④尺寸标注样式设置。

尺寸标注样式名为“标注 100”；文字样式选用“非汉字”；箭头大小为 1.2 mm；尺寸界线超出尺寸线 2 mm；尺寸界线起点偏移量 5 mm；文字高度 1.2 mm；全局比例为 100。

⑤绘制构件轮廓线，并进行尺寸标注，绘制构件钢筋并进行配筋信息标注。

⑥图名绘制。

图名下画线要求细线 0.25 mm，中粗 0.5 mm，粗线 1.0 mm，细线的“线宽控制”随层，中粗线和粗线均采用“线宽控制”设置线宽。

图名采用“汉字”样式，字高 1.5 mm。

【项目分析】

1. 结构详图的地位作用

结构施工图主要采用平法施工图。平面注写的内容包括集中标注和原位标注两部分。平面整体表示方法相比于传统施工图，简单高效，但是不具体、不直观。通常通过绘制结构详图来考核施工人员能否识读结构平法施工图，能否通过图纸进行指导施工和造价计算。结构详图也是钢筋翻样、钢筋制作、钢筋加工的依据。结构详图通过平、立、剖面图将各构件（梁、柱、墙等）的结构尺寸、配筋规格等逼真地表示出来，识图时简单、直观、易懂。

2. 对接的赛证考核点

绘制结构详图是“建筑工程识图职业技能等级考试”和“全国职业院校技能大赛”的必考内容，考查内容包括绘制梁、柱、楼梯、剪力墙、基础结构详图。其具有分值占比大，不容易得分的特点，是重点攻破的题目。

3. 实施流程

实施流程为：细审题目→识读图纸→绘制图纸。

（1）细审题目

明确绘图内容、绘图要求等内容。

①问题 1：题目中要求的绘图内容包含哪些？哪些内容是明确无需绘制的？

____

____

____

____

②问题 2：题目中对哪些绘图设置进行了要求？

____

____

③注意事项。

（2）识读图纸

识读构件图纸，明确构件的截面尺寸及位置、构件的配筋信息等内容。

①问题 1：梁、独立基础、楼梯间各构件的截面尺寸分别是多少？

②问题 2：梁、独立基础、梯段板中的钢筋种类和配筋信息分别是什么？

③注意事项。

（3）绘制图纸

绘制轮廓线、钢筋信息，并进行尺寸标注和配筋信息标注。

①流程 1：图层如何设置？

②流程 2：文字和尺寸标准样式如何设置？

③流程 3：各构件的轮廓如何绘制？

④流程 4：梁、基础、楼梯梯段、板的钢筋如何绘制？

____

____

⑤流程 5：如何进行尺寸标注和配筋信息标注？

____

____

⑥流程 6：图名如何绘制？

____

____

任务 6.1　梁横剖面钢筋图绘制

6.1.1　任务目标

学习要求：通过本任务的学习，学生应掌握梁横剖面钢筋图的绘制方法。
学习重点：梁横剖面钢筋图的绘制内容与绘制步骤。
学习难点：梁横剖面钢筋图钢筋的绘制。

6.1.2　任务指导

1. 梁平法施工图识读

梁的平法施工图表示方式有平面注写方式和截面注写方式两种，通常采用平面注写方式。通过识读梁平法施工图绘制梁结构详图，以此来考察图纸识图的情况，从而指导施工和工程量计算，并为钢筋翻样、钢筋绑扎、模板制作提供依据。

平面注写方式如图 6-5 所示。在梁的平面布置图上，分别在不同编号的梁中各选一根梁，在其上注写截面尺寸和配筋具体数值来表达梁平法施工图。

平面注写的内容包括集中标注和原位标注两部分。

（1）集中标注内容

集中标注内容包含梁编号、梁截面尺寸、梁箍筋、梁上部通长筋或架立筋、梁侧面纵向构造钢筋或受扭钢筋、梁顶面标高高差六项内容，其中前五项为必注项，第六项为选注项。

①编号。

梁编号即代表梁的种类，见表 6-3。

表 6-3　梁编号

梁类型	代号	序号	跨数及是否带有悬挑
楼层框架梁	KL	××	（××）、（××A）或（××B）
楼层框架扁梁	KBL	××	（××）、（××A）或（××B）
屋面框架梁	WKL	××	（××）、（××A）或（××B）
框支梁	KZL	××	（××）、（××A）或（××B）
托柱转换梁	TZL	××	（××）、（××A）或（××B）
非框架梁	L	××	（××）、（××A）或（××B）
悬挑梁	XL	××	（××）、（××A）或（××B）
井字梁	JZL	××	（××）、（××A）或（××B）

注：（××A）为一端有悬挑，（××B）为两端有悬挑，悬挑不计入跨数

②梁截面尺寸。

如图 6-5 所示，集中标注 300×650 的意思是梁截面宽度 b=300 mm，梁截面高度 h=650 mm。

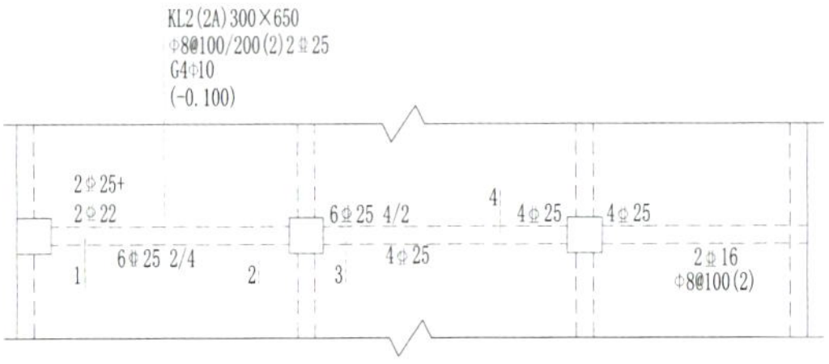

图 6-5　平面注写方式

梁截面存在加腋情况，包括竖向加腋（图 6-6）和水平加腋（图 6-7）。

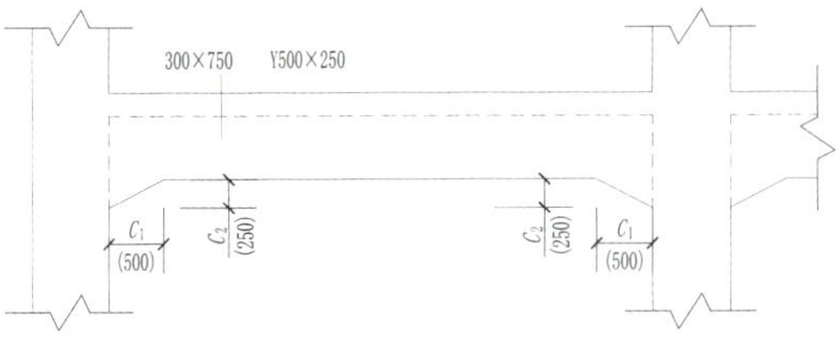

图 6-6 竖向加腋

竖向加腋时，用 Y$c_1 \times c_2$ 表示，其中 c_1 为腋长，c_2 为腋高。

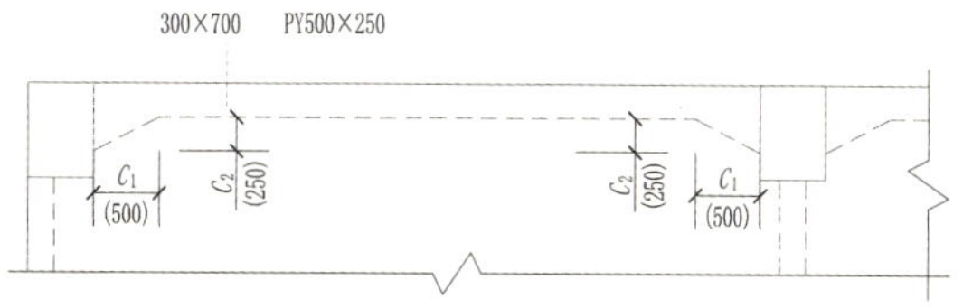

图 6-7 水平加腋

水平加腋时，用 $b \times h$ PY$c_1 \times c_2$ 表示，其中 c_1 为腋长，c_2 为腋宽。

当有悬挑梁且根部和端部的高度不同时，用斜线分隔根部与端部的高度值，如图 6-8 所示。

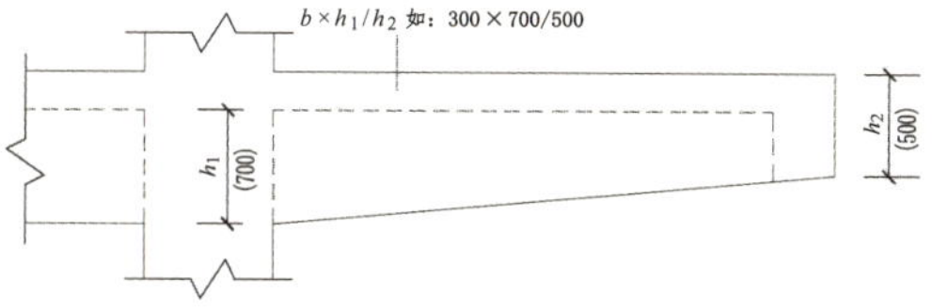

图 6-8　悬挑梁不等高截面注写

③梁箍筋。

梁箍筋包括箍筋级别、直径、加密区与非加密区间距和肢数，如图 6-5 所示，集中标注 ф8@100/200（2）的意思是 HPB300 级钢筋、直径 8 mm 加密区间距 100 mm、非加密区间距 200 mm 的双肢箍筋。梁箍筋肢数是指箍筋竖边的个数。

④梁上部通长筋或架立筋。

如图 6-5 集中标注 2Φ25 表示该梁上部配置 2 根直径为 25 mm 的 HRB400 级通长钢筋。所谓通长钢筋，就是从梁左端一直延伸到梁右端，中间不截断，当梁下部也配置通长筋时，上下部通长筋用“：”分开。

例如：2Φ22：3Φ20 表示梁的上部配置 2Φ22 的通长筋，梁的下部配置 3Φ20 的通长筋。

⑤梁侧面纵向构造钢筋或受扭钢筋。

当梁截面高度 $h \geqslant 450$ mm 时，应在两侧面配置构造钢筋，如图 6-5 所示，集中标注 G4ф10 表示该梁每侧面配置 2 根（两侧面共 4 根）直径为 10 mm 的 HPB300 级钢筋。

当梁侧面配置抗扭钢筋时，将 G 改为 N 并且配置抗扭筋后不再配置构造筋。侧面构造钢筋或抗扭筋在梁截面中的位置如图 6-9 所示。

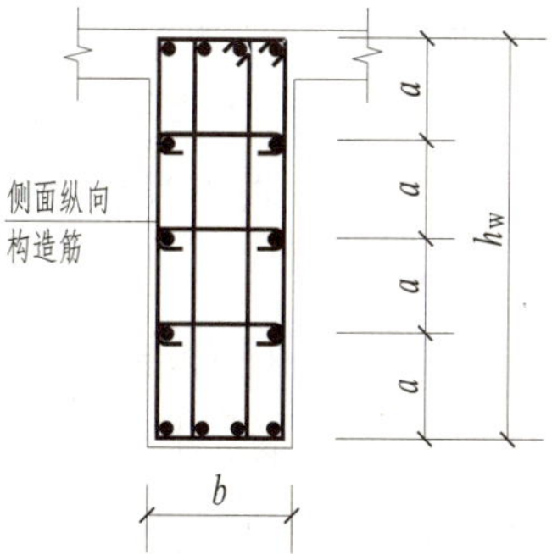

图 6-9　梁侧面纵筋

⑥梁顶面标高高差。

梁顶面标高高差是指相对于本结构层楼面标高的高差值，当梁顶面高于板面时，为“+”；当梁面低于板面时，为“−”。存在高差时标注，不存在时不标注，如图 6−5 所示，KL2 集中标注（−0.100）表示该梁面低于本层板面 100 mm。

（2）原位标注内容

①梁支座上部纵筋。

梁支座上部纵筋又称为梁支座负筋，属于非通长筋，仅在支座附近一定长度范围内设置。梁支座负筋是包括通长筋在内的数值。当支座负筋分两层设置时，应用“/”将上下层钢筋分开，“/”前为上层支座负筋，“/”后为第二层支座负筋；当支座负筋是两种直径时，应用“+”分开，“+”前为角筋。

如图 6−5 所示，原位标注中 6⌀25 4/2 表示设置了 6 根直径为 25 mm 的 HRB400 级支座负筋，上部第一排 4 根，第二排 2 根，其中上部第一排有 2 根是通长筋；2⌀25+2⌀22 表示设置了 2 根直径为 25 mm 和 2 根直径为 20 mm 的 HRB400 级支座负筋，其中 2 根直径 25 mm 是通长筋。

对于中间支座负筋，如果支座两侧负筋配置相同，只选择一侧标注，另一侧不注；如果支座两侧负筋配置不同，应在两侧分别标注配筋值。

当梁的两大跨中间为一小跨，且小跨净跨值小于左右两大跨净跨值之和的 1/3 时，采用大跨支座负筋连通小跨上部纵筋的布置，如图 6−10 所示。

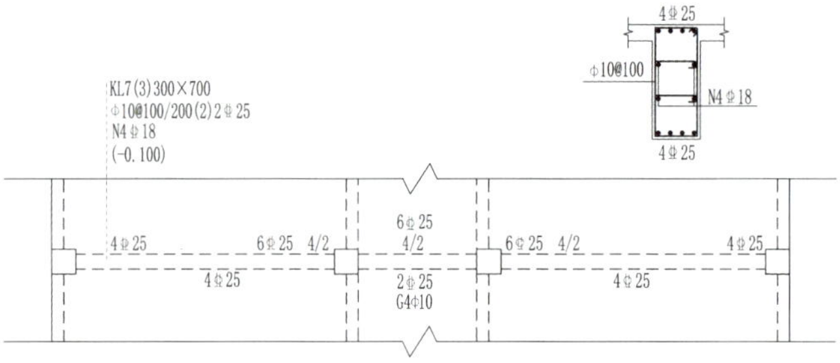

图 6−10 大小跨梁的注写方式

②梁下部纵筋。

梁下部纵筋标注有以下几种情况。

A. 当下部纵筋多于一排时，用“/”将上下两排分开。

B. 当下部纵筋由不同直径钢筋组成时，用“+”将不同直径钢筋相连，并且角筋写在“+”前。

C. 当梁下部纵筋不全部伸入支座时，将不深入支座的下部纵筋写在括号内。

例如：6⌀25 2（−2）/4 表示梁下部纵筋共 6 根直径为 25 mm 的 HRB400 级钢筋，其中上排有 2 根且不伸入支座，下排有 4 根且伸入支座。

D. 当在集中标注中已标注过下部通长筋时，在原位标注中就不需再次标注。

③当集中标注的内容（包括梁截面尺寸、箍筋、上部通长筋或架立筋、梁侧面钢筋以及梁顶面标高高差的某项或几项）不适用某跨或某悬挑部分时，将其不同数值采用原位标注进行修改。

④附加箍筋和吊筋。

在主次梁交界处，为了防止主梁在较大集中力作用下发生剪切破坏，通常在主梁内设置附加箍筋或吊筋来抵抗较大集中力。附加箍筋和吊筋的配筋值可以在梁平面布置图上一一标注，也可以统一说明。

2. 绘制梁横剖面钢筋图

（1）绘制内容

①图层设置。

②文字标注样式设置。

③梁、板的轮廓绘制。

④梁中不同钢筋绘制。

⑤尺寸标注、标高标注、配筋信息标注。

⑥图名绘制。

（2）操作要点

梁横剖面钢筋图中梁纵筋的横断面图例为圆点，可采用 DONUT 命令。

① DONUT（命令）介绍。

DONUT 命令用于创建实心圆或较宽的环。实心圆或圆环绘图样式示例如图 6-11 所示。

圆环由两条圆弧多段线组成，这两条圆弧多段线首尾相接而形成圆形，圆环是填充环或实体填充圆，即带有宽度的实际闭合多段线。多段线的宽度由指定的内直径和外直径决定，如图 6-12 所示，如果将内径指定为 0（零），则圆环将填充为圆。

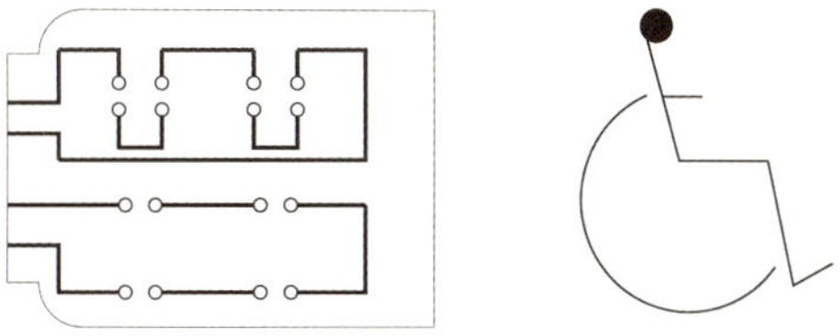

图 6-11　实心圆或圆环绘图样式示例

DONUT 命令可通过“菜单栏”→“绘图”→“圆环”，或者◎查找，或者输入快捷键 DO 实现。操作命令后将显示以下提示。

指定圆环的内径：

图 6-12　圆环的内、外径

指定圆环的外径：

基于圆环中心点指定圆环的位置。在每个指定点上绘制一个圆环，直到按 Enter 键结束命令为止。如图 6-13 所示。

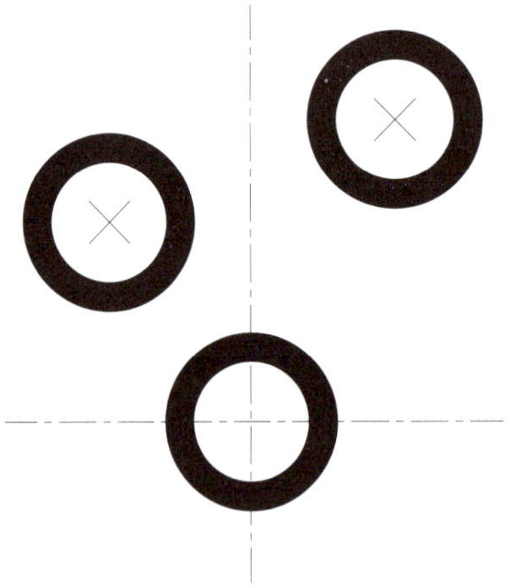

图 6-13　圆环的中心点

② DONUT（命令）操作。

DONUT 命令操作如下。

A. 依次单击“常用”选项卡“绘图”面板“圆环”。

B. 指定内直径。

C. 指定外直径。

D. 指定圆环的圆心。

E. 指定另一个圆环的中心点，或者按 Enter 键结束命令。

如图 6-14 所示。

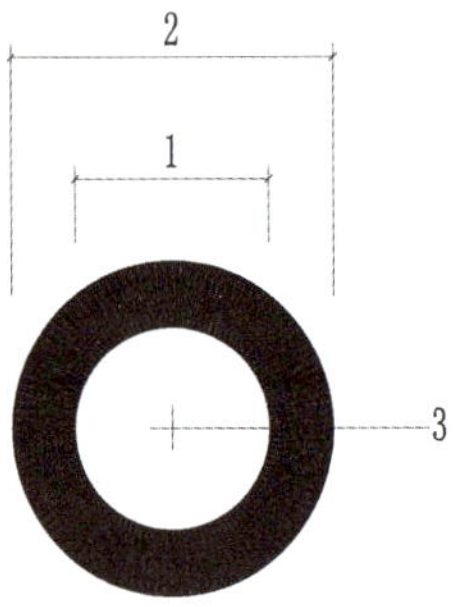

1—内直径；2—外直径；3—圆环的圆心。

图 6-14　圆环的操作参数

（3）绘制步骤

①图层设置：设置不同图层的颜色、线型、线宽。

②文字标注样式设置：按要求设置文字标注样式。

③梁、板的轮廓绘制：梁和板同时浇筑，梁顶标高同板顶标高，根据识图内容绘制梁和板的轮廓线，因板不能全部绘制，用折断号省略未画的板轮廓。

④梁中不同钢筋的图例：采用不同的钢筋图例符号画出梁中的纵筋和箍筋，箍筋末端采用 135°，弯钩弯折以后的长度为 10*d*（*d* 为箍筋直径），可采用直线绘制示意，也可用多段线进行精确绘制。

⑤尺寸标注、标高标注、配筋信息标注：根据设置的尺寸标注样式进行尺寸标注，绘制标高图例，完成标高标注，对梁中不同类型的钢筋进行配筋信息标注。

⑥图名绘制：按要求完成图名绘制。

»【小贴士】

梁横剖面钢筋图中梁纵筋的横断面采用圆点表示，圆点的大小应与构件结构尺寸协调。

6.1.3　任务训练

根据本任务所学内容，按照任务 6.1 绘制梁横剖面钢筋图中的绘制要求，创建某梁横剖面钢筋图图层，图层设置要求见表 6-4。

表 6-4　某梁横剖面钢筋图的图层设置要求

图层名称	颜色	线型	线宽
轴线	红	CENTER	0.15
梁、板轮廓线	9	连续	0.2
钢筋	红	连续	0.3
尺寸及标注	绿	连续	0.2
汉字	白	连续	0.2
其他细线	白	连续	0.2

创建图层结果如图 6-15 所示。

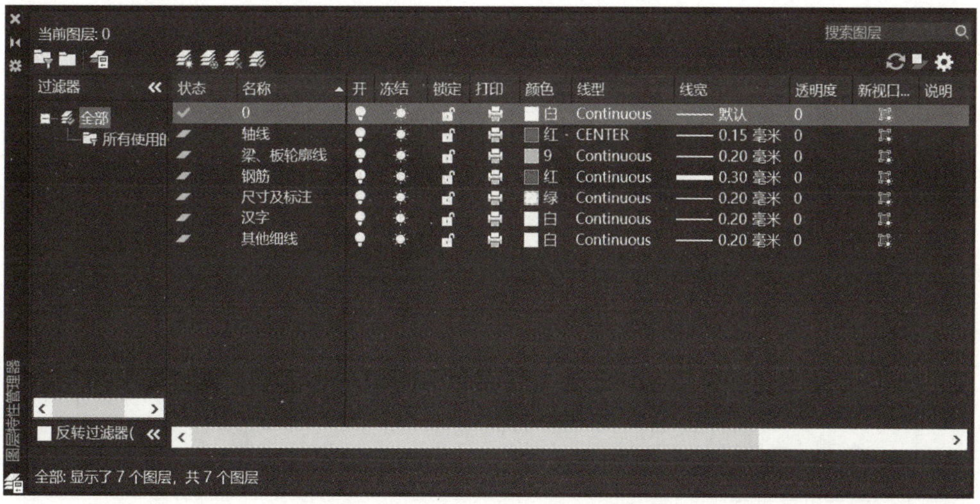

图 6-15　梁横剖面钢筋图图层创建

文字及标注样式设置同前面章节。

梁、板的轮廓绘制和梁钢筋绘制需要根据识图图纸进行。

平法施工图识图如图 6-16 所示。

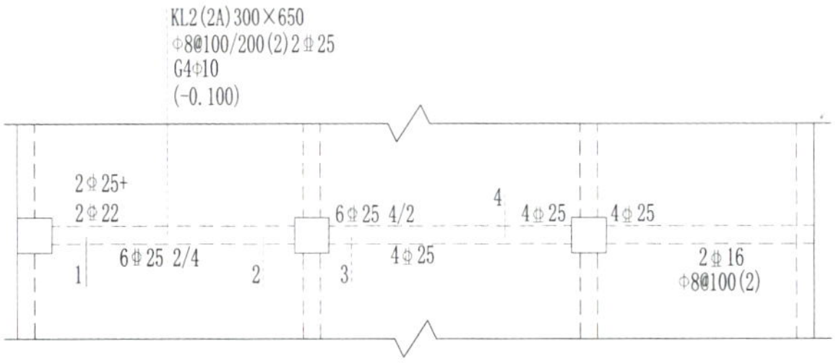

图 6-16 某校宿舍楼 KL2 梁平法施工图

由梁平法施工图集中标注可知，图 6-16 中梁的截面宽度为 300 mm，梁高为 650 mm，该梁上部通长筋为 2ф25。该梁为中部梁，梁与板同时浇筑，没有板厚信息，板厚为 60 ~ 140 mm，在绘制板的轮廓线时，可假设其为 100 mm。梁箍筋信息为 ф8@100/200（2），采用 HPB300 级钢筋、直径 8 mm，梁的两端设置加密区间距 100 mm、跨中非加密区间距 200 mm 的双肢箍筋。

第一跨左端支座处上部纵筋为 2ф25+2ф22，其中截面角部 2ф25 为通长筋，中部 2ф22 为支座负筋。第一跨右端支座上部纵筋为 6ф25 4/2，两排布置，其中第一排 4ф25，截面角部 2ф25 为通长筋，中部 2ф25 为支座负筋，第二排 2ф25 为支座负筋。第一跨下部纵筋为 6ф25 2/4，两排布置，上一排下部纵筋 2ф25，下一排下部纵筋 4ф25。

第二跨左端支座上部纵筋为 6ф25 4/2，两排布置，其中第一排 4ф25，截面角部 2ф25 为通长筋，中部 2ф25 为支座负筋，第二排 2ф25 为支座负筋。第二跨下部纵筋为 4ф25。第二跨右端支座上部纵筋为 4ф25，一排布置，截面角部 2ф25 为通长筋，中部 2ф25 为支座负筋。

通过以上识读信息，根据绘制步骤绘制梁横剖面 1—1 钢筋图。

梁、板的轮廓线绘制如图 6-17 所示。

梁中不同钢筋绘制如图 6-18 所示。

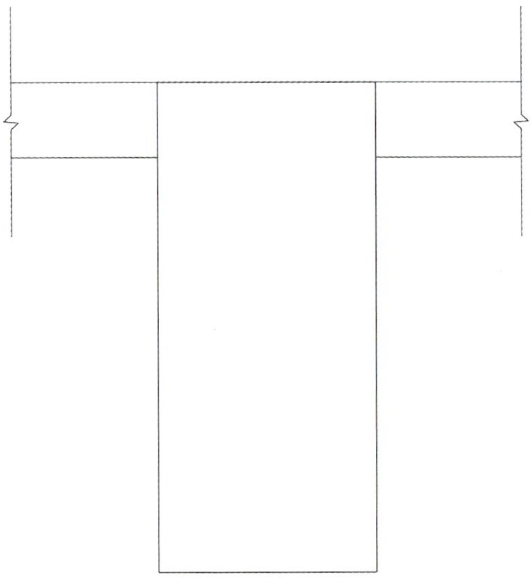

图 6-17 绘制梁、板的轮廓线

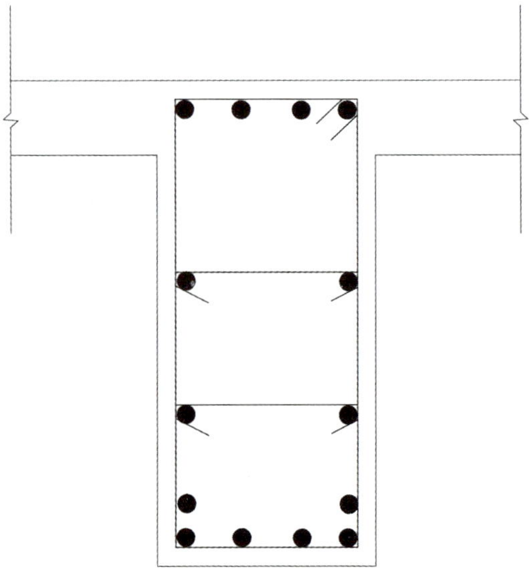

图 6-18 绘制梁、板的钢筋图

对梁钢筋图进行尺寸标注、标高标注、配筋信息标注，绘制如图 6-19 所示的梁横剖面 1—1 钢筋图。

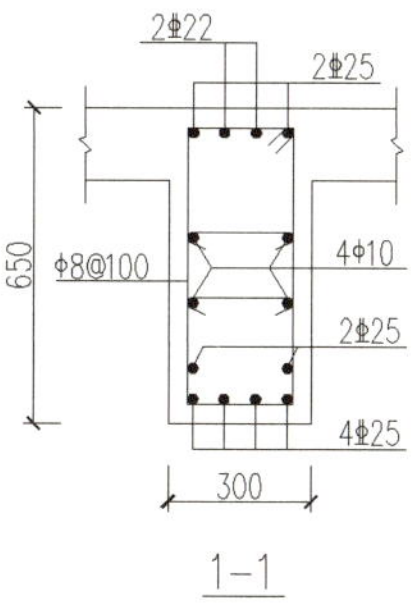

梁剖面图钢筋绘制

图 6-19　梁横剖面 1—1 钢筋图

绘制 2—2、3—3、4—4 梁横剖面钢筋图如图 6-20 所示，绘制方法同梁横剖面 1—1 钢筋图。根据识图内容，也可以复制后在 1—1 梁横剖面钢筋图上进行修改。

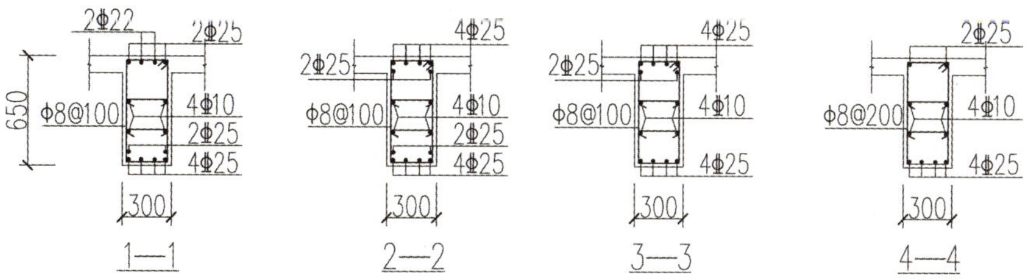

图 6-20　梁横剖面钢筋图

任务 6.2　独立基础钢筋图绘制

6.2.1　任务目标

学习要求：通过本任务的学习，学生应掌握独立基础钢筋图的绘制方法。

学习重点：独立基础钢筋图的绘制内容与绘制步骤。

学习难点：独立基础钢筋图中钢筋的绘制。

6.2.2　任务指导

1. 识读独立基础施工图

独立基础平法施工图表示方式分为平面注写方式和截面注写方式两种。独立基础分为普通独立基础和杯口独立基础，这里只介绍普通独立基础。普通独立基础的集中标注包括基础编号、截面竖向尺寸、配筋三项必注项以及基础底面标高和必要的文字注解两项选注内容。

(1)独立基础平法识图

①基础编号。

独立基础编号见表 6-5。

表 6-5 独立基础编号表

类型	基础底板截面形状	代号	序号
普通独立基础	阶形	DJ_j	××
	锥形	DJ_z	××
杯口独立基础	阶形	BJ_j	××
	锥形	BJ_z	××

例如，DJj1 表示阶形普通独立基础，序号为 1。

②截面竖向尺寸。

一般用 h_1/h_2 自下而上标注，当为单阶时，竖向尺寸只有一个。

例如，200/200 表示各阶的高度自下而上均为 200 mm。

③配筋情况。

注写独立基础底板配筋 B 代表板底配筋，钢筋长度沿 X 向配筋用“X”打头，长度沿 Y 向配筋用“Y”打头；当配筋的两向相同，用 X&Y 打头注写。

例如：B：X⌀14@200 表示基础板底 X 向配 HRB400 级钢筋，直径为 14 mm，钢筋间距为 200mm；Y⌀14@200 表示基础板底 Y 向配 HRB400 级钢筋，直径为 14 mm，钢筋间距为 200 mm。

如为圆形独立基础，则采用放射配筋，以 Rs 打头，先写径向配筋，并在“/”后注写环向配筋。

(2)独立基础钢筋构造

根据排布图，独立基础钢筋有四类，见表 6-6。

表 6-6 矩形独立基础钢筋类别

名称	钢筋种类
矩形独立基础底板筋	X 向受力筋
	Y 向受力筋
多柱基础顶部钢筋	受力筋
	分布筋

如图 6-21 所示，设钢筋保护层厚度为 C，底板钢筋的排布间距为 S，则第一根钢筋距构件边缘的距离为“起步距离”，起步距离为 min（75，$S/2$）。

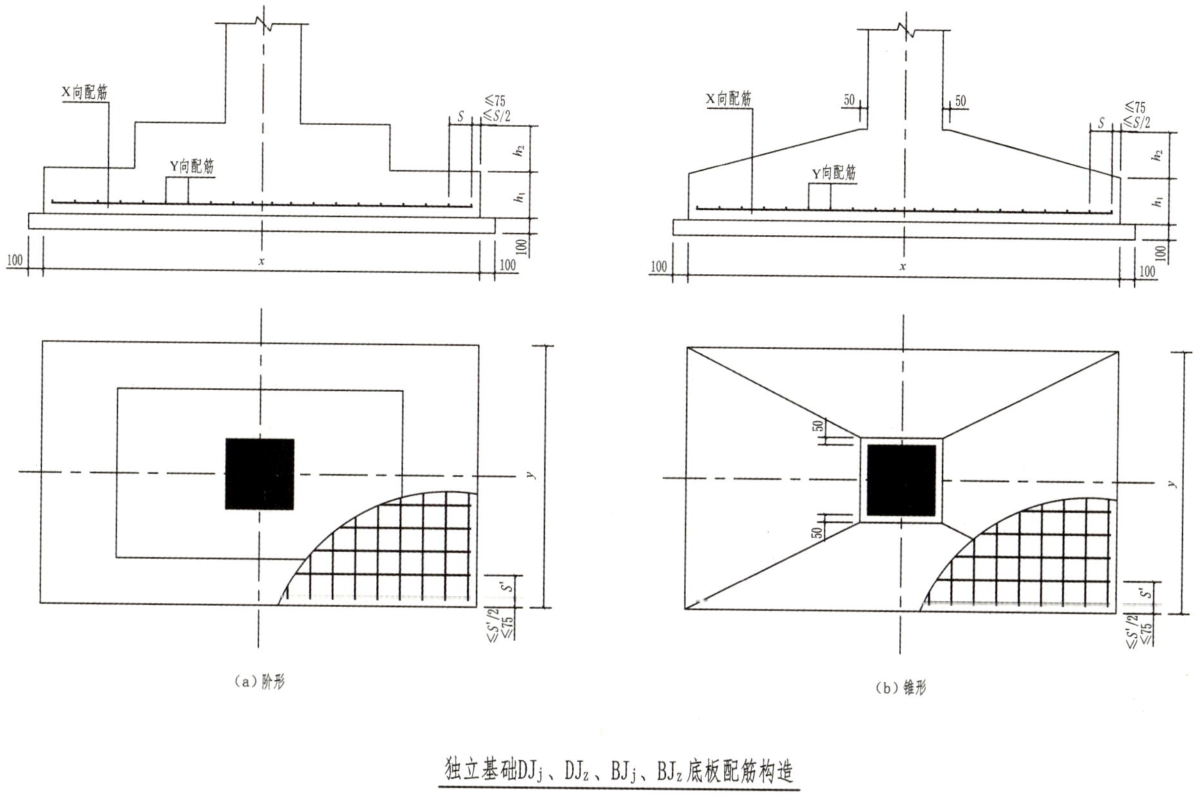

图 6-21　矩形独立基础底板钢筋排布图

特殊情况：当基础宽度≥ 2 500 mm 时，除外侧钢筋外，底板基础配筋长度可取基础宽度的 0.9。

2. 独立基础钢筋图绘制

（1）绘制内容

①图层设置。

②文字标注样式设置。

③独立基础、柱的轮廓绘制。

④独立基础中不同钢筋绘制。

⑤尺寸标注、标高标注、配筋信息标注。

⑥图名绘制。

（2）操作要点

独立基础钢筋图绘制内容操作要点与前面章节相同，在此不再赘述。

（3）绘制步骤

①图层设置：设置不同图层的颜色、线型、线宽。

②文字标注样式设置：按要求设置文字标注样式。

③独立基础、柱的轮廓绘制：根据识图内容绘制独立基础和柱的轮廓线，因柱不能完全绘制，用折断号省略未画的柱轮廓。

④独立基础中不同钢筋绘制：采用不同的钢筋图例符合画出独立基础的钢筋。

⑤尺寸标注、标高标注、配筋信息标注：根据设置的尺寸标注样式进行尺寸标注，绘制标高图例，完成标高标注，对独立基础中不同类型的钢筋进行配筋信息标注。

⑥图名绘制：按要求完成图名绘制。

6.2.3 任务训练

根据本任务所学内容，按照任务 6.2 绘制独立基础钢筋图中的绘制要求，创建某图层，设置文字和尺寸标注样式。

通过独立基础平法施工图识图可知：独立基础编号为 DJ_j02，为阶形普通独立基础，基础位于⑥轴与 F 轴交点处；基础竖向尺寸由下自上为 300 mm，650 mm；基础平面尺寸 5 400 mm × 5 200 mm，水平尺寸 5 400 mm，竖向尺寸为 5 200 mm；基础底板配筋：B：X&Y：⌀16@100；基础标高：底面标高 −1.500 m。

通过以上识读信息，根据绘制步骤绘制以下内容。

独立基础、柱的轮廓绘制如图 6−22 所示。

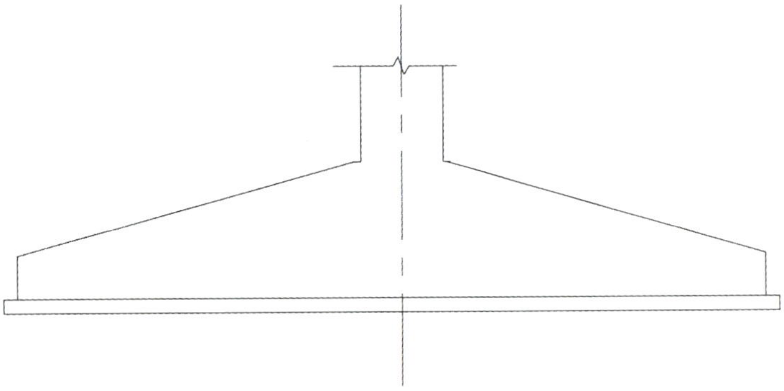

图 6−22　独立基础轮廓线

独立基础中不同钢筋绘制如图 6−23 所示。

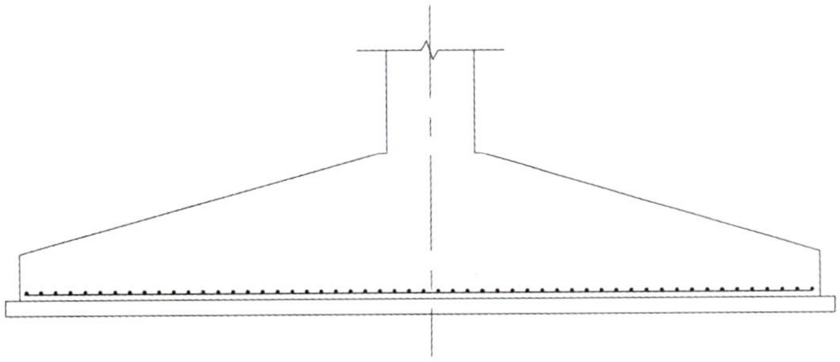

图 6−23　独立基础钢筋绘制

尺寸标注、标高标注、配筋信息标注、图名注明绘制如图 6-24 所示。

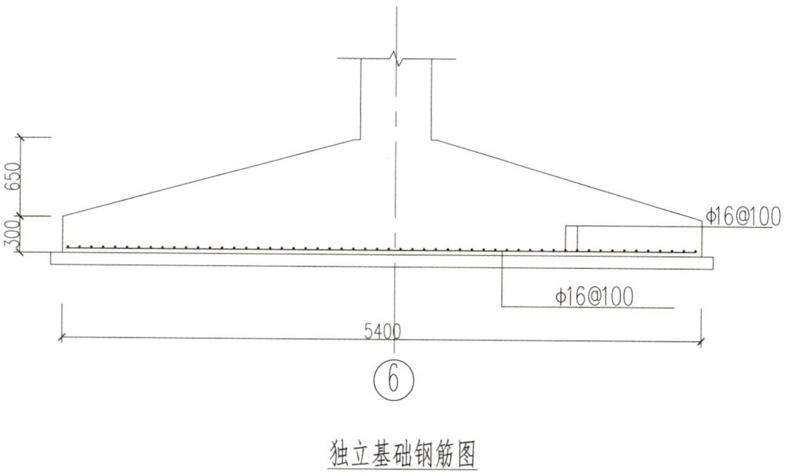

图 6-24　独立基础钢筋图

任务 6.3　楼梯钢筋图绘制

6.3.1　任务目标

学习要求：通过本任务的学习，学生应掌握楼梯钢筋图的绘制方法。
学习重点：楼梯钢筋图的绘制内容与绘制步骤。
学习难点：楼梯钢筋图钢筋的绘制。

6.3.2　任务指导

从结构上划分，现浇钢筋混凝土楼梯分为板式楼梯、梁式楼梯、悬挑楼梯和旋转楼梯。工程中常见的为板式楼梯，其根据 22G101—2 标准图集共分为 AT、BT、CT、DT、ET、FT、GT、ATa、ATb、ATc、BTb、CTa、CTb、DTb 等共 14 种类型。本任务以 AT 型板式楼梯进行讲解示例。

AT 型楼梯两梯梁之间的矩形梯板全部由踏步段构成，即踏步段两端均以梯梁为支座。凡是满足该条件的楼梯均可为 AT 型，如双跑楼梯、双分平行楼梯、剪刀楼梯等。

1. 板式楼梯平法识读

（1）AT 板式楼梯平面注写施工图识图

22G101—2 中，楼梯平法施工图表示方式可分为平面注写、剖面注写和列表注写三种，常见的为平面注写方式。平面注写方式是在楼梯平面布置图上注写截面尺寸和配筋具体数值来表达楼梯施工图，包括集中标注和外围标注。楼梯平面注写制图规则见表 6-7。

表 6-7 平面注写制图规则

数据项及标注方式		注写方式	备注
集中标注	梯板类型代号与序号	AT× ×	
	梯板厚度	h= × × ×	当为带平板的梯板且踏步段板厚度和平板厚度不同时，可在梯板厚度后面括号内以字母“P”打头注写平板厚度 h= × × ×（P× × ×）
	踏步段总高度和踏步级数	H_s/（m+1）	
	梯板支座上部纵筋、下部纵筋	上部纵筋；下部纵筋	
	梯板分布筋	以 F 打头注写	可在图中统一说明
外围标注	楼梯间的平面尺寸	①《建筑结构制图标准》（GB/T 50105—2010）； ② 22G101—2 标准图集的尺寸以 mm 为单位，标高以 m 为单位； ③ 22G101—2 标准图集中，楼梯均为逆时针上，其制图规则与构造对于顺时针或逆时针均适用	
	楼层结构标高		
	层间结构标高		
	楼梯的上下方向		
	梯板的平面几何尺寸	平台板 PTB、梯梁 TL、梯柱 TZ 配筋可参照 22G101—1《混凝土结构施工图平面整体表示方法制图规则和构造详图（现浇混凝土框架、剪力墙、梁、板）》标注	
	平台板配筋		
	梯梁配筋		
	梯柱配筋		

以 AT 型楼梯为例，平面注写方式如图 6-25 所示。

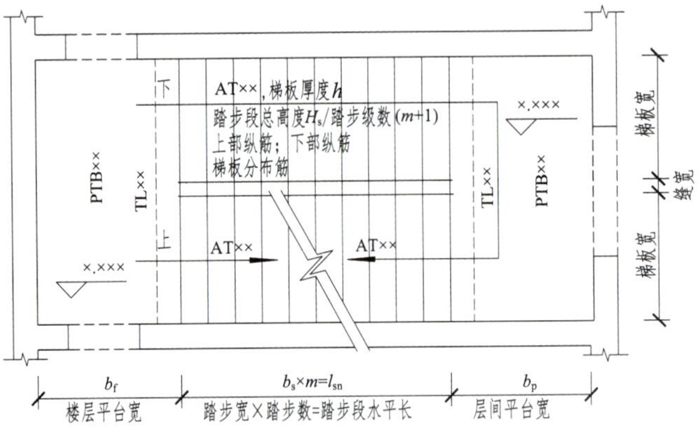

图 6-25 楼梯平面图

楼梯施工图平面注写方式实例如图 6-26 所示。

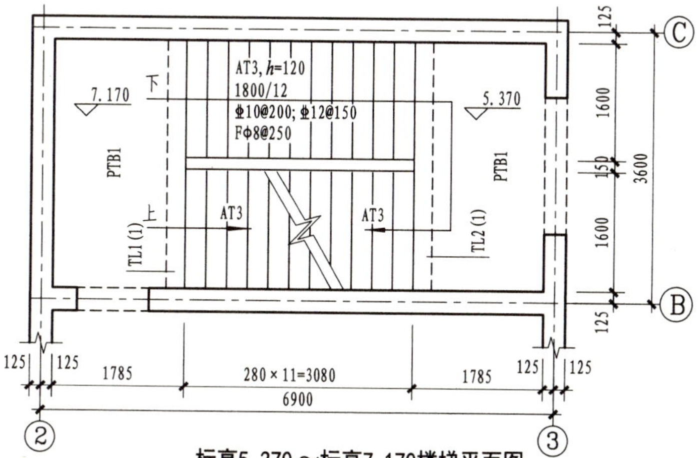

标高5.370～标高7.170楼梯平面图

图 6-26　楼梯平面图

图 6-25、图 6-26 的工程实例中反映楼梯以下钢筋信息。

①梯板类型及编号为 AT3。

②踏步段总高度为 1 800 mm，踏步级数为 12 级。

③梯板支座上部纵筋为⌀10@200。

④梯板下部纵筋为⌀12@150。

⑤梯板分布筋为 φ8@250。

楼梯的平面注写方式适用于梯板类型单一，通过平面就能将施工时所需的楼梯截面尺寸和配筋信息表达完整的情况。

（2）AT 型板式楼梯钢筋构造

根据楼梯钢筋所处的部位和具体构造要求不同，将其构造分为以下主要内容。

①踏步段下部纵筋构造。

②踏步段上部纵筋构造。

③楼梯平板下部纵筋构造。

④楼梯平板上部纵筋构造。

⑤梯板分布筋构造。

⑥滑动支座构造。

⑦不同踏步位置推高与高度减小构造。

⑧各型楼梯第一跑与基础连接构造。

楼梯配筋当采用 HPB300 级钢筋时，其末端应做 180° 的弯钩，做法见 22G101—2。

AT 型楼梯梯板配筋构造分为踏步段下部纵筋、踏步段低端上部纵筋、踏步段高端上部纵筋、踏步段分布筋，如图 6-27 所示。

①踏步段下部纵筋。

踏步段下部纵筋伸入高端梯梁及低端梯梁的长度均应≥ $5d$（d 为纵向钢筋直径），而且至少伸过支座中线。

②踏步段低端上部纵筋。

A. 伸入低端梯梁要求。

a. 当设计踏步段与平台板铰接时，平直段钢筋伸至端支座对边后弯折，而且平直段长度不小于 0.35 l_{ab}，弯折段长度为 15d（d 为纵向钢筋直径）。

b. 当设计考虑充分利用钢筋的抗拉强度时，平直段伸至端支座对边后弯折，而且平直段长度不小于 0.6 l_{ab}，弯折段长 15d（d 为纵向钢筋直径）。

具体工程中，设计应指明采用何种构造。当多数采用同种构造时，可在图注中写明，并将少数不同之处在图中注明。

B. 伸入梯板要求。上部纵筋伸入踏步板内的水平投影长度是踏步板水平投影长度的 1/4，弯折同 22G101—1 中板的支座负筋。

③踏步段高端上部纵筋。

A. 伸入高端梯梁要求。

a. 当设计踏步段与平台板铰接时，平直段钢筋伸至端支座对边后弯折，而且平直段长度不小于 0.35 l_{ab}，弯折段长度 15d（d 为纵向钢筋直径）。

b. 当设计考虑充分利用钢筋的抗拉强度时，平直段伸至端支座对边后弯折，而且平直段长度不小于 0.6 l_{ab}，弯折段长度为 15d（d 为纵向钢筋直径）。

c. 上部纵筋有条件时，可直接伸入平台板内锚固，从支座内边算起，总锚固长度不小于 l_a。

在具体工程中，设计应指明采用何种构造。当多数采用同种构造时，可在图注中写明，并将少数不同之处在图中注明。

B. 伸入梯板要求。直段钢筋伸入踏步板内的水平投影长度是踏步板水平投影长度的 1/4，弯折同 22G101—1 中板的负筋。

④踏步段分布筋。

在下部纵筋上方、上部纵筋下方均应设置分布筋。

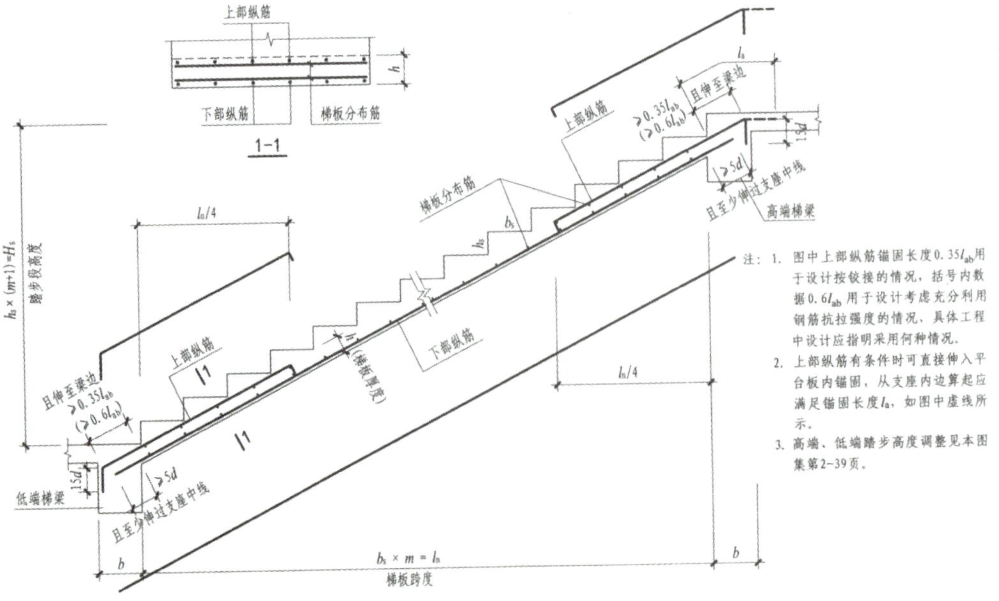

图 6-27　AT 梯段板钢筋构造

2. 楼梯钢筋图绘制

（1）绘制内容

①图层设置。

②文字标注样式设置。

③楼梯各构件的轮廓绘制。

④踏步断中不同钢筋绘制。

⑤尺寸标注、标高标注、配筋信息标注。

⑥图名绘制。

（2）操作要点

楼梯钢筋图绘制内容操作要点与前面章节相同，在此不再赘述。

（3）绘制步骤

①图层设置：设置不同图层的颜色、线型、线宽。

②文字标注样式设置：按要求设置文字标注样式。

③楼梯各构件的轮廓绘制：根据识图内容绘制踏步段、层间平台梁、层间平台板、楼层平台梁和楼层平台板的轮廓线。

④楼梯踏步段钢筋绘制：采用不同的钢筋图例符号画出踏步段的钢筋。

⑤尺寸标注、标高标注、配筋信息标注：根据设置的尺寸标注样式进行尺寸标注，绘制标高图例，完成标高标注，对踏步段不同类型的钢筋进行配筋信息标注。

⑥图名绘制：按要求完成图名绘制。

6.3.3　任务训练

通过识读图 6-4 某楼梯平法施工图，楼梯各构件的轮廓绘制如图 6-28 所示。

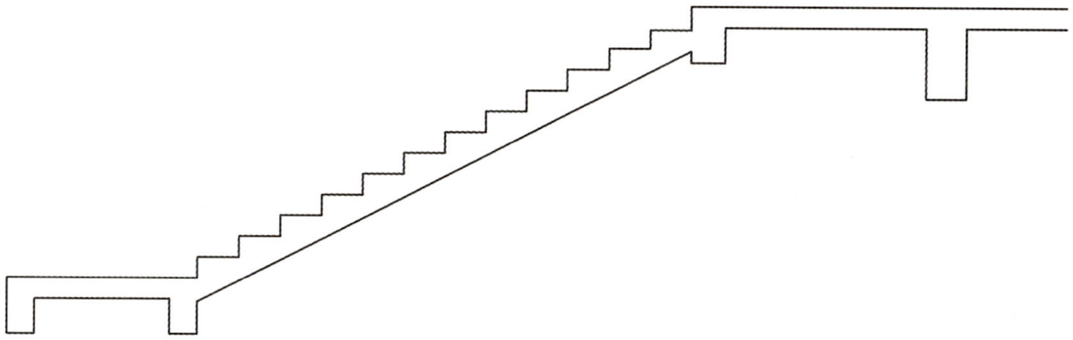

图 6-28　楼梯各构件轮廓

楼梯中不同钢筋绘制如图 6-29 所示。

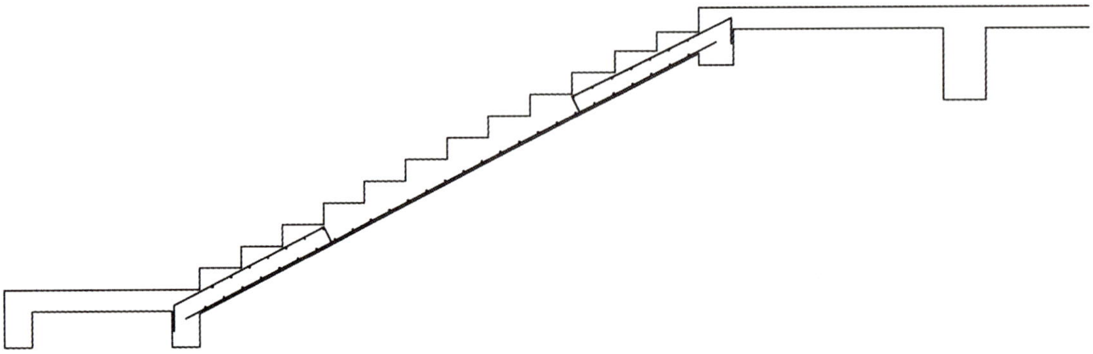

图 6-29　梯段板钢筋绘制

尺寸标注、标高标注、配筋信息标注、图名标注绘制如图 6-30 所示。

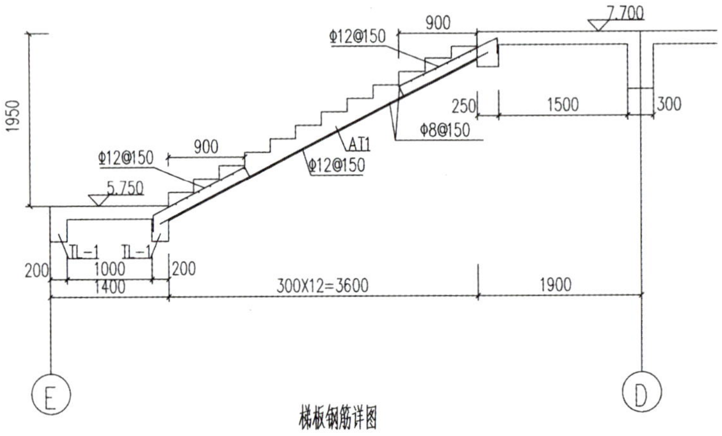

图 6-30　梯段板钢筋详图

◎ 综合实训一

1. 实训任务

根据任务书及《建筑结构制图标准》（GB/T 50105—2010）、《混凝土结构施工图平面整体表示方法制图规则和构造详图（现浇混凝土框架、剪力墙、梁、板）》（22G101—1）规范要求，绘制梁横剖面钢筋图。

2. 实训目的

熟悉梁横剖面钢筋图绘制内容及绘制步骤，熟练进行梁横剖面钢筋图的绘制。

3. 实训要求

根据识图及规范要求，绘制图 6-31 的 1—1、2—2 梁横剖面的钢筋图。

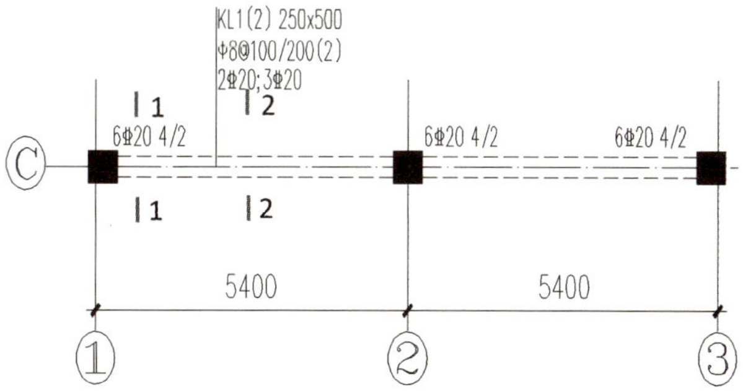

图 6-31　KL1 梁平法施工图

①图层设置。

②文字标注样式设置。

③梁、板的轮廓绘制。

④梁中不同钢筋绘制。

⑤尺寸标注、标高标注、配筋信息标注。

⑥图名绘制。

◎ 综合实训二

1. 实训任务

根据任务书及《建筑结构制图标准》（GB/T 50105—2010）、《混凝土结构施工图平面整体表示方法制图规则和构造详图（独立基础、条形基础、筏形基础、桩基础）》（22G101—3）规范要求，绘制独立基础钢筋图。

2. 实训目的

能够正确识读独立基础结构施工图，能够熟练应用相关命令绘制独立基础结构详图。

3. 实训要求

根据识图及规范要求，绘制独立基础钢筋图，如图 6-32 所示。

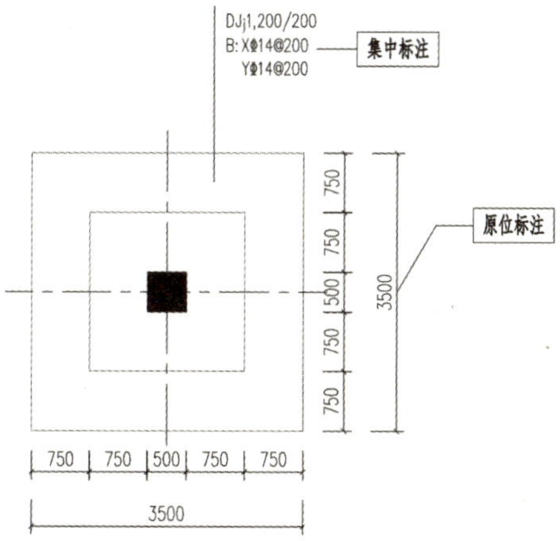

图 6-32　独立基础钢筋图

①图层设置。

②文字标注样式设置。

③独立基础、柱的轮廓绘制。

④独立基础中不同钢筋绘制。

⑤尺寸标注、标高标注、配筋信息标注。

⑥图名绘制。

◎ 综合实训三

1. 实训任务

根据本任务书及《建筑结构制图标准》（GB/T 50105—2010）、《混凝土结构施工图平面整体表示方法制图规则和构造详图（现浇混凝土板式楼梯）》（22G101—2）规范要求，绘制梯段板钢筋图。

2. 实训目的

能够正确识读楼梯结构施工图并熟练应用相关命令绘制梯段板结构详图。

3. 实训要求

根据识图及规范要求，绘制梯段板钢筋图，如图 6-33 所示。

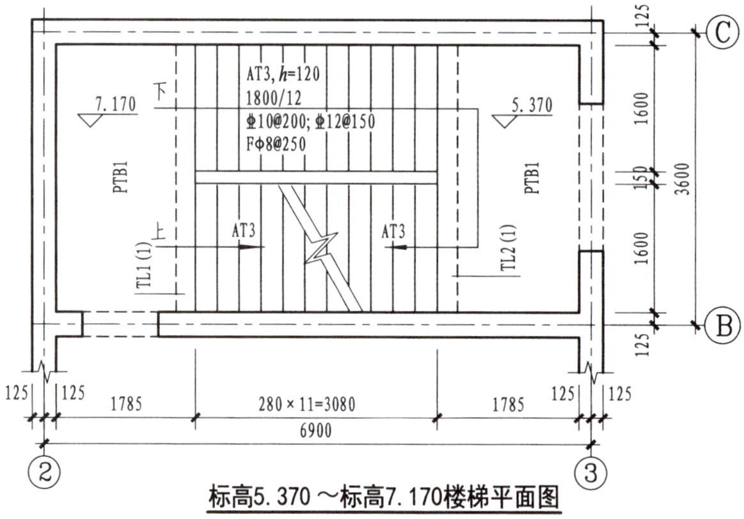

图 6-33　梯级板钢筋图

①图层设置。

②文字标注样式设置。

③楼梯各构件的轮廓绘制。

④踏步段中不同钢筋绘制。

⑤尺寸标注、标高标注、配筋信息标注。

⑥图名绘制。

项目 7 中望 CAD

XIANGMU 7 ZHONGWANG CAD

【项目目标】

1. 素质目标

①培养学生分析和总结能力。

②增强学生细致入微的观察能力。

③培养学生工作创新思维。

2. 知识目标

①了解中望教育版和建筑版工作界面。

②熟悉中望 CAD 教育版和建筑版各功能。

③掌握中望 CAD 教育版和建筑版的使用方法。

3. 能力目标

①能够熟练使用中望 CAD 教育版和建筑版各功能。

②能够利用中望 CAD 教育版和建筑版绘制建筑平面图、立面图、剖面图等。

【项目导入】

1. 项目概况

某校宿舍楼为一栋 4 层框架结构建筑，房屋层高 3.3 m，主体总高度 13.65 m，每层建筑面积 268 m^2，总建筑面积 1 072 m^2，占地面积 310 m^2。每层有 5 间宿舍，每间宿舍开间 3.3 m，进深 6.0 m，建筑面积 22.7 m^2，宿舍楼道两端分别设置楼梯及公共卫生间和盥洗室。

2. 绘制内容

请利用中望 CAD 教育版抄绘以下内容。

①某校宿舍楼一层平面图，具体如图 2-1 所示。

②某校宿舍楼⑩～①轴立面图，具体如图 3-1 所示。

③某校宿舍楼 1—1 剖面图，具体如图 4-1 所示。

④某校宿舍楼墙身节点详图、楼梯平面图和剖面图，具体详见墙身节点详图和楼梯平面图、剖面图，如图 5-1 ~ 图 5-3 所示。

3. 绘制要求

①绘图比例 1 : 1，出图比例 1 : 100。

②图层设置见表 2-1。

③文字样式设置。

设置文字样式名为“汉字”，字体名为“仿宋”，宽度因子 0.7。

设置文字样式名为“非汉字”，字体名为“Simplex.shx”，宽度因子 0.7。

图纸内注释文字高度为 3.5 mm，图名文字高度为 7 mm。

④尺寸标注样式设置。

尺寸标注样式名为“标注 100”；文字样式选用“非汉字”；箭头大小为 1.2 mm；尺寸界线超出尺寸线 2 mm；尺寸界线起点偏移量 5 mm；文字高度 3 mm；全局比例为 100。

⑤图中墙体厚度为 240 mm 或者 120 mm；盥洗器具及男厕内的卫生洁具等无需绘制。

⑥图框绘制。

绘制完成后，套入 A3 图框。图框线宽要求细线 0.25 mm，中粗 0.5 mm，粗线 1.0 mm，细线的“线宽控制”随层，中粗线和粗线均采用“线宽控制”设置线宽。

标题栏文字（属图框层）采用“汉字”样式，字高 3.5 mm。

⑦尝试用中望 CAD 建筑版抄绘如上内容。

【项目分析】

1. 中望 CAD 的地位和作用

“岗课赛证”融通能给产业增值，为学校、教师、学生赋能。为深化高技能人才培养模式改革，需要进一步围绕教学层面，进行“岗课赛证”的一体化设计。

与建筑专业相关的中望 CAD 软件包含中望 CAD 教育版、中望 CAD 建筑版。中望 CAD 教育版是一款全新的由广州中望龙腾软件股份有限公司自主研发的二维 CAD 平台软件，具有运行极速，操作流畅，功能全面、高效、智能的特点，广泛应用于建筑、园林、装饰、规划、勘察等工程建设行业以及汽车、电子、服装、机械等制造行业。

中望 CAD 教育版采用 CAD 通用快捷命令、兼容原生 DWG 格式，可以降低软件学习成本，实现历史数据重用、内外部图纸交流与数据交互，快速完成 CAD 软件的无缝切换。软件自 2008 年 12 月中望 CAD2009 版正式推出以来，在性能和功能上不断提高与强化，目前已更新至 2024 版。

在实际工作中主要依托中望 CAD 建筑版提升制图效率。学生具备良好的中望 CAD 软件应用能力是获得理想成绩的基础，也是职业发展的保障。

2. 对接的赛证考点

“全国职业院校技能大赛”是国家职业教育的重大制度设计与创新，是推动职业教育高质量发展的重要抓手，也是贯彻落实全国职业教育大会精神的重点工作。中望 CAD 软件为“全国职业院校技能大赛”的建筑装饰技能（中职组）、建筑工程识图（高职组）、数控综合应用技术（中职组）、建筑装饰技术应用（高职组）、零部件测绘与 CAD 成图技术（中职组）、现代模具制造技术、注塑模具技术（中职组）等赛项提供技术支持。同时中望 CAD 也为教育部主办的“1+X”建筑工程识图职业技能等级考试提供支持。

3. 问题引导

①中望 CAD 教育版工作界面有哪些分区？

____

____

②中望 CAD 建筑版优点有哪些？

____

____

③中望 CAD 建筑版制图流程是什么？

____

____

④中望 CAD 教育版与建筑版的区别有哪些？

____

____

____

任务 7.1　中望 CAD 教育版

7.1.1　任务目标

学习要求：通过本任务的学习，学生应熟悉中望 CAD 教育版工作界面，掌握中望 CAD 教育版各功能。

学习重点：中望 CAD 教育版的功能。

学习难点：中望 CAD 教育版的使用方法。

7.1.2 任务指导

1. 中望 CAD 教育版的安装与启动

（1）中望 CAD 教育版软硬件要求

中望 CAD 教育版软硬件要求见表 7–1。

表 7–1 中望 CAD 教育版软硬件要求

硬件与软件	要求
处理器	Pentium III 800 MHz 或更高
内存	4GB（推荐）
显示器	1024 × 768 VGA 真彩色（最低要求）
硬盘	500 GB
DVD–ROM	任意速度（仅用于安装）
定点设备	鼠标、轨迹球或其他设备
操作系统	Windows XP、Windows 7

（2）安装与启动

①双击运行中望 CAD 安装程序。

②按提示完成操作：更改安装路径；同意协议；完成安装。

③找到桌面图标 

，双击即可启动软件。

2. 中望 CAD 教育版的工作界面

中望 CAD 支持经典 / Ribbon 界面，用户可根据个人偏好灵活选择。其中 Ribbon 界面将中望 CAD 的功能分类，并以工具栏的形式显示，简洁直观。经典界面保持原有 AutoCAD 用户的绘图习惯，降低学习新软件的时间成本。同时中望 CAD 也支持用户根据个人需求定制个性化工作界面。

为方便用户更快、更直接地熟悉中望 CAD，其 Ribbon 界面采用了类似于 Office 界面的形式（图 7–1），包括标题栏区域、功能区、绘图区、命令行、状态栏区五个主要部分。

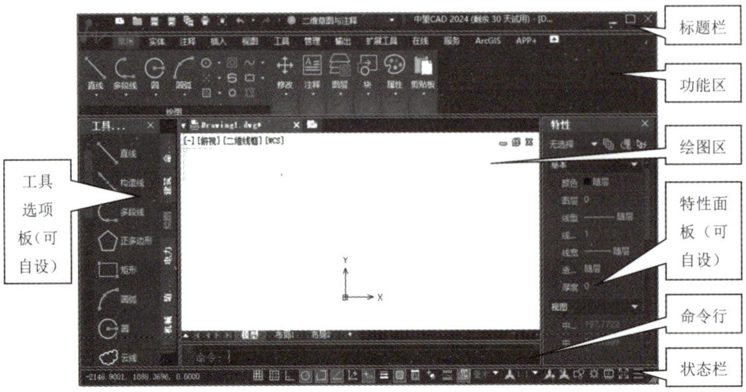

图 7–1 标题栏区域

（1）标题栏区

①菜单浏览器。

点击左上角中望 CAD 教育版的 Logo 即可进入菜单浏览器界面，此处功能类似于 Office 系列软件（图 7–2）。

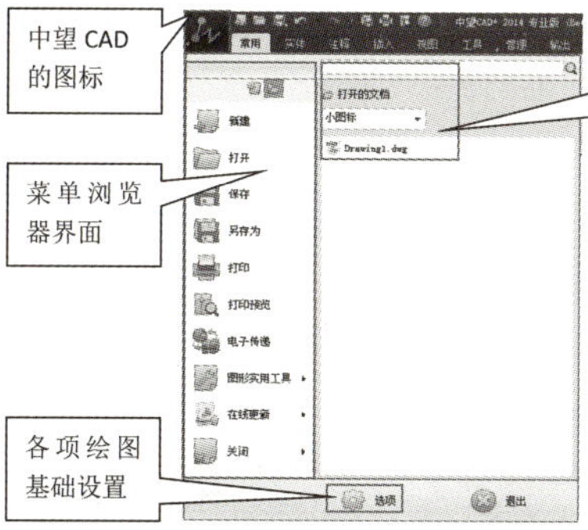

图 7–2　菜单浏览器

②快速访问工具栏。

此处提供了中望 CAD 中部分常用工具的快捷访问方式，包括新建文件、保存文件、另存为文件、打印、撤销 / 恢复操作等，如图 7–3 所示。

图 7–3 快速访问工具栏

③窗口控制按钮。

与 Windows 的窗口控制功能完全相同，中望 CAD 可以利用右上角的控制按钮将窗口最小化、最大化或关闭。

（2）功能区

Ribbon 界面功能区将中望 CAD 中所有的功能分类后，以功能区选项卡的形式来表现，包括功能区选项卡、功能区选项面板、功能面板下拉菜单三个部分。

①功能区选项卡。

中望 CAD 的 Ribbon 界面包括“常用、实体、注释、插入、视图、工具、管理、输出、扩展工具、联机”10 个功能选项卡，每个选项卡集成了相关的操作工具，方便用户使用。

②功能区选项面板。

单击某一功能区选项卡，其集成的操作工具会在下侧面板中展开，即“功能选项面板”。以“常用”功能选项面板为例（图 7–4），包括“绘图”、“修改”、“注释”、“图层”、“块”、“属性”、“剪贴板”7 个功能模块；每个功能模块包含多个子命令，如“绘图”模块可绘制直线、多段线、圆、圆弧、椭圆等。

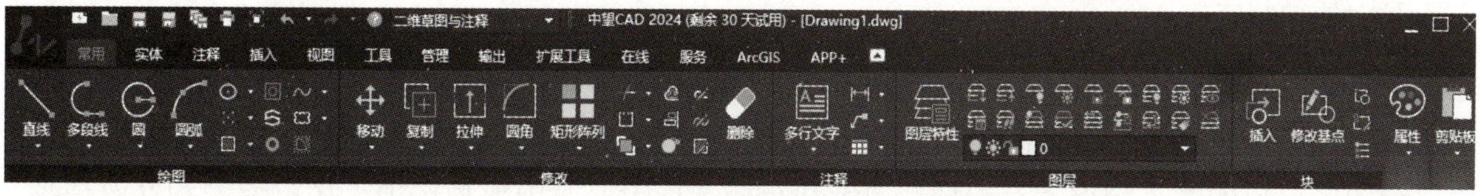

图 7–4　功能选项面板

③功能面板下拉菜单。

在功能选项面板中，很多命令还有可展开的下拉菜单，包含更详细的功能命令。点击直线下的图钉标记，显示“直线”的下拉菜单，包括直线、射线、构造线以及多线；点击椭圆下的图钉标记，显示“椭圆”的下拉菜单，包括中心点，轴、端点，椭圆弧，同心椭圆，如图 7-5 所示。

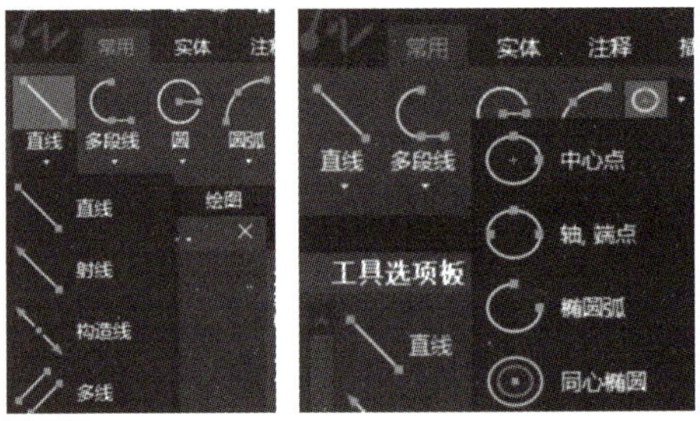

图 7-5　功能面板下拉菜单

（3）绘图区

中望 CAD 的绘图区位于屏幕中央的空白区域（背景色默认为黑色，可以根据需要进行更改），是绘制、显示和观察图形的重要区域。在绘图区域的内部和四周设有坐标系、十字光标、模型选项卡和布局选项卡以及文件控制区，如图 7-6 所示。

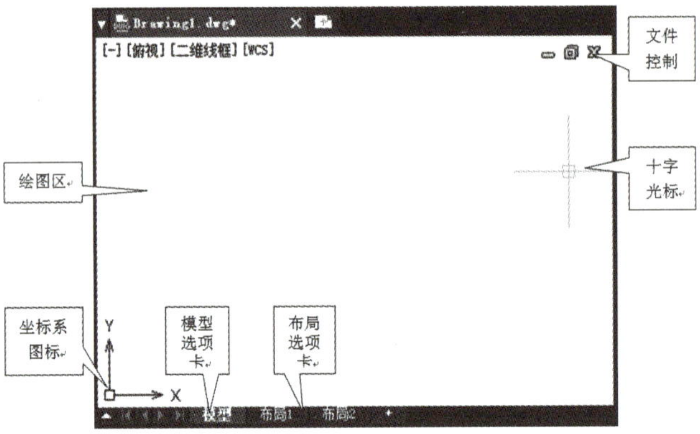

图 7-6　绘图区

①坐标系图标。

绘图区左下角显示了当前坐标系图标，向右为 X 轴正方向，向上为 Y 轴正方向，交点为原点 O，坐标为（0，0）。

②十字光标。

十字光标用于显示当前工作点的位置，默认存在三种状态（图 7-7）：等待命令时为带拾取框的十字光标；执行选择对象命令时为方形的拾取框；执行其他命令时为不带拾取框的十字光标。

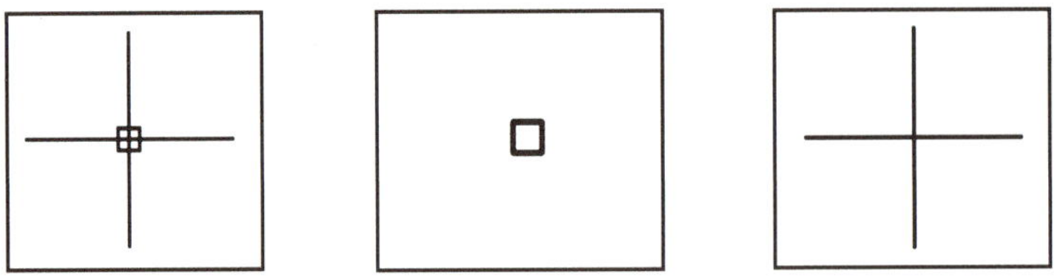

（a）等待　（b）执行选择　（c）执行其他

图 7-7　十字光标状态

③文件控制区。

可以利用绘图区右上角的控制按钮将文件窗口最小化、最大化或关闭。

④模型选项卡和布局选项卡。

绘图区窗口的左下侧设置有模型选项卡和布局选项卡。其中模型选项卡用以绘制和修改模型，且绘图区没有边界，无论多大的图形都可置于其中。布局选项卡主要用于排版和打印出图。

(4) 命令行

命令栏位于工作界面的下方。此处显示了用户曾输入的命令记录以及中望 CAD 对命令所进行的提示（图 7-8）。

当命令栏中显示“命令：”提示的时候，表明软件等待用户输入命令。当软件处于命令执行过程中时，命令栏中会显示各种操作提示。用户在绘图的整个过程中，要密切留意命令栏中的提示内容。

图 7-8　命令提示区

(5) 状态栏区

状态栏位于界面的最下方，显示了常用辅助功能的控制按钮（图 7-9），如捕捉模式、栅格显示、正交模式、极轴追踪、对象捕捉等。单击一次使按钮呈蓝色，该功能被激活；再单击一次使按钮呈灰色，则功能关闭。这些辅助功能也可以通过键盘的 F1 ~ F12 键完成打开或关闭设置。

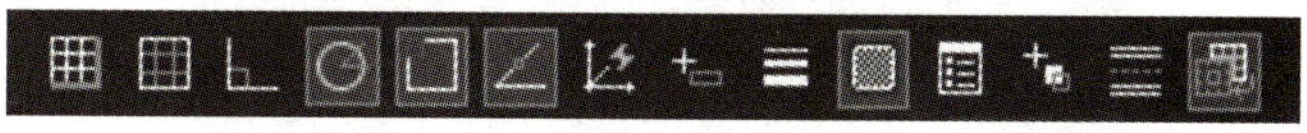

图 7-9　状态栏区

» 【小贴士】

中望 CAD 提供了工具选项板、绘图工具栏、修改工具栏、计算器等可自行设定的工具栏。用户可根据自身的使用习惯及需要来自行调用、自由选择。

①工具选项板。

可以通过单击【功能选项卡】→【工具选项板】打开，系统默认将其固定在界面左侧。

②自定义工具栏。

中望 CAD 教育版提供了 20 多个已命名的工具栏。要显示当前隐藏的工具栏，可单击状态栏【设置工作空间】⚙▾→【工具栏】，在弹出的对话框中自行调用（图 7-10）。

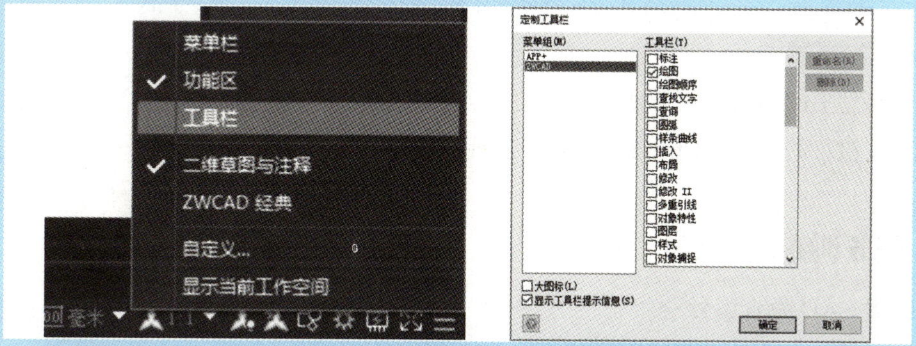

图 7-10　工具栏的调用

在任意工具栏上右击，此时将弹出一个快捷菜单，通过选择命令可以快速显示或关闭相应的工具栏。

3. 中望 CAD 的命令执行方式

（1）以命令按钮的方式执行

在功能区面板、工具选项板、工具栏或状态栏里找到要执行的命令所对应的图标，单击鼠标左键，按照提示完成绘图工作。此方法比较直观，只需熟悉中望 CAD 命令的分类方式以及集成位置即可，但不利于提高绘图速度。

（2）以快捷菜单的方式执行

中望 CAD 提供了鼠标右键快捷菜单，在快捷菜单中会根据绘图的状态提示一些常用的命令。图 7-11 为未执行任何命令的情况下，单击鼠标右键的提示效果。

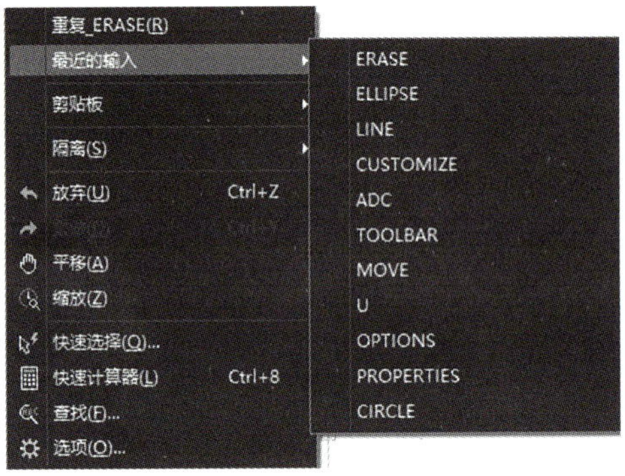

图 7-11　提示效果

（3）以命令行输入的方式执行

此方法最常见、最快捷。在命令行窗口中，输入命令的全称或快捷键，单击回车键或空格键确认执行，然后根据命令行的提示一步一步地完成即可。图 7-12 为使用命令行输入方式绘制椭圆。中望 CAD 提供动态输入的功能，在状态栏中按下【动态输入】按钮后，键盘输入的内容会显示在十字光标附近。

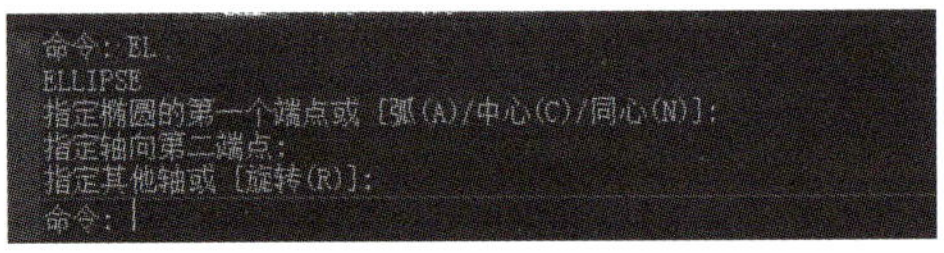

图 7-12　命令行输入方式绘制椭圆

（4）以键盘的方式执行

可以使用键盘上的功能键快速实现指定功能。空格键或回车键确认执行命令以及重复上次命令；ESC 键取消正在执行的命令；Ctrl+S 为保存；Ctrl+Z 为撤销；Ctrl+P 为打印。

7.1.3　任务训练

请利用中望 CAD 教育版抄绘。

①某校宿舍楼一层平面图，具体如图 2-1 所示。

②某校宿舍楼⑩ ~ ①轴立面图，具体如图 3-1 所示。

③某校宿舍楼 1—1 剖面图，具体如图 4-1 所示。

④某校宿舍楼墙身节点详图、楼梯平面图和剖面图，具体详见墙身节点详图和楼梯平面图、剖面图，如图 5-1 ~ 图 5-3 所示。

任务 7.2 中望 CAD 建筑版

7.2.1 任务目标

学习要求：通过本任务的学习，学生应熟悉中望 CAD 建筑版特点，熟悉中望 CAD 建筑版的图档组织方式，掌握中望 CAD 建筑版制图流程及制图方法。

学习重点：中望 CAD 建筑版图档组织方式和制图流程及制图方法。

学习难点：中望 CAD 建筑版制图流程及制图方法。

7.2.2 任务指导

1. 中望 CAD 建筑版特点

中望建筑 CAD 是在对中望 CAD 平台软件进行迭代升级的基础上面向工程建设行业推出的一款最新专业绘图软件。其采用自定义对象技术，具有人性化、智能化、参数化、可视化等优势，支持二维设计、三维建筑模型等，是专为建筑设计师等专业人员设计的 CAD 软件，可以大大提升用户的制图效率。

中望建筑 CAD 在保持并优化原有的多项智能化设计绘图功能的基础上，不断完善升级，特色越来越鲜明，优势越来越显著。具有以下特点。

（1）超强兼容性，图纸交互与绘图设计无障碍

中望建筑 CAD 深度兼容建筑图纸，可直接参数化编辑各类建筑软件（如天正建筑、ArcGIS）所生成的自定义实体。其设计成果可重复使用无需任何插件，只需 CAD 平台即可打开中望建筑图纸并继续基础性绘图工作；同时将设计文件保存为常见图形信息，确保数据准确完整。

（2）界面清晰，智能右键菜单

中望建筑 CAD 有两级折叠式屏幕菜单，结构清晰、图文并茂；右键菜单功能丰富，可智能感知对象并快速通过鼠标右键激活，显著提升绘图操作效率。

（3）智能设计功能，快速成图效率高

中望建筑 CAD 可以在位直观编辑图面标注、文字、门窗、墙体等建筑构件，其图形具有三维特性，具备完善的平立剖设计功能，可轻松绘制平面图、立面图、剖面图、构件详图。

（4）智能统计功能，省时更精准

中望建筑 CAD 提供门窗整理、户型统计等建筑设计专业工具，可自动汇总图纸中门窗及户型面积等建筑数据（图 7-13）。现在，图纸数据的相关后续处理工作可以放心交给软件来完成。

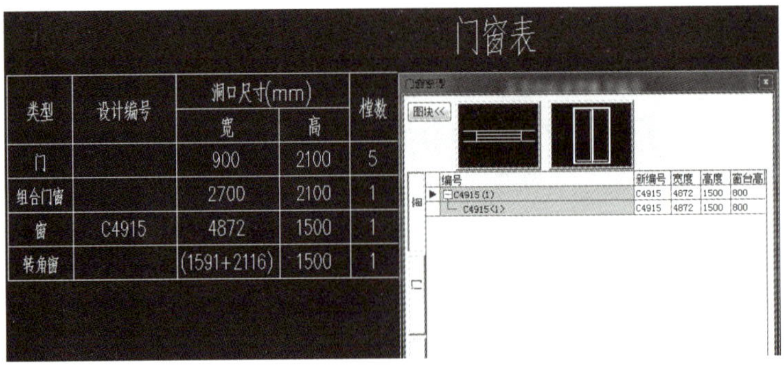

图 7-13　自动汇总门窗数据

（5）超丰富的图库，减少人工绘制工作量

中望建筑具有丰富的建筑图块和图案，包涵通用图库与专业图库素材（图 7-14），可以真正减少人工绘制的工作量；其更有高效易用的图库和图案管理系统，可以帮助设计师更加有效地组织、管理和使用各类设计素材。

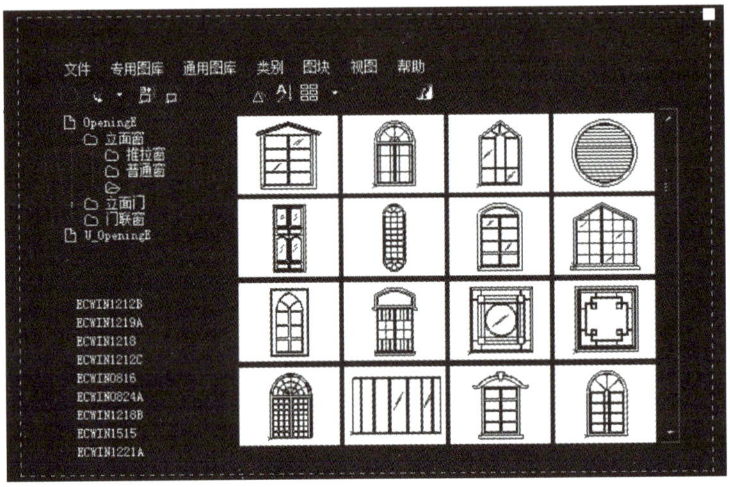

图 7-14　图库

2. 中望 CAD 建筑版的图档组织方式

为进一步理解中望 CAD 建筑版用 DWG 文档来表达设计的图档组织方式，感受其软件优势，可从图形元素、多层建模、视图表现、格式控制四个方面入手分析。

（1）图形元素

中望 CAD 建筑版定义了数十种专门针对建筑设计和三维建模的图形对象。一部分对象表示建筑构件（如墙体、柱子、门窗、屋顶等），它们包含了特定的建筑信息，能够实现智能化操作，如门窗碰到墙，墙就自动开洞并装入门窗；另一部分对象代表图纸注释内容（如文字、符号和尺寸标注），这些注释符号和制图标准相适应，能够快速实现规范化制图；还有一部分几何形状与中望 CAD 绘制的二维对象一样，可由用户自己定义其用途。

（2）多层建模

中望 CAD 建筑版绘制的平面图不是单纯的二维设计，它能够表达建筑实体信息，实现在绘制施工图的同时兼顾三维建模，使模型与平面图同步。为显示一栋建筑的三维形体可将其全部平面图放在一个图形文件里，用楼层框框住标准层图形，并给出它所代表的自然层信息即可。

（3）视图表现

中望 CAD 建筑版的建筑对象有两个视图：用于工程图的二维视图和用于三维模型的三维视图。俯视图下显示其二维视图，其他观察角度显示其三维视图。注释符号类的图纸对象没有三维视图，在三维观察下看不到它们。

（4）格式控制

在图层方面，中望 CAD 建筑版遵循《房屋建筑制图统一标准》（GB/T 50001—2017），制定了标准中文和标准英文两个图层标准，同时还支持应用广泛的天正图层标准，三者之间可以转换。在填充方面，中望 CAD 建筑版软件补充了许多适合国内建筑制图标准的填充图案，但使用时仍需保证图案填充比例与出图比例相同。

3. 中望 CAD 建筑版的安装与启动

①双击运行中望 CAD 建筑版安装程序。

②按提示依次完成操作（图 7-15）：更改安装路径→同意并安装→选择风格界面→安装完成。

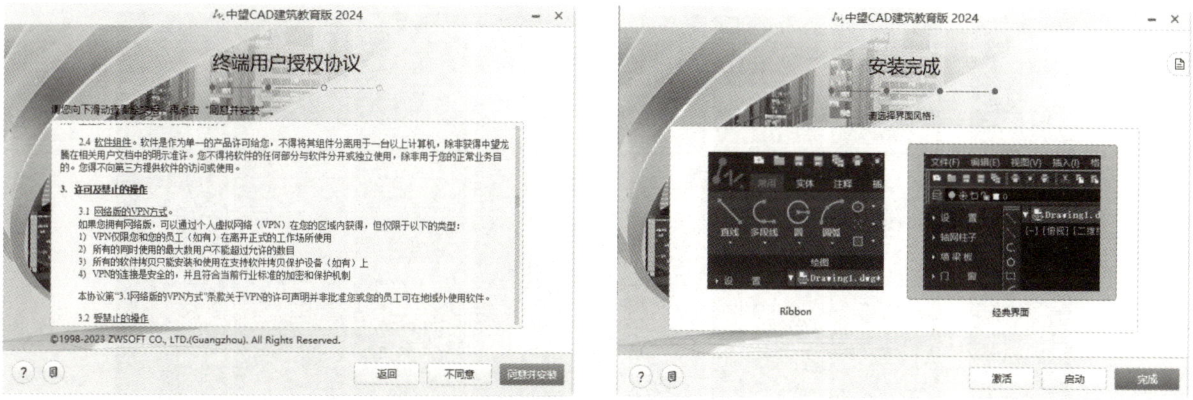

图 7-15　中望 CAD 建筑版安装程序

③查看桌面图标。安装完成后，电脑桌面会出现蓝色的中望 CAD 快捷启动图标，以及绿色的中望建筑 CAD 快捷启动图标。由此可见中望 CAD 建筑版要依附于中望 CAD 平台软件运行。双击绿色的中望建筑 CAD 快捷启动图标  ，即可启动中望 CAD 建筑版软件，且可以有试用 30 天的免费服务体验。

4. 中望 CAD 建筑版操作界面及功能分布

中望 CAD 建筑版同样具有 Ribbon 界面和经典界面两种工作空间模式，且支持 Ribbon 界面与经典界面之间互换，使之更符合设计师的使用习惯。其中 Ribbon 界面类似于 Office 的界面（图 7–16），更加地灵活直观，对用户友好度更高。

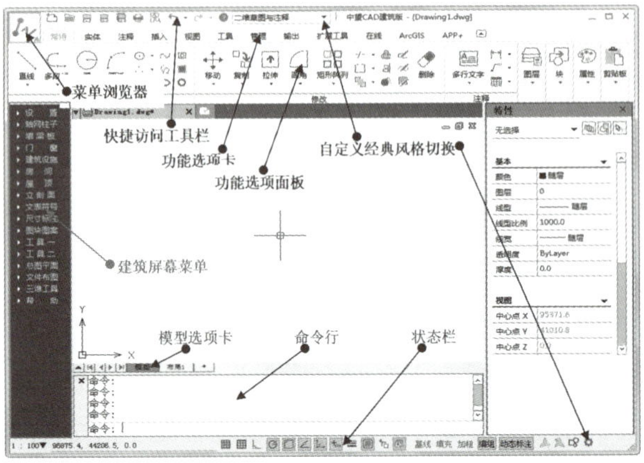

图 7–16　中望 CAD 建筑版 Ribbon 界面介绍

任务 7.1 已详细介绍了中望 CAD 平台软件的界面组成，这里不再进行赘述。而中望 CAD 建筑版软件对中望 CAD 平台软件的界面进行了建筑专业领域的扩充，只有熟悉这部分扩充的内容，才能进行高效率的绘图。

中望 CAD 建筑版软件的主要功能都列在左侧的屏幕菜单上，屏幕菜单采用折叠式两级结构（图 7–17）：第一级菜单可以单击展开第二级菜单，任何时候最多只能展开一个一级菜单，展开另外一个一级菜单时，原来展开的菜单自动合拢。二级菜单是真正可以执行任务的菜单，大部分菜单项都有图标，以方便用户更快地确定菜单项的位置。当光标移到菜单项上时，中望 CAD 的状态行会出现该菜单项功能的简短提示。

折叠式菜单效率最高，但由于屏幕空间有限，当某个较长的二级菜单打开后，下部某些一级菜单可能被遮挡，可以用鼠标滚轮实现上下移动。对于有些很少使用或者根本不用的一级菜单，可以右键点取屏幕菜单的空白处来个性化配置屏幕菜单，设置一级菜单项的可见性，甚至可以关闭不常用的菜单。

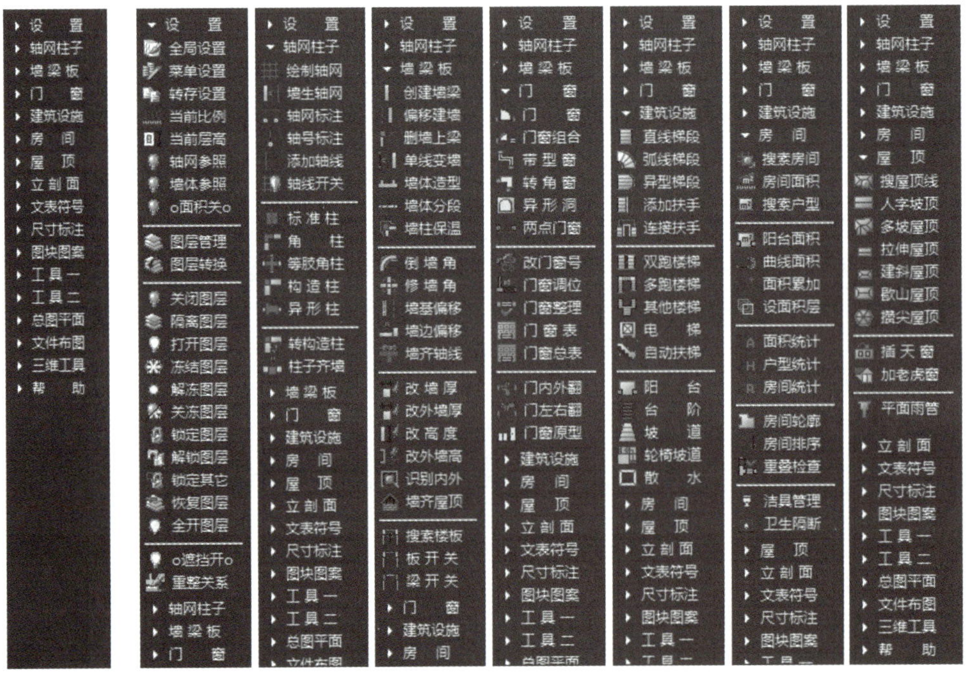

图 7–17　一级、二级菜单展示图

5. 中望 CAD 建筑版制图流程及制图方法

使用中望 CAD 建筑版软件进行建筑制图的一般流程（图 7-18）为：轴（柱）网布置→创建墙体→创建建筑细部（房间设计、插入门窗、楼梯楼板、台阶坡道、阳台散水、屋顶设计）→注释（尺寸标注、文字表格、符号标注）→完成平面图→立面图及剖面图→布图打印。此流程可根据设计深度及个人习惯灵活调整。

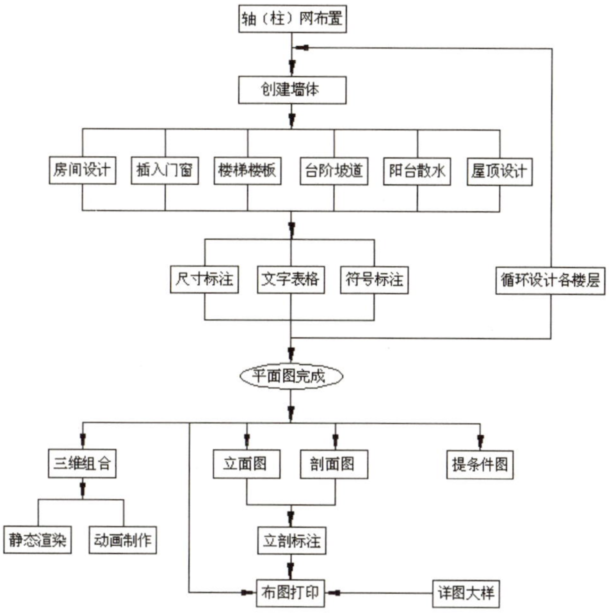

图 7-18　中望 CAD 建筑版制图流程图

»【小贴士】

中望 CAD 建筑版是在中望 CAD 的基础上发展而来的，所有中望 CAD 的制图方法均适用于中望 CAD 建筑版，为节约篇幅，这部分内容将不再赘述。下文将以一般流程为参考介绍部分中望 CAD 建筑版不同于中望 CAD 的制图方法。

（1）绘制轴网及轴网标注

中望 CAD 建筑版新增了两种绘制轴网的方式：“绘制轴网”和“墙生轴网”。

①使用“绘制轴网”工具生成标准轴网。屏幕菜单→“轴网柱子”→“绘制轴网”→“直线轴网”，通过上开和下开、左进和右进完成进深和开间的尺寸数据设置，单击“确定”生成正交的直线轴网。同样也可绘制弧线轴网。绘制轴网对话框如图 7-19 所示。

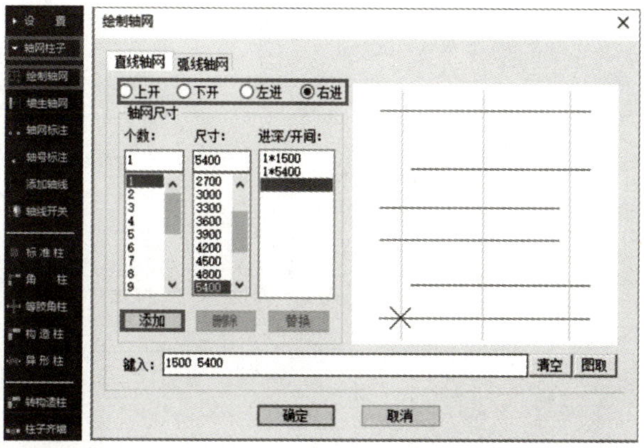

图 7-19　绘制轴网对话框

②根据已绘制的墙体，使用“墙生轴网”工具生成标准轴网。此功能适用于直接用墙体分隔推敲各房间的平面布局，待方案确定后由墙体生成轴网。具体操作为：屏幕菜单→“轴网柱子”→“墙生轴网”，根据提示框选所有需要生成轴网的墙体，单击空格或回车确定。绘制结果如图 7-20 所示。

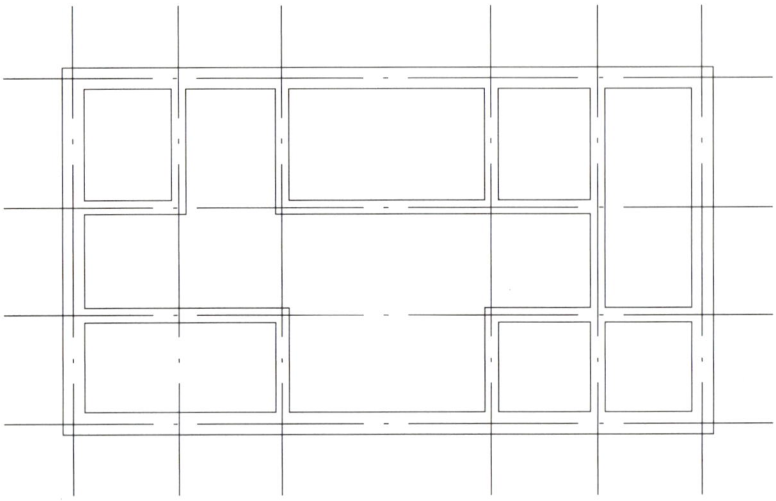

图 7-20 墙生轴网图

③轴网标注。轴网标注分为轴号标注和尺寸标注两项。中望 CAD 建筑版软件会自动一次性智能完成轴网标注和尺寸标注，但二者属两个不同自定义对象，在图中是分开独立存在的，而编辑时又是互相关联的。

A. 轴号标注：屏幕菜单→“轴网柱子”→“轴号标注”，本命令只对单个轴线标注轴号，标注出的轴号独立存在，不与已经存在的轴号系统和尺寸系统发生关联。因此不适用于一般的平面图轴网，常用于立面图与剖面图、房间详图等个别单独的轴线标注。

B. 尺寸标注：屏幕菜单→“轴网柱子”→“轴网标注”，设置“轴网轴标”对话框列出的参数和选项，用鼠标选择起始轴线、终止轴线，轴网标注效果如图 7-21 所示。

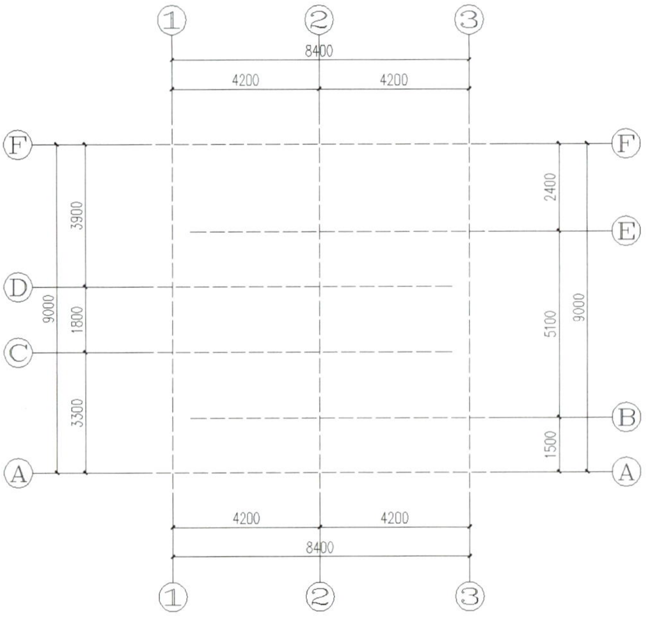

图 7-21 轴网标注效果

中望建筑 CAD
创建轴网

（2）创建建筑主体

①柱：中望 CAD 建筑版依据构造和作用的不同，将建筑柱分为标准柱、角柱、构造柱、异形柱等类型，用户可根据实际需求灵活选取。其中标准柱是具有均匀截面形状的竖直构件，其三维空间的位置和形状主要由底标高、柱子高和柱子截面参数来决定。工程中最为常见的标准柱的截面形式为矩形、圆形或正多边形。下文以标准柱为例，介绍柱子的插入方法。

标准柱：屏幕菜单→“轴网柱子”→“标准柱”→设置柱的截面类型、截面尺寸、材料参数和定位方式→以轴网为参照、捕捉插入点，布置柱网。柱参数设置对话框如图 7–22 所示。

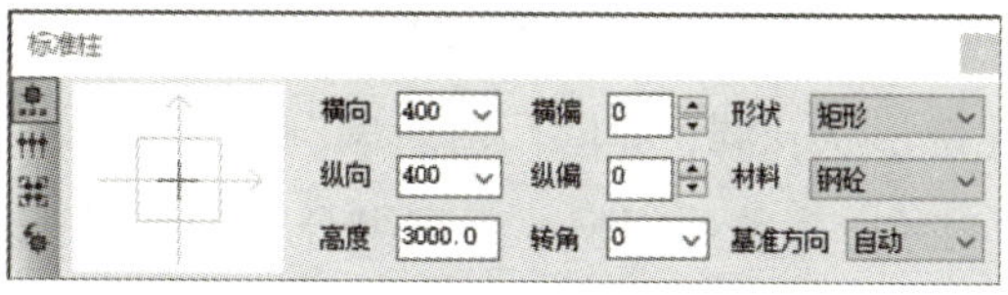

图 7–22　设置柱参数对话框

②墙：墙体可以直接创建，也可以由单线转换而来。墙体的所有参数都可以在创建后编辑修改，如图 7–23 所示。

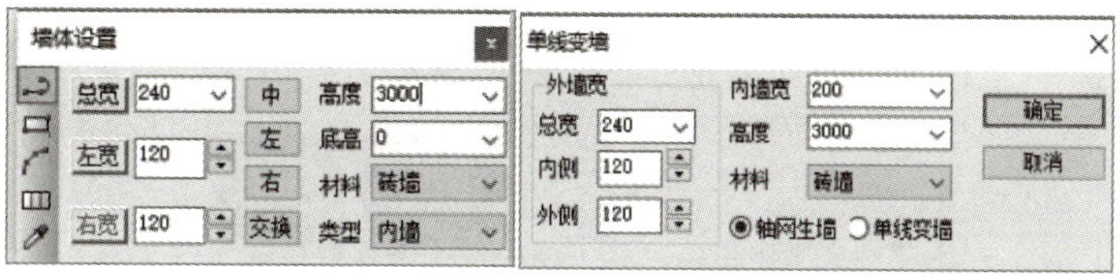

图 7–23　设置墙体参数对话框

A. 墙体设置。墙体设置可分为连续布置、矩形布置、沿轴布置、等分创建四种方式。以连续布置为例说明布置步骤：屏幕菜单→“墙梁板”→“创建墙梁”→“连续布置”→设置墙的总宽、高度、材料等参数→以轴网为参照、捕捉插入点，按命令行提示布置墙体。墙体创建结果如图 7–24 所示。

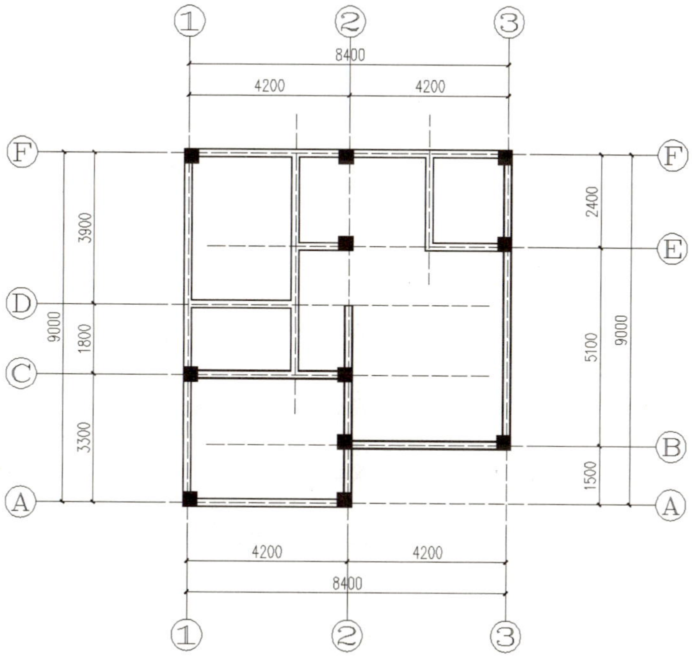

图 7–24　墙体创建图

B. 单线变墙。该命令适用于以下两种情况：一是方案设计阶段，用户可以用单线勾勒建筑草图，待方案确定后再将单线变为墙体，使墙体基线与单线重合并删除单线。二是在设计好的轴网上批量生成墙体，然后再根据需要进行取舍。具体操作为：屏幕菜单→“墙梁板”→“单线变墙”→设置墙体参数并确定→依据命令行提示框选全部需变墙的单线或轴线→单击空格或回车确定。

中望建筑 CAD
创建墙体

（3）创建门窗

中望 CAD 建筑版软件采用建筑对象来表示建筑门窗，可实现门窗和墙体之间的智能联动。门窗插入后在墙体上自动按门窗轮廓形状开洞，删除门窗后墙洞自动闭合。

中望 CAD 建筑版将门窗对象分为普通门窗、门窗组合、带型窗、转角窗、异性洞等类型。创建方法为：屏幕菜单→“门窗”→“门窗参数”对话框（图 7-25）→完成以下设置。

首先，选择插入类别（插门、插窗、插弧窗、插凸窗、插矩形洞）；其次，设定对象参数（编号、高度、宽度等）；然后，选择插入方式（自由插入、顺序插入、轴线等分插入等）；最后，根据命令行的提示点取插入位置，完成命令。门窗创建如图 7-26 所示。

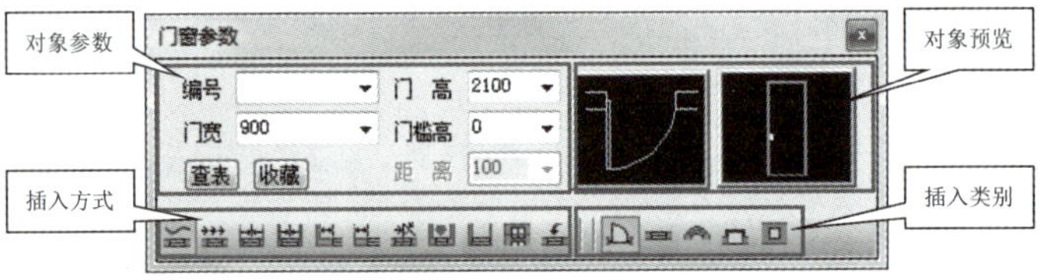

图 7-25　设置门窗参数对话框

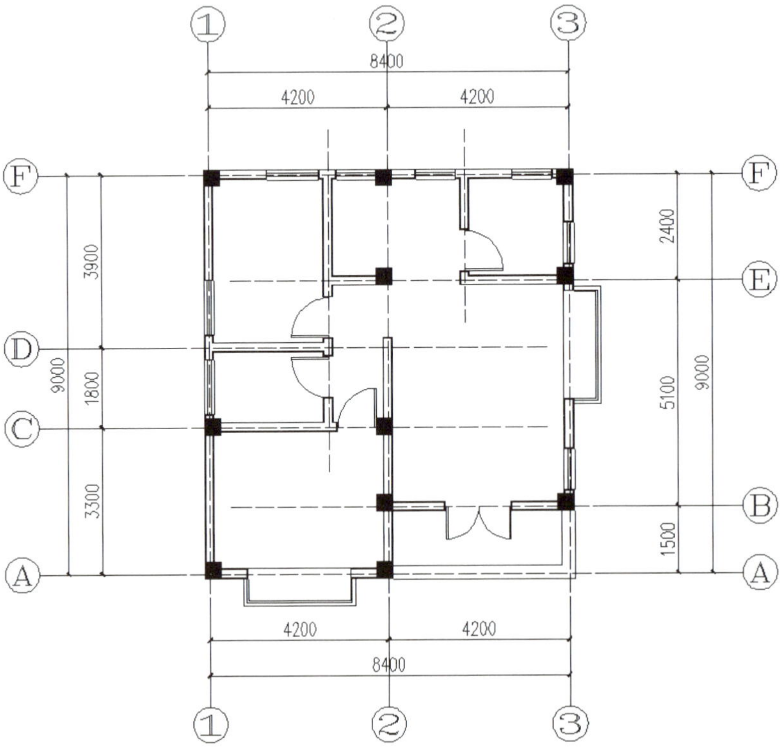

图 7-26　门窗创建图

中望建筑 CAD
创建门

中望建筑 CAD
创建窗

（4）注释系统

中望 CAD 建筑版屏幕菜单中的文表符号和尺寸标注可以完成文字、表格、符号及尺寸标注。

①文字。中望 CAD 建筑版软件采用了建筑文字对象，将中西文合二为一的同时又能分别调整二者的高宽比例，使中西文的外观协调一致，能够方便地输入文字的上下标和工程特殊字符。

A. 设置文字样式：屏幕菜单→“文表符号”→“文字样式”。用户可使用 Windows 的系统 True Type 字体，如宋体和楷体等，这些系统字体文件包含中文和英文，只须设置中文参数即可。文字样式设置对话框如图 7-27 所示。

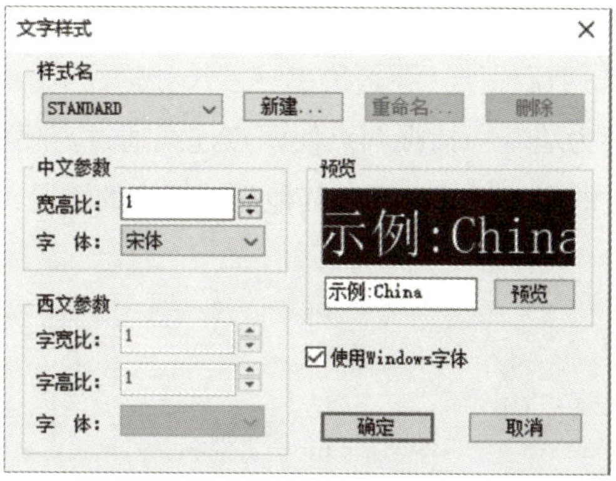

图 7-27 设置文字样式对话框

B. 单行文字：屏幕菜单→“文表符号”→“单行文字”。本命令能够单行输入文字和字符，布置灵活且修改编辑不影响其他文字。输入单行文字对话框如图 7-28 所示。

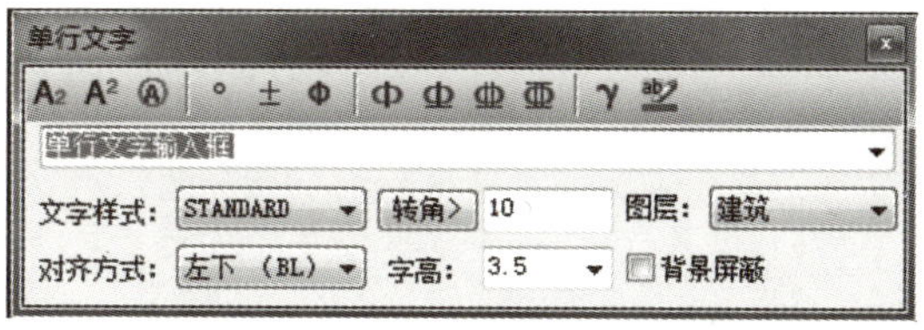

图 7-28 输入单行文字对话框

C. 多行文字：屏幕菜单命令→“文表符号”→“多行文字”。本命令使用已经定义好的文字样式，按段落输入多行文字，可以方便地设置文字的上下标，设定页宽与文字的换行。输入多行文字对话框如图 7-29 所示。

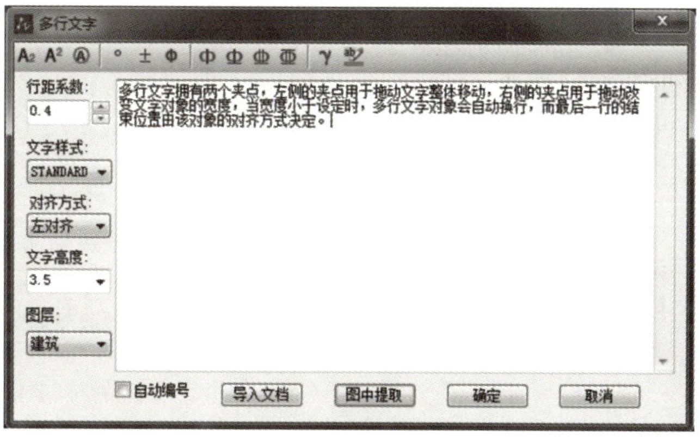

图 7-29 输入多行文字对话框

②表格。中望 CAD 建筑版支持新建表格、导入表格和导出表格。新建表格的步骤为：屏幕菜单→“文表符号”→“新建表格”→单击创建表格对话框中的“选表头”→选中表头文件后单击“打开”→返回“新建表格”对话框，确定表格行数、列数和总宽→单击“确定”按钮→指定表格左上角→完成表格创建。新建表格对话框如图 7-30 所示。

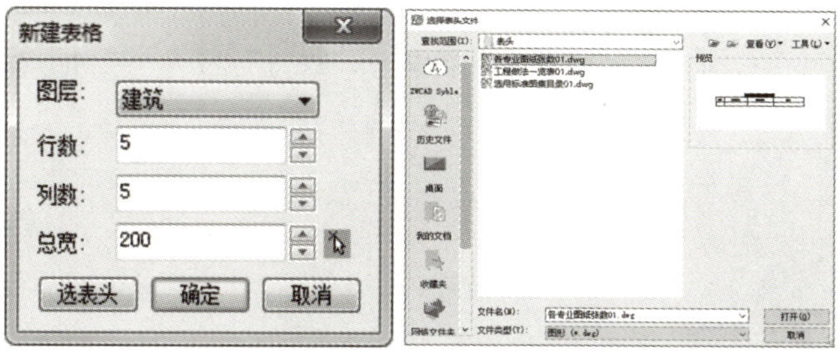

图 7-30 新建表格对话框

③符号。屏幕菜单→“文表符号”。“文表符号”包含十二项工程符号（箭头引注、做法标注、引出标注、索引符号、内视符号、详图符号、剖切符号、折断符号、对称符号、修订符号、云线标注以及指北针），绘图时直接插入，以提升绘图速度。

④尺寸。中望 CAD 建筑版提供专用于建筑工程设计的尺寸标注系统，标注文字的大小自动适应工作环境的当前比例。用户无特殊要求无需干预，可以连续快速地标注尺寸，成组地修改尺寸标注。尺寸标注系统包括门窗标注、内门标注、墙厚标注、逐点标注、外包标注、直径标注、角度标注、弧长标注、标高标注、标高检查等内容。以下对门窗标注、内门标注、墙厚标注、逐点标注进行讲解。

A. 门窗标注：屏幕菜单→“尺寸标注”→“门窗标注”→单击命令行提示“基准切换 Q”将基准切换为墙基→捕捉两点使两点连线通过需要标注的墙体，且和第一、第二道尺寸线相交，自动标注墙上的门窗尺寸→框选其他需要标注的墙段，生成第三道尺寸线。门窗标注如图 7-31 所示。

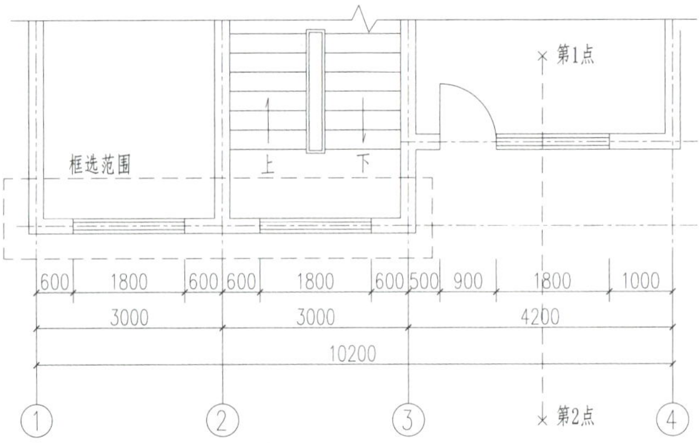

图 7-31 门窗标注图

B. 内门标注：屏幕菜单→“尺寸标注”→“内门标注”。“内门标注”有轴线定位和垛宽定位两种方式。标注时只需点取需要标注的门窗并给定尺寸线的位置即可完成内门窗的标注。内门标注如图 7-32 所示。

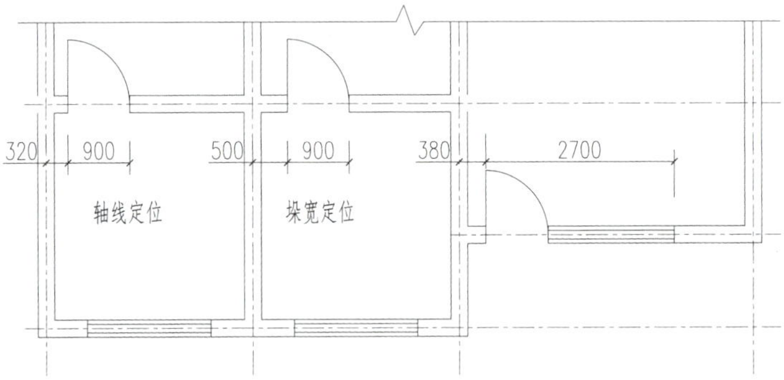

图 7-32 内门标注图

C. 墙厚标注：屏幕菜单→“尺寸标注”→“墙厚标注”。墙厚标注如图 7-33 所示。

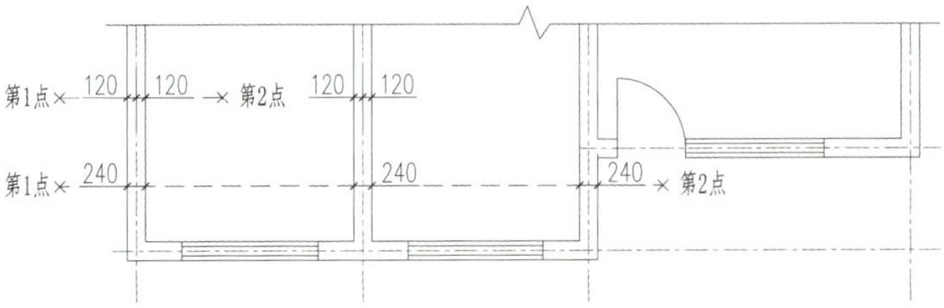

图 7-33 墙厚标注图

D. 逐点标注：屏幕菜单→“尺寸标注”→“逐点标注”→指定第一段尺寸的起点和终点→指定第一段尺寸的位置→依次捕捉其他需要标注的点→空格完成命令。本命令是一个通用的灵活标注工具，适用于需要取点定位标注的情况，以及其他标注命令难以完成的尺寸标注。

利用“文表符号”和“尺寸标注”，完成文字、内外尺寸、图名、指北针、箭头、标高等注释，如图 7-34 所示。

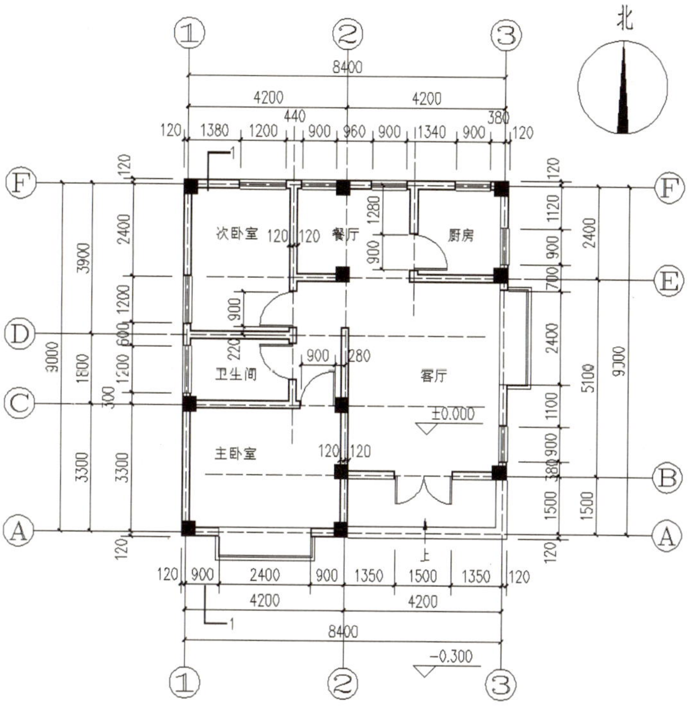

户型平面图 1:100

图 7-34　注释完成图

7.2.3　任务训练

请利用中望 CAD 建筑版抄绘。

①某校宿舍楼一层平面图，具体如图 2-1 所示。

②某校宿舍楼⑩ ~ ①轴立面图，具体如图 3-1 所示。

③某校宿舍楼 1—1 剖面图，具体如图 4-1 所示。

④某校宿舍楼墙身节点详图、楼梯平面图和剖面图，具体详见墙身节点详图和楼梯平面图、剖面图，如图 5-1 ~ 图 5-3 所示。

◎ 综合实训一

1. 实训任务

依据《房屋建筑制图统一标准》（GB/T 50001—2017）规范要求，绘制二层平面图。

2. 实训目的

熟悉“1+X”建筑工程识图考核要求，能正确使用相关命令绘制平面图，通过改绘操作提高学生识图能力，增强规范绘图意识，并在练习过程中逐渐提高绘图速度。

3. 实训要求

参考附录 B“二层平面图”图纸，利用中望 CAD 教育版抄绘二层局部平面图。

（1）绘制说明

①绘制二层平面图中①~⑥轴部分。

②家具、洁具无需绘制。

③所有门均采用单线绘制，门定位居墙中绘制，窗只需用单线绘制即可。

④要求绘制出相应的轴线及轴线编号、墙体、门窗、尺寸标注、图名、比例、房间名称、注释、标高、门窗编号等。

⑤图中未明确标注的尺寸根据住宅建筑构造常见形式自行决定。

（2）绘制要求

①绘图比例 1∶1，出图比例 1∶100。

②图层设置要求见表 7–2。

表 7–2　图层设置要求

图层名称	颜色	线型	线宽
轴线	1	CENTER	0.15
墙、柱	2	连续	0.5
门窗	4	连续	0.2
楼梯	2	连续	0.2
尺寸标注	3	连续	0.2
文字标注	7	连续	默认
台阶、坡道及扶手	2	连续	0.2
图框	5	连续	0.2
填充	8	连续	0.2
其他	6	连续	0.2

③文字样式设置。

汉字：样式名为“汉字”，字体名为“仿宋”，宽高比为 0.7。

非汉字：样式名为“非汉字”，字体名为“Simplex”，宽高比为 0.7。

④尺寸样式设置。

尺寸标注样式名为“标注 100”；文字样式选用“非汉字”；箭头大小为 1.2 mm；文字高度为 2.5 mm；基线间距 10 mm；尺寸界线偏移尺寸线 2 mm；尺寸界线偏移原点 5 mm；全局比例为 100。主单位单位格式为“小数”，精度为“0”。

◎ 综合实训二

1. 实训任务

依据《房屋建筑制图统一标准》（GB/T 50001—2017）规范要求，绘制立面图。

2. 实训目的

熟悉“1+X”建筑工程识图考核要求，能正确使用相关命令绘制立面图，增强规范绘图意识，并在练习过程中逐渐提高绘图速度。

3. 实训要求

参考附录 C 某小区别墅“一层平面图”“二层平面图”“三层平面图”“屋顶平面图”“Ⓔ～Ⓐ轴立面图、Ⓐ～Ⓔ轴立面图”“门窗表、门窗详图”图纸，利用中望 CAD 教育版绘制Ⓐ～Ⓔ轴立面图，绘图比例 1：1，出图比例 1：100。

绘图要求如下。

①门窗样式按门窗大样图绘制。

②需包含轴线、墙体、轮廓、地坪、门窗、尺寸、图名、比例、标高、标注等内容。

③图中未明确标注的尺寸根据住宅建筑构造常见形式自行决定。

④其余未明确部分按现行制图标准绘图。

参考文献

[1] 张喆，李元美，冯衣锋 . 建筑 CAD 项目化教程：AutoCAD 2014[M]. 2 版 . 武汉：华中科技大学出版社，2022.

[2] 郭慧 . 建筑 CAD 项目教程（2018 版）：工作手册式 [M]. 2 版 . 北京：北京大学出版社，2021.

[3] 王毅芳 . 建筑 CAD[M]. 北京：北京理工大学出版社，2021.

[4] 吕红校，于会萍 . 建筑 CAD[M]. 北京：中国建筑工业出版社，2023.

附录 A　AutoCAD 快捷键

绘图命令快捷键

L：直线
PL：多段线
XL：构造线
ML：多线
SPL：样条曲线
RAY：射线
TRACE：轨迹线
SKETCH：徒手云线
HELIX：螺旋线
C：圆
A/ARC：圆弧
EL：椭圆
REC：矩形
POL：正多边形
DO：圆环
MT：多行文本
T/DT：单行文本
PO：单点
DIV：定数等分
ME：定距等分
GD：渐变色填充
TB：表格

修改命令快捷键

M：移动
CO：复制
RO：旋转
O：偏移
E：删除
AR：阵列
MI：镜像
SC：缩放
TR：修剪
EX：延伸
BR：打断
AL：对齐
S：拉伸
LEN：拉长
G：编组
MA：格式刷
CHA：倒直角
F：倒圆角
PE：线段合并
JOIN：圆弧线段合并
BO：面域合并
DR：绘图次序
PU：清理垃圾
P：平移
ATT：定义属性
PA：选择性粘贴
WIPEOUT：区域覆盖

标注命令快捷键

QDIM：快速标注
DAL：对齐标注
DLI：线性标注
DAN：角度标注
DAR：弧长标注
DDI：直径标注
DRA：半径标注
DBA：基线标注
DCO：连续标注
DCE：圆心标注
DOR：坐标标注
TOL：形位公差
LE：引线标注
DOV：替换标注系统变量
DIMCEN：设置圆心标注十字线长

小键盘快捷键

F1：帮助

F2：文本窗口（显示或者关闭）

F3：对象捕捉

F4：数字化仪（关/开）

F5：等轴侧平面（上/右/左）

F6：动态 ucs（关/开）

F7：栅格显示（关/开）

F8：正交（关/开）

F9：捕捉（关/开）

F10：极轴（关/开）

F11：对象追踪（关/开）

F12：动态输入（关/开）

附录B 某学校图纸

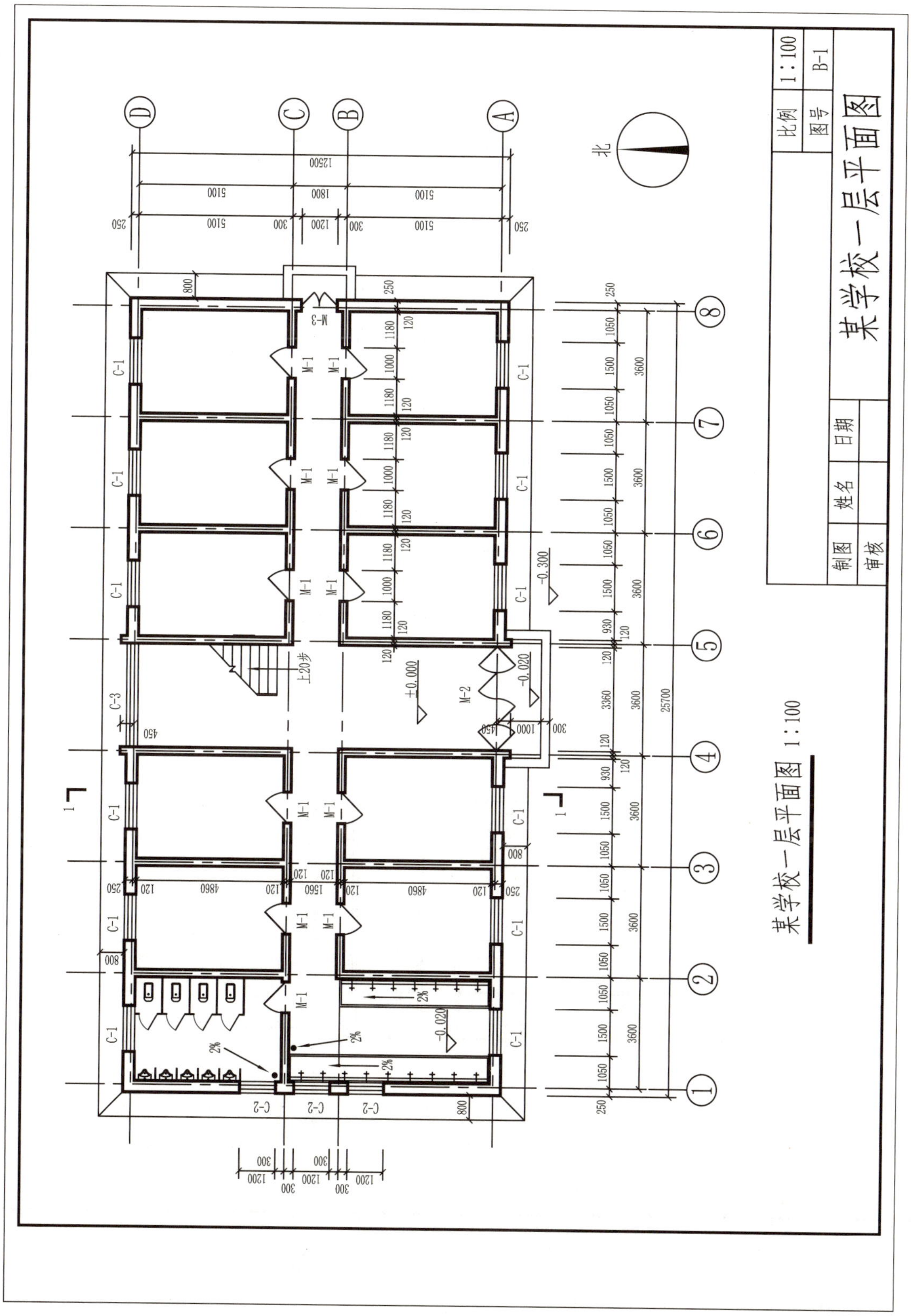
某学校一层平面图
比例 1:100
图号 B-1
制图
审核
姓名
日期
北
某学校一层平面图 1:100
25700
12500
上20步
±0.000
-0.020
-0.300
M-1
M-2
M-3
C-1
C-2
C-3

12.400
12.000
11.700
9.900
8.700
6.900
5.700
3.900
2.700
0.900
0.300
±0.000
白水刷石
白水泥刷浆
1:2水泥砂浆
白水刷石
①
⑧
某学校①~⑧轴立面图 1:100
比例 1:100
图号 B-2
某学校①~⑧轴立面图
制图
姓名
日期
审核

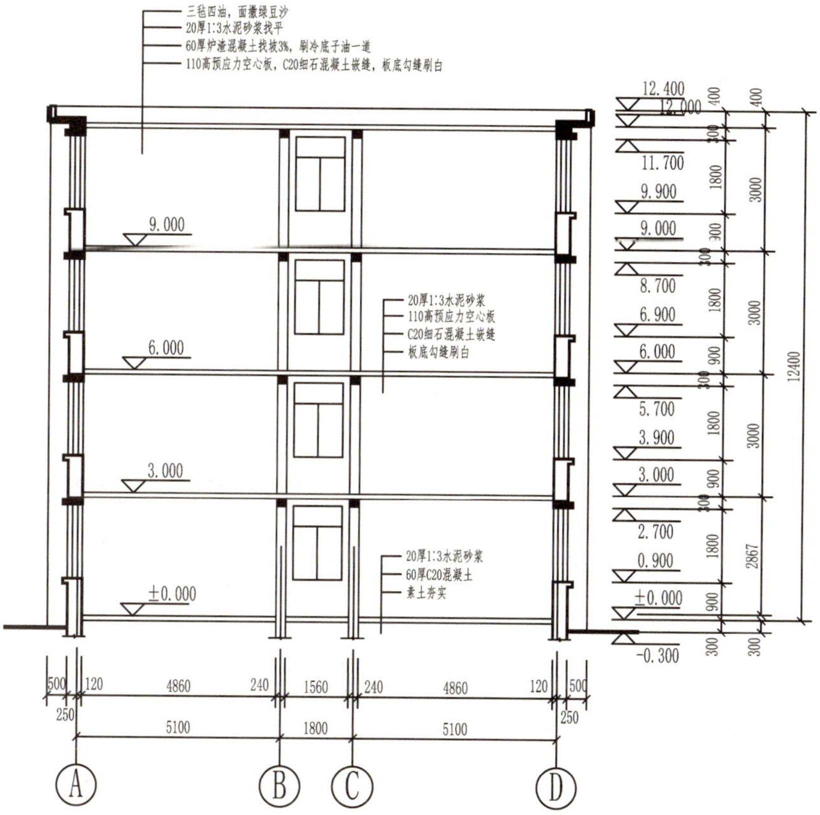

某学校1-1剖面图 1:100

			比例	1:100
			图号	B-3
制图	姓名	日期	某学校1-1剖面图	
审核				

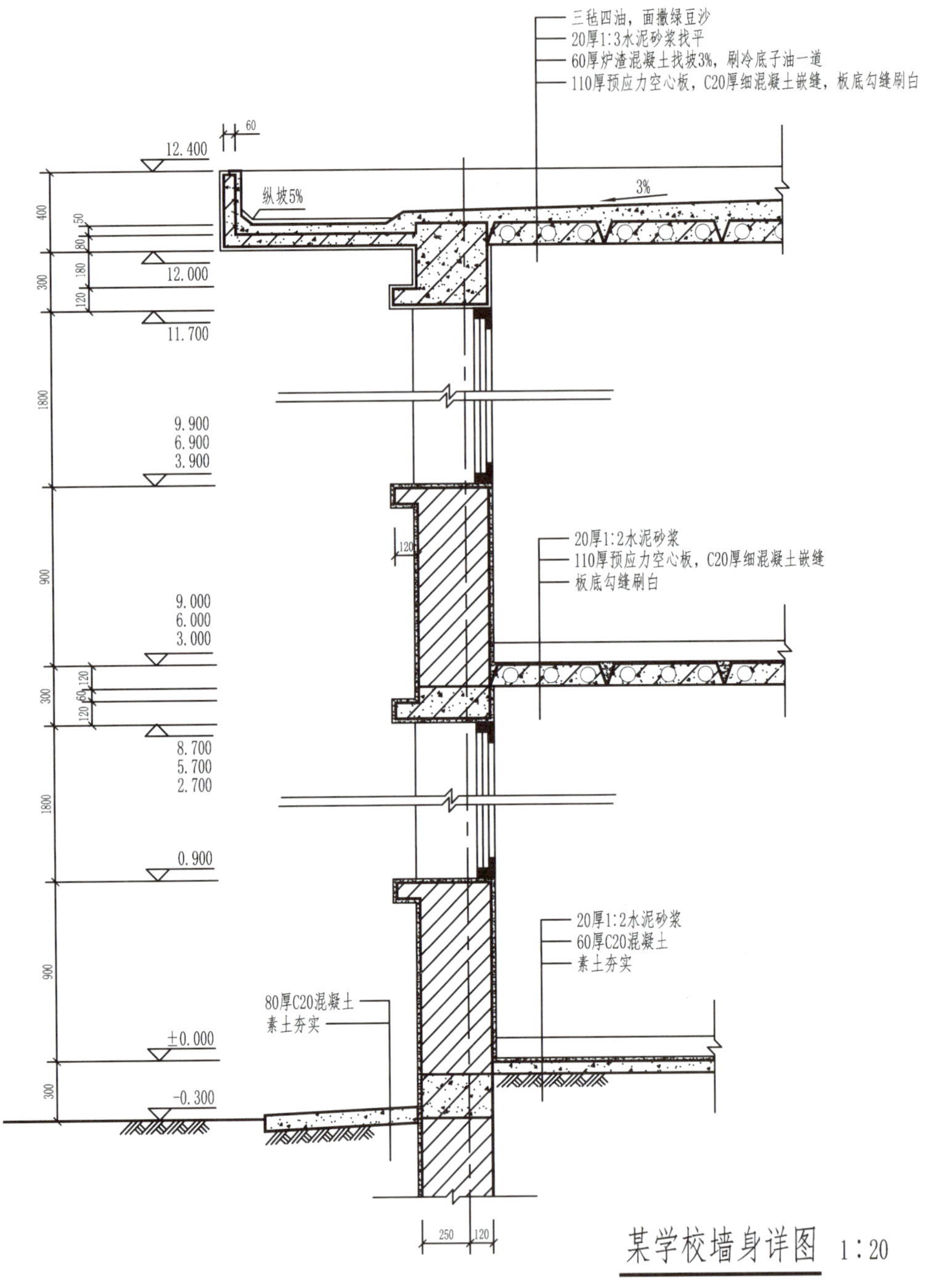

制图	姓名	日期	某学校墙身详图	比例	1:20
审核				图号	B-4

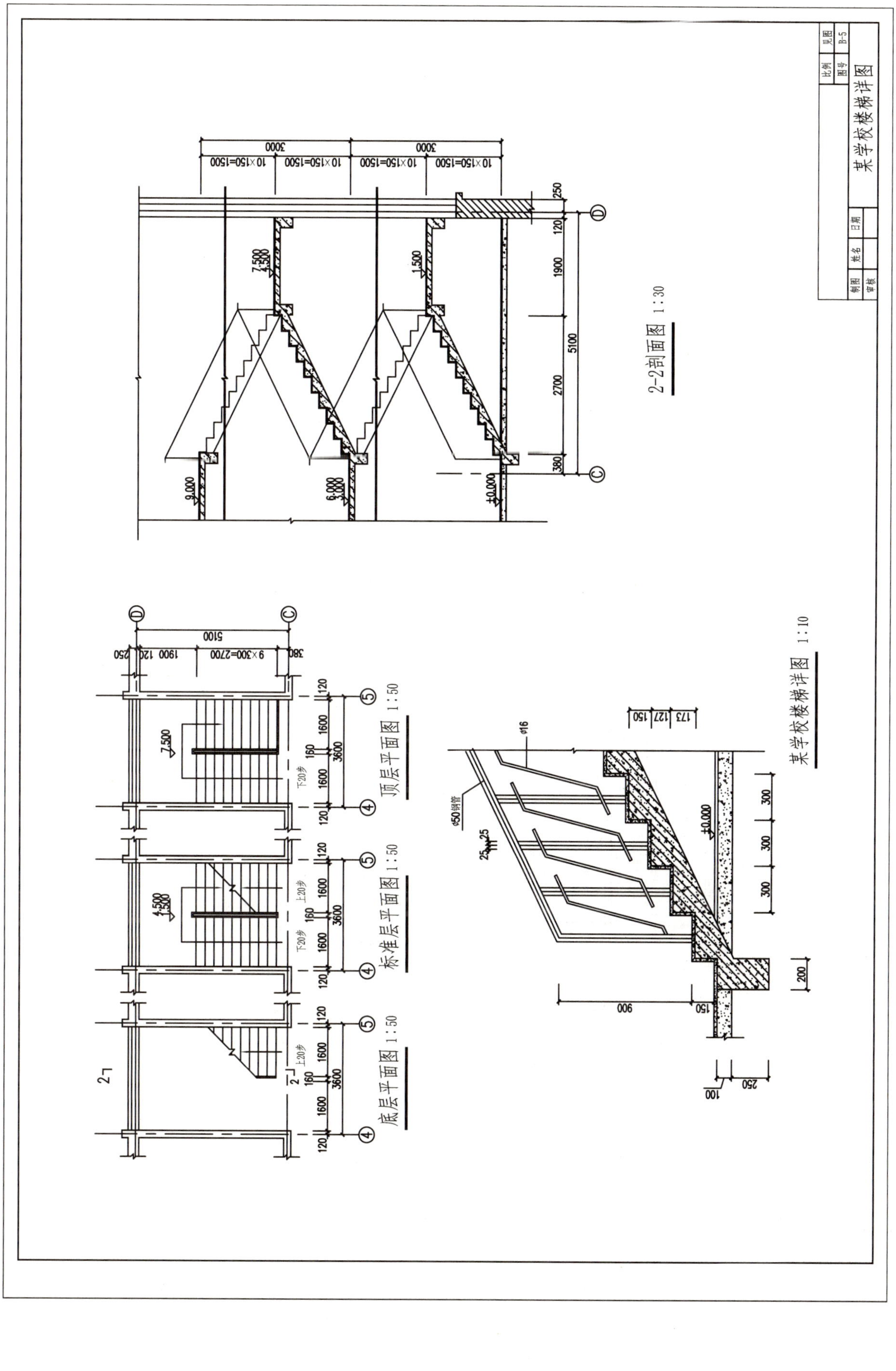
某学校楼梯详图
比例 见图
图号 B-5
制图
审核
姓名
日期
2-2剖面图 1:30
顶层平面图 1:50
标准层平面图 1:50
底层平面图 1:50
某学校楼梯详图 1:10

附录 C　某小区别墅图纸

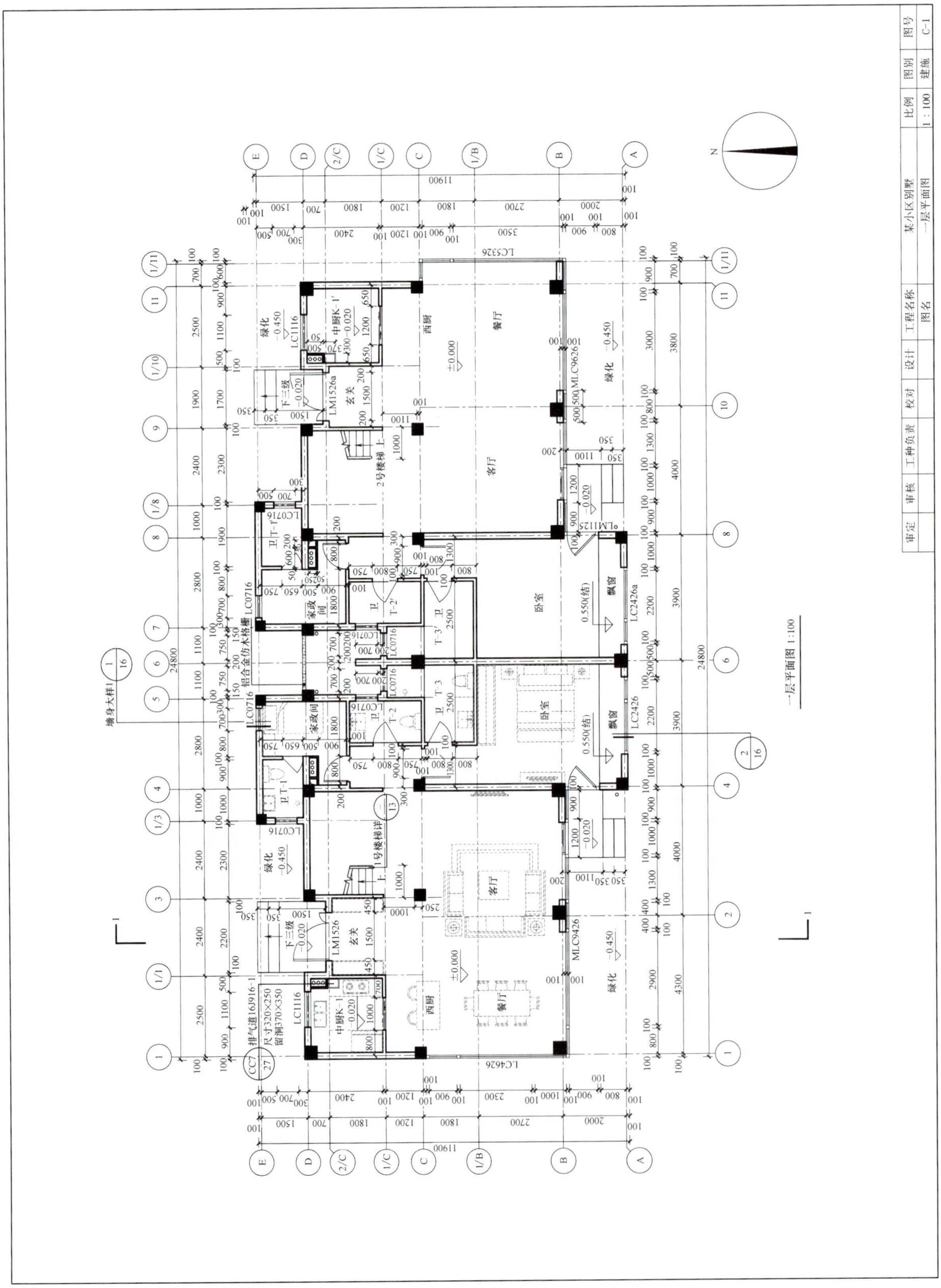

一层平面图 1:100
审定
审核
工种负责
校对
设计
工程名称
某小区别墅
图名
一层平面图
比例
1:100
图别
建施
图号
C-1

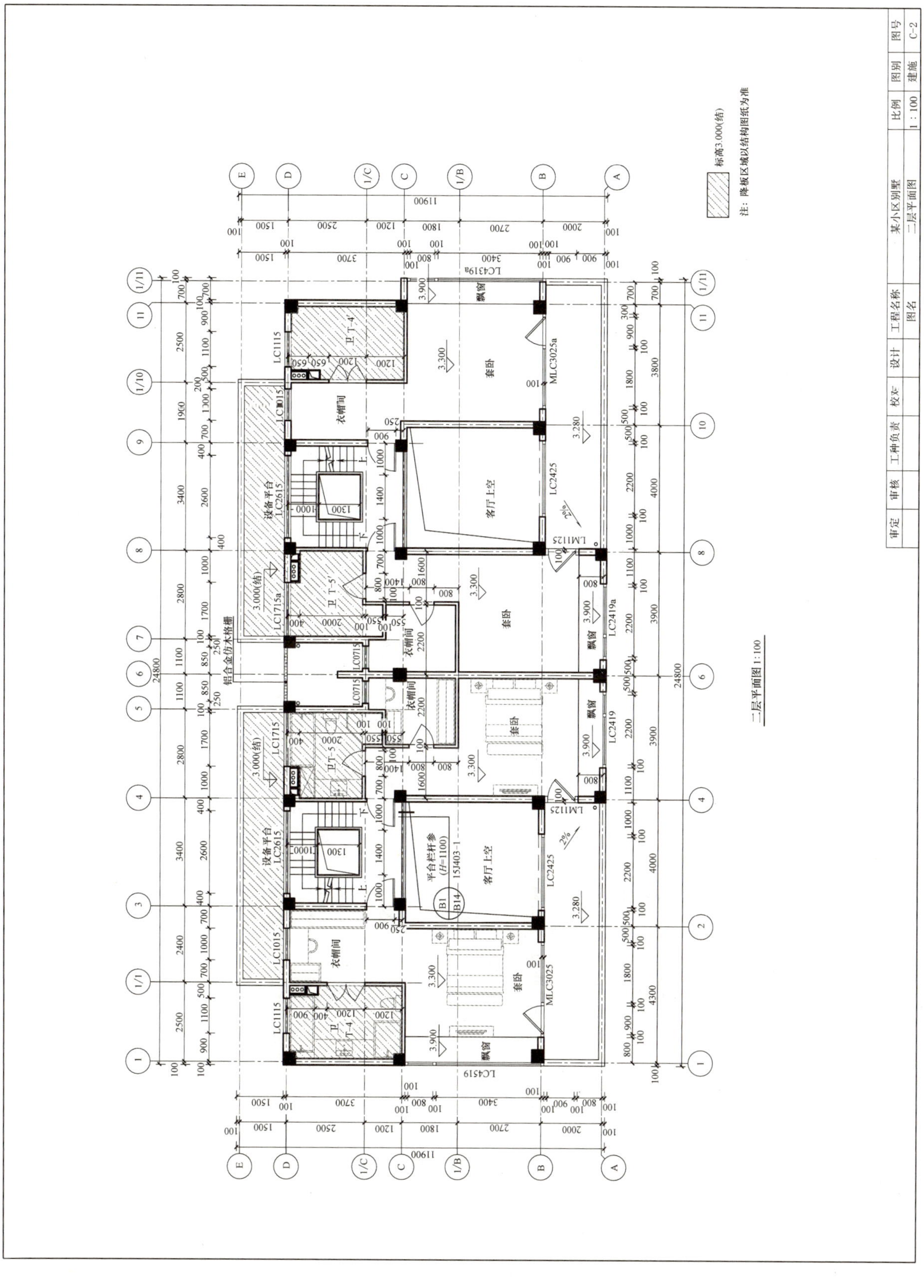
二层平面图 1:100
标高3.000(结)
注：降板区域以结构图纸为准
工程名称 某小区别墅
图名 二层平面图
比例 1:100
图别 建施
图号 C-2

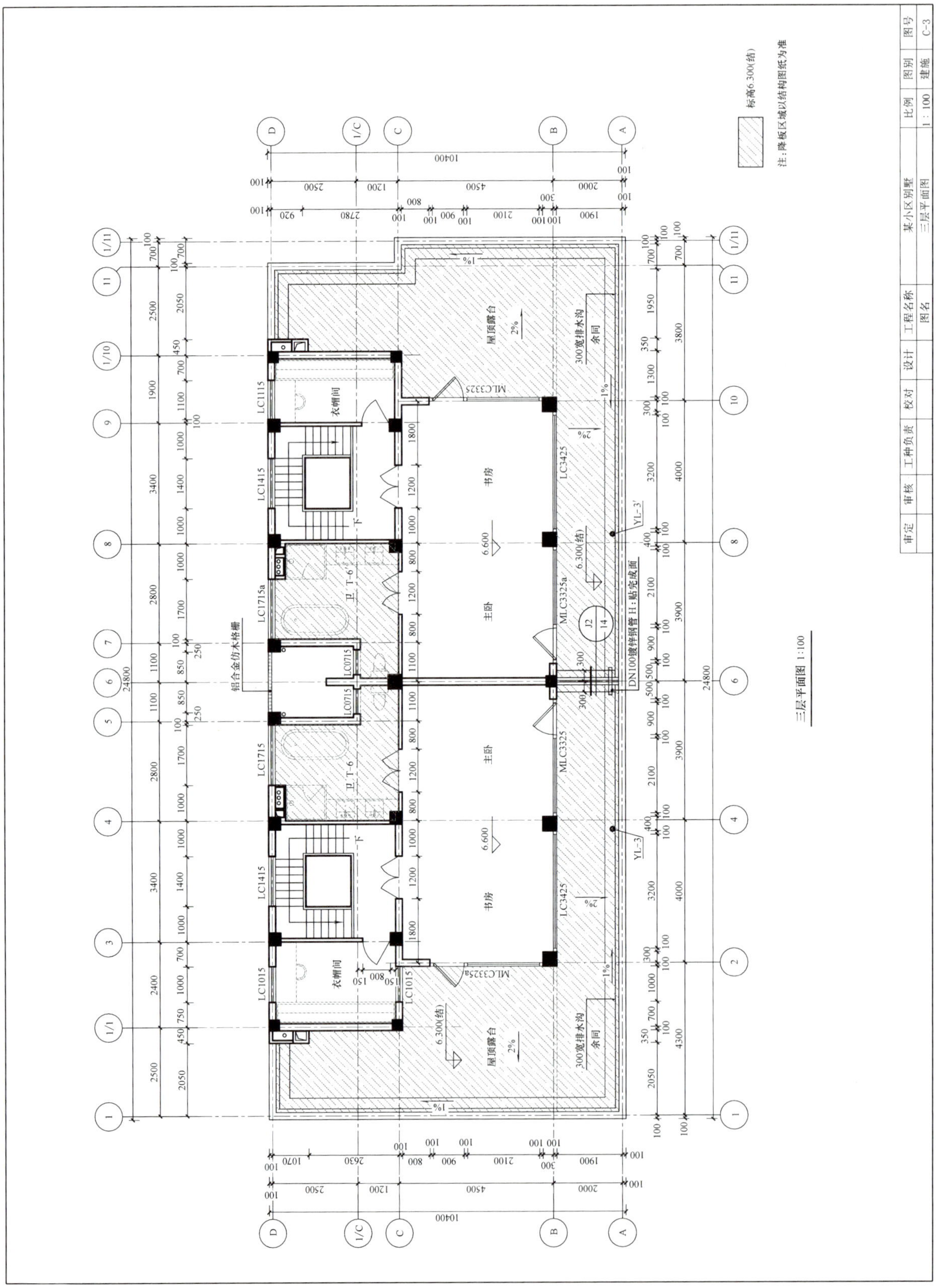
标高6.300(结)
注：降板区域以结构图纸为准
屋顶露台
书房
主卧
衣帽间
卫 T-6
300宽排水沟
铝合金仿木格栅
DN100镀锌钢管 H：贴完成面
三层平面图 1:100
审定
审核
工种负责
校对
设计
工程名称
某小区别墅
图名
三层平面图
比例
1：100
图别
建施
图号
C-3

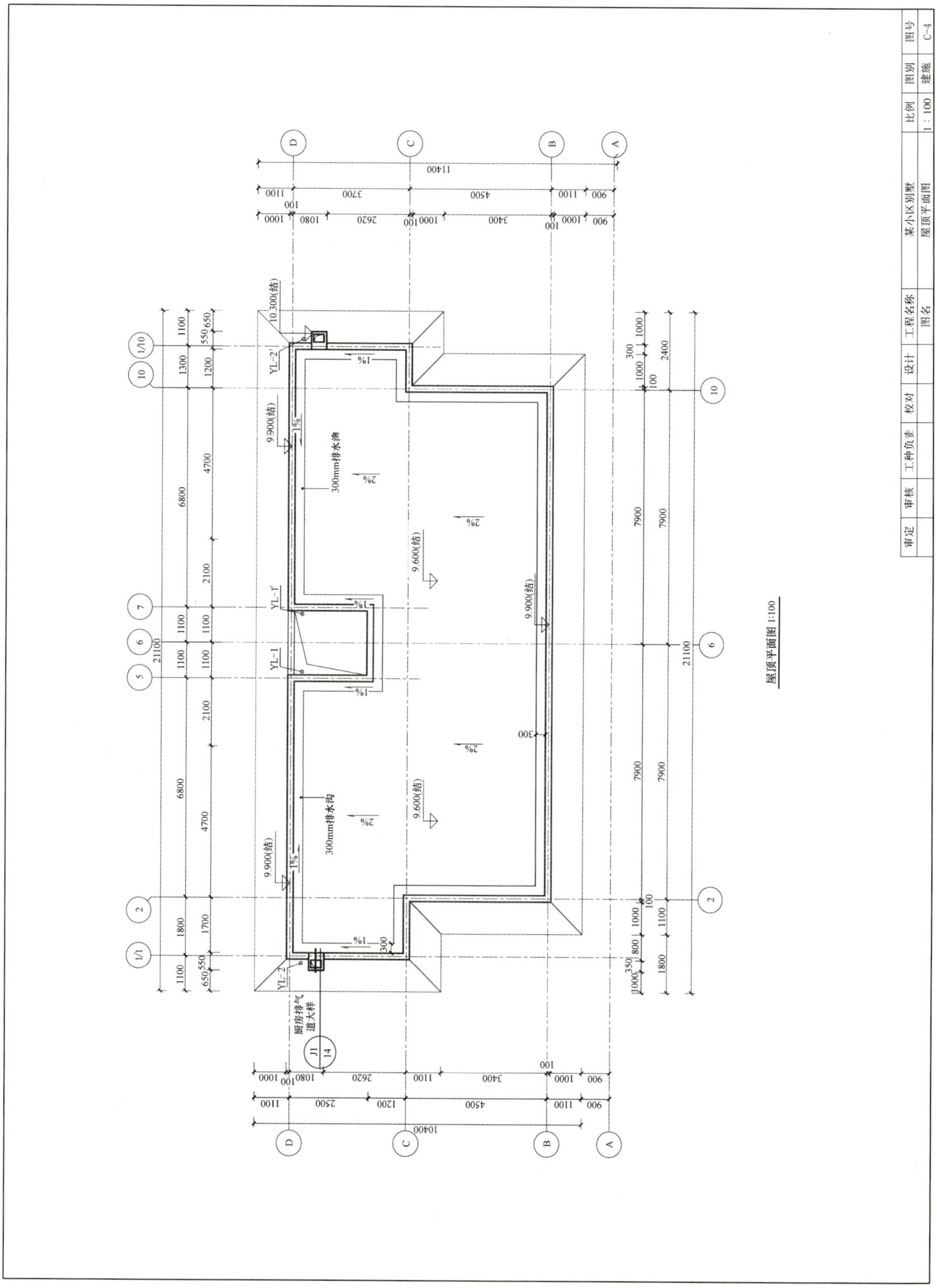
屋顶平面图 1:100
300mm排水沟
9.600(结)
9.900(结)
10.300(结)
YL-1
YL-1'
YL-2
YL-2'
厨房排气道大样
审定
审核
工种负责
校对
设计
工程名称
某小区别墅
图名
屋顶平面图
比例
1:100
图别
建施
图号
C-4

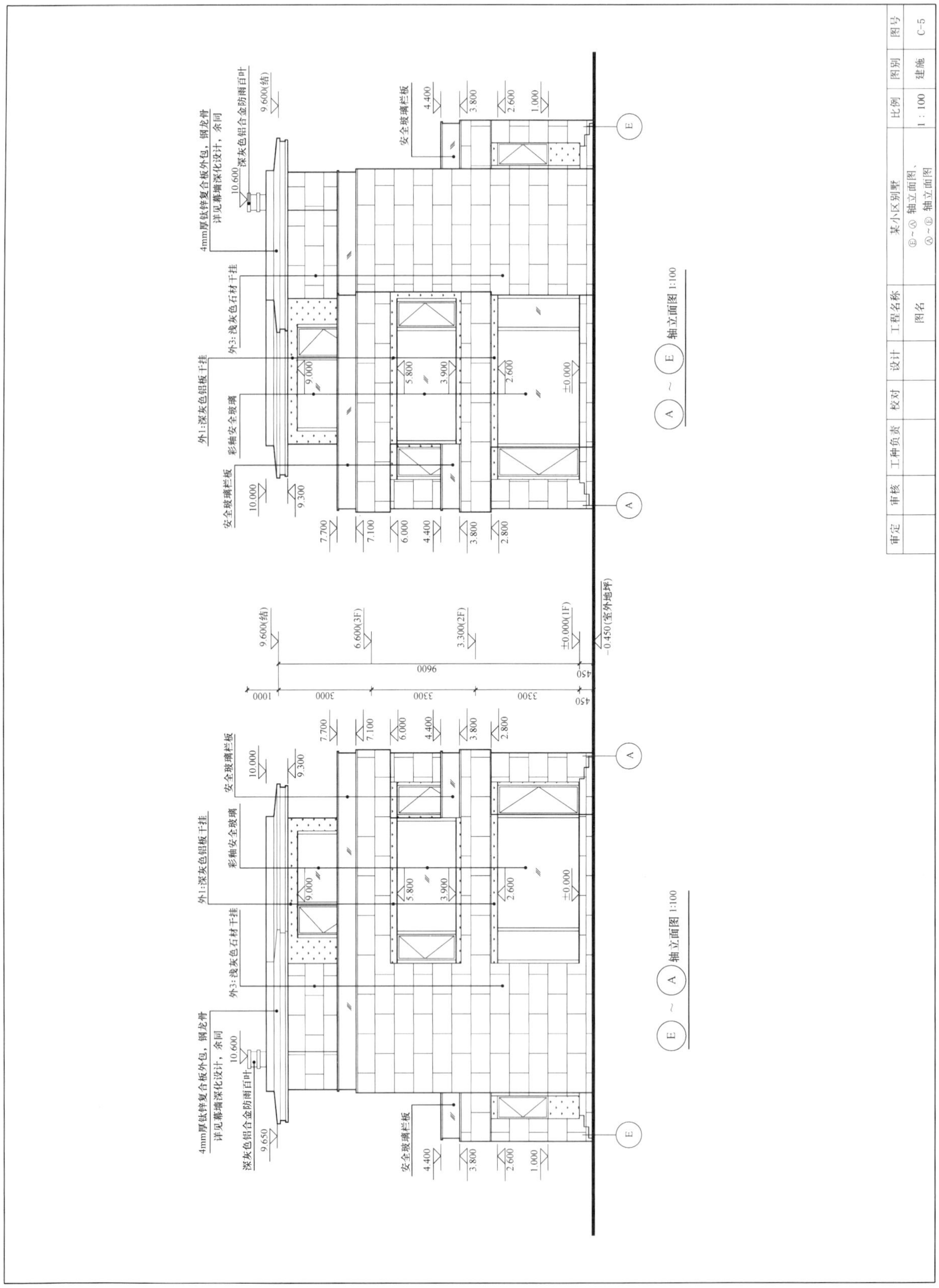
安全玻璃栏板
外1:深灰色铝板干挂
彩釉安全玻璃
外3:浅灰色石材干挂
4mm厚钛锌复合板外包，钢龙骨
详见幕墙深化设计，余同
深灰色铝合金防雨百叶
A ~ E 轴立面图 1:100
E ~ A 轴立面图 1:100
9.600(结)
6.600(3F)
3.300(2F)
±0.000(1F)
-0.450(室外地坪)
审定
审核
工种负责
校对
设计
工程名称
某小区别墅
图名
比例
1:100
图别
建施
图号
C-5

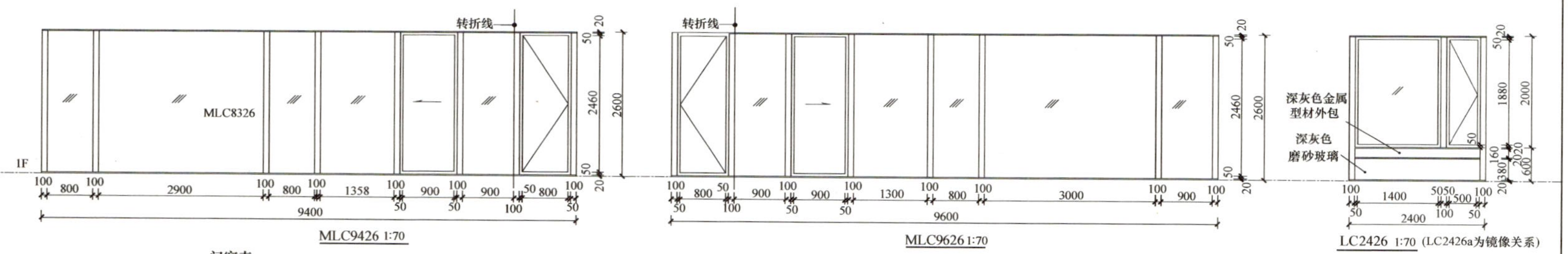

门窗表

类型	设计编号	洞口尺寸(mm) 宽	洞口尺寸(mm) 高	樘数 一层	樘数 二层	樘数 三层	选用型号	备注
门	LM1526	1500	2600	1			尺寸见详图	户门
	LM1526a	1500	2600	1			尺寸见详图	户门
	LM1125	1100	2500		2		尺寸见详图	铝合金平开门
门连窗	MLC9426	9400	2600	1			尺寸见详图	铝合金门连窗
	MLC9626	9600	2600	1			尺寸见详图	铝合金门连窗
	MLC3025	3000	2500		1		尺寸见详图	铝合金门连窗
	MLC3025a	3000	2500		1		尺寸见详图	铝合金门连窗
	MLC3325	3300	2500			2	尺寸见详图	铝合金门连窗
	MLC3325a	3300	2500			2	尺寸见详图	铝合金门连窗
窗	LC4626	4600	2600	1			尺寸见详图	铝合金平开窗
	LC5326	5300	2600	1			尺寸见详图	铝合金平开窗
	LC2426	2400	2600	1			尺寸见详图	铝合金平开窗
	LC2426a	2400	2600	1			尺寸见详图	铝合金平开窗
	LC1116	1100	1600	2			尺寸见详图	铝合金平开窗
	LC0716	700	1600	8			尺寸见详图	铝合金平开窗
	LC2419	2400	1900		1		尺寸见详图	铝合金平开窗
	LC2419a	2400	1900		1		尺寸见详图	铝合金平开窗
	LC2425	2400	2500		2		尺寸见详图	铝合金平开窗
	LC4319	4300	1900		1		尺寸见详图	铝合金平开窗
	LC4319a	4300	1900		1		尺寸见详图	铝合金平开窗
	LC1715	1700	1500		1	1	尺寸见详图	铝合金平开窗
	LC1715a	1700	1500		1	1	尺寸见详图	铝合金平开窗
	LC0715	700	1500		2	2	尺寸见详图	铝合金平开窗
	LC2615	2600	1500		2		尺寸见详图	铝合金平开窗
	LC1115	1100	1500		2	1	尺寸见详图	铝合金平开窗
	LC1015	1000	1500		2	2	尺寸见详图	铝合金平开窗
	LC3425	3400	2500			2	尺寸见详图	铝合金平开窗
	LC1415	1400	1500			2	尺寸见详图	铝合金平开窗

注:1.本工程门窗中的外开窗及固定窗玻璃均采用安全玻璃。
2.各种型号门窗的数量及洞口尺寸应与实际工程现场核对。
3.所有门窗开启方向以平面和立面示意为准，门窗的开启方式以大样为准，开启角度大于45°。

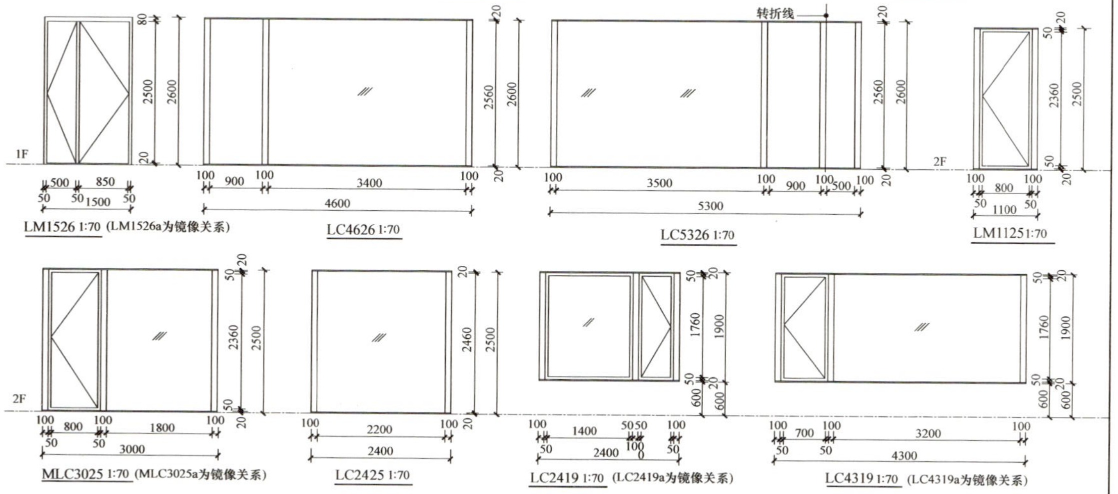

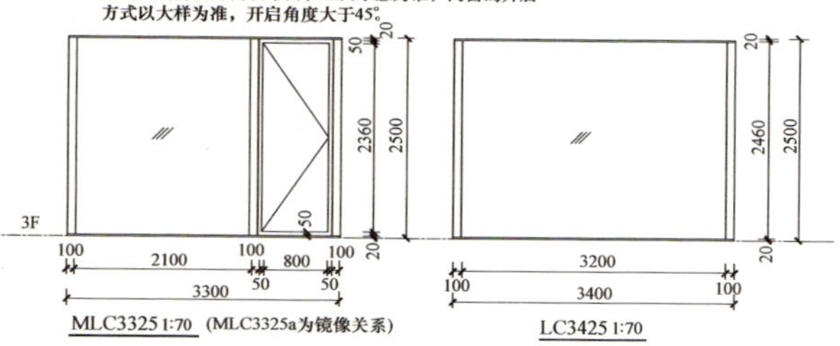

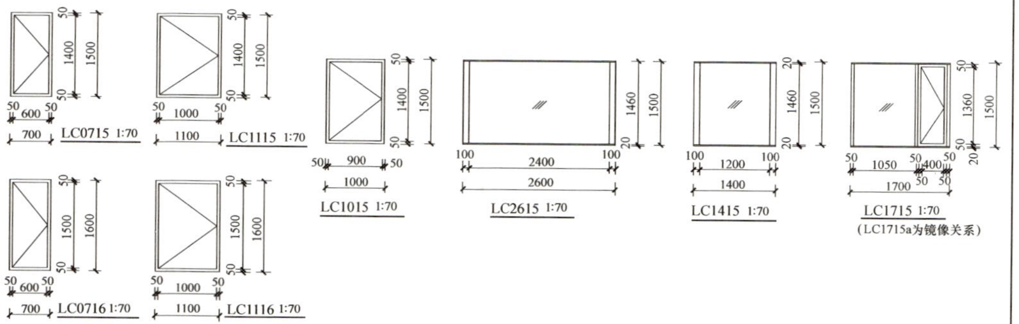

审定	审核	工种负责	校对	设计	工程名称	某小区别墅	比例	图别	图号
					图名	门窗表、门窗详图	1:70	建施	C-6